世图心理

博客：http://blog.sina.com.cn/bjwpcpsy
微博：http://weibo.com/wpcpsy

（Karen Horney）

［美］卡伦·霍妮 著

朱蓉蓉 译

神经症与人的成长

Neurosis and Human Growth

The Struggle Towards Self-Realization

中国出版集团有限公司

世界图书出版公司

北京 广州 上海 西安

图书在版编目（CIP）数据

神经症与人的成长 / (美) 卡伦·霍妮著；朱蓉蓉译. —— 北京：世界图书出版有限公司北京分公司, 2024. 10. —— ISBN 978-7-5232-1654-5

Ⅰ. B84-065

中国国家版本馆CIP数据核字第2024KR0770号

书　　名	神经症与人的成长	
	SHENJINGZHENG YU REN DE CHENGZHANG	
著　　者	［美］卡伦·霍妮（Karen Horney）	
译　　者	朱蓉蓉	
责任编辑	李晓庆	
装帧设计	黑白熊	
出版发行	世界图书出版有限公司北京分公司	
地　　址	北京市东城区朝内大街137号	
邮　　编	100010	
电　　话	010-64038355（发行）　64033507（总编室）	
网　　址	http://www.wpcbj.com.cn	
邮　　箱	wpcbjst@vip.163.com	
销　　售	新华书店	
印　　刷	三河市国英印务有限公司	
开　　本	880mm×1230mm　1/32	
印　　张	15.5	
字　　数	302千字	
版　　次	2024年10月第1版	
印　　次	2024年10月第1次印刷	
国际书号	ISBN 978-7-5232-1654-5	
定　　价	79.80元	

目 录

导言
进化的道德　　　　　　　　　　　001

第一章
对荣耀的追求　　　　　　　　　　004

第二章
神经症的要求　　　　　　　　　　037

第三章
"应该"之暴行　　　　　　　　　　071

第四章
神经症的自负　　　　　　　　　　103

第五章
自恨与自卑　　　　　　　　　　　137

第六章
脱离自我　　　　　　　　　　　　195

第七章
缓解紧张之法　　　　　　　　　　221

第八章
扩张型解决法——掌控的诱惑　　235

第九章
自谦型解决法——爱之渴求　　267

第十章
病态依赖　　299

第十一章
放弃：渴求自由　　325

第十二章
人际关系中的神经症障碍　　367

第十三章
工作中的神经症障碍　　391

第十四章
精神分析治疗的路径　　421

第十五章
理论上的思考　　465

参考读物　　483

导言　进化的道德

　　神经症过程是人格发展的一种特殊形式，由于浪费了人格发展所蕴含的建设性能量，神经症也是一种特别不幸的形式。神经症的发展过程和健康的人格成长过程存在着本质的区别，在很多方面甚至完全相反，且远超我们的认识。在有利的条件下，人的能量用于实现自己的潜能，用于多种形式的发展。因其特殊的气质、能力、嗜好以及早期和后期的生活环境影响，一个人可能会变得更加软弱或刚强，谨慎或可信，自信或自卑，沉着或外向，他也可能发展出其独有的天赋。但是，无论发展道路通向何方，一切皆是由他的既定潜能发展而来。

　　然而，在内心的压力下，一个人可能会脱离真实的自我，然后，他可能会将其大部分的精力转向塑造自我这一任务，借由内心的严格指令，成为一个绝对完美的人。因为没有任何人能够实现他自己的理想形象，或使他（自认为）对自身所具有的、能有的、应该有的那些高尚品质而自豪。

　　这种神经症的发展倾向（将在本书中详细描述），使我们的关注点远超基于病理学现象的临床或理论上的兴趣，因为它涉及一些基本的道德问题——包括人的欲望、驱力及臻于至善的教条。当自豪成了驱力时，任何一位认真研究人性发展的学者都不会认为自豪、自负或追求完美是可恶的。但是，为了确保自己的行为是道德的而在内心确立严格的控制体系，这是否合理？是否必要？对此各方一直存在广泛的争论。假使这种"内心的指令"会限制人的自发行为，那按照"汝必完美……"的说法，难道我们不正是要为完美而奋斗吗？倘若摆脱这种"内心的指令"，人类道德和社会生活不就会面临危险甚至被毁灭吗？

本书不讨论人类历史上是如何提出和回答这一问题的，我也不打算如此讨论。我只想指出，答案的关键在于，我们对人性的信念有何本质上的不同。

总而言之，根据对基本人性的各种不同解释，道德的目标包含三个主要概念。对于那些相信人生来即有罪，或者相信人受原始本能控制（如弗洛伊德）的人来说，无论从哪种意义上讲，附加（在内心）的检查和控制都是无法被摒弃的，因为道德的目标必然是抑制自然状态，而不是促进自然状态。

对于那些相信人生而固有某些本质上的"善"，又兼具"恶"、罪与破坏性的人而言，道德的目的必定与上述目的完全不同。其观念在于通过信仰、理性、意志或慈悲等各种因素来熏陶、引导或加强天生的美德，并确信后者会获得最后的胜利——这一点与某些占主导地位的宗教或伦理观念相一致。在这里，要强调的并非一味打击或压制邪恶，因为人性还有更积极的一面。然而这些积极面既有赖于某些超自然力量的帮助，又离不开严格的理性或拥有意志力的理想，本质上意味着个体在使用禁止和检查的"内心指令"。

最后，如果我们相信进化着的建设性力量是人所固有的，也正是这种力量促使人们实现其固有的潜力，那么道德问题又与上述二者截然不同，这种信念并不意味着"人之初，性本善"——因为这种信念事先设定了"何为善恶"，而意味着人类天生便自发地为实现自我而奋斗，并从奋斗中产生一系列的价值感。举例来说，很明显，除非一个人充满自信，积极进取，富有创造精神，与他人团结协作，否则他不能充分发挥他的潜能。同时，如果他只是沉溺于"无知的自我崇拜"（雪莱语），并不断地将自己的过错归咎于他人，那么他必然难以成长。他唯有对自己负责，才能够真正地成长。

因此，我们拥有了进化的道德，我们取舍的标准在于：一种特定的态度或驱力对人类的成长具有促进作用还是阻碍作用？神经症通常所呈现的各种压力容易将我们的建设性能量转向非建设性或破坏性的渠道。但是，只要我们具有自发地为实现自我而奋斗的信念，就既不需要用"内心的紧身衣"来束缚我们的自发性，也无须用"内心的指令"来鞭策自己趋向完美。毋庸置疑，这种严格的方法能够成功地压抑不良的因素，却会伤害我们的成长。我们不需要这些方法，因为我们有更好的方法来处理自身的破坏性力量：那就是实实在在地摒弃它们。实现这一目标的方法就是不断地增强自我意识，加强对自我的理解。但是，自我认识并非目的本身，而是解放自发成长力量的工具。

从这种意义上来说，研究自我不仅是首要的道德义务，也是真正意义上首要的道德权利。在我们真正成长的范围内，事实就是如此，再无其他意义，因为我们都渴望这么做。当自我摆脱"神经症的强迫意念"时，当我们自由地成长时，我们也会自由地去爱，自由地关怀他人。对于年轻人，我们会给予他们无忧无虑地成长的机会，而当他们在前进的道路上遇到阻碍时，我们会尽可能帮助他们找到自我，实现自我。无论如何，不论是对自我还是对他人来说，理想目标总是解放和发展那些实现自我的力量。

我希望本书能够清楚地阐释那些阻碍自我实现的因素，并借此以自己的方式帮助读者实现这一力量的解放。

卡伦·霍妮

第一章

对荣耀的追求

一个儿童不管在什么环境下长大，只要他没有智力上的缺陷，就自然会学着如何与他人相处，也会学到某些技能。但也有他无法拥有，甚至无法从学习中获得并发展的能力。人无须（事实上也不可能）教一粒橡子如何长成橡树。只要有机会，它内在的潜能就会发展出来。同样，如果赋予一个人机会，他就会发展出他自身的潜能，随后表现出其独一无二的"真实自我的活力"：明晰并深入了解他的情感、思想、愿望、兴趣的能力；开发他的才智、意志力的能力；发掘他所具有的才能、天赋和表达自我的能力；借由自发的情感与他人沟通的能力；等等。这些在将来都能使其发现他生活的目的或价值。简而言之，他不会误入歧途，而是真实不变地朝向"实现自我"的方向成长。这就是我为什么以一本书的篇幅来说明真正的自我是个体核心的内在力量。这种内在力量是人类所共有的，同时在每个人身上的表现各有不同，它是成长的根源①。

每个人只有靠自己才能发展出自身所具有的天赋和潜能。然而，正如其他生物一样，人也需要类似"由橡子长成橡树"的有利

---

① 下文提到"成长"时，指的皆是下述意义：按照个人的天性、天赋和潜能，自由、健康地发展。

成长环境：他需要一种温暖的气氛，既给他内心的安全感，又赋予他自由，使他能够拥有自己的情感和思想，从而表达自己；他需要别人的善意，不仅满足他已有的需求，而且能够引导他、激励他成为成熟的、自我实现的人。此外，他还需要与他人的愿望和意志进行有益的碰撞和摩擦。如果他能因此在爱中、在冲突中与别人共同进步，那他就能够按照"真实的自我"而成长。

然而在各种不利因素的影响下，儿童通常会无法依照个人需要及可能性成长，此类不利因素不胜枚举。概括而言，父母过度困扰于自己的神经症而无法爱自己的孩子，甚至无法把自己的孩子看作一个特别的独立个体，他们对待孩子的态度取决于自身的神经症需要与反应①。简而言之，这些态度可能是：管制、过分保护、威胁、愤怒、过分严厉、过分纵容、怪异、偏心、矫饰、漠不关心等。其并非单一的因素，而是许多因素的集合，这些因素对儿童的成长会造成种种不利影响。

结果便是，儿童不能发展出归属感——一种"我们"同在的感觉，取而代之的则是深深的不安全感和莫名其妙的恐惧感，我称之为基本焦虑。由于儿童处在他所设想的具有潜在敌意的世界中，所以他感到孤独和无助。这种基本焦虑阻碍了儿童以其自发的真正情

---

① 本书第十二章所总结的人际关系中的一切神经症障碍在这里都有可能发生，可参见卡伦·霍尼著《我们内心的冲突》第二章与第六章。

感与他人打交道，并迫使其寻求对付他人的方法。他必定（潜意识地）需要以某种方式来对付他人，而且这种方式必须不会激发或增加基本焦虑。这种特殊的态度来源于无意识的策略性需要，也取决于儿童先天的气质和后天环境的偶然性。换而言之，他可能会试图去依附周遭最有权势的人，他可能会力图反抗和战斗，他可能会将他人隔绝于内心世界之外，在情感上逃避他人。总之，他可能会亲近他人、反抗他人、逃避他人等。

健康的人际关系中也会存在亲近、反抗或逃避他人等倾向。期待与给予爱的能力、屈服于别人的能力、争斗的能力、坚持自我的能力等都是良好人际关系中所必须拥有的能力。对于一个出于基本焦虑而自觉处境危险的儿童而言，上述能力却是相当极端与僵化的。关爱变成了依赖，妥协变成了姑息，他被迫变得反叛或者冷漠无情，毫不顾及自己的真实情感，在特殊的环境中，他也不考虑其态度是否恰当。其态度的盲目和固执程度与其内心的基本焦虑强度成正比。

在这些情况下，儿童也许会朝着上述不利方向中的一个发展，甚至会朝着所有不利方向发展，因此他从根本上就发展了与他人完全对立的态度。亲近、反抗和逃避这三种行为因此构成了一种冲突，即与他人的基本冲突。随着时间的推移，他试图通过使其中一种行为占据主导地位来解决这一基本冲突，即试图使顺从、攻击或冷漠这三者之一成为他的主要态度。

这种解决神经症冲突的初次尝试绝不是肤浅的，相反，它对其后的神经症发展过程具有决定性的影响。它与待人的态度有关，会不可避免地造成整个人格的变化。按照儿童的主要发展方向，他也能发展出某些恰当的需要、敏感、禁忌和道德价值的雏形。例如，一个相当顺从的儿童不仅易于使自己服从他人、依赖他人，还会力求不自私和善良。同样，一个富有攻击性的儿童会看重能力、忍耐力和战斗力。

然而，这第一种试图通过使其中一种行为占据主导地位的解决方法的综合效果并不像下文所要讨论的"神经症的解决方法"那样稳定而广泛。譬如，一个女孩具有相当明显的顺从态度，她表现出对权威人物的盲目崇拜，表现出讨好与取悦他人的倾向，她怯于表达自己的愿望，偶尔有奉献牺牲的想法。她在8岁时，会将她的玩具放到大街上，让贫穷的孩子拿去玩；在11岁时，她会稚气地在祈祷中乞求一种"神秘的屈服"，幻想着被自己所迷恋的老师处罚。但是在19岁时，她很容易就加入了那些由别人策划用来报复某些老师的计划。虽然她平时像只小绵羊，却偶尔会在学校领头做一些叛逆的活动。当她对教堂的牧师感到失望时，也会放弃表面的虔诚信仰，暂时变得喜欢冷嘲热讽。

这种解决方法的综合效果差（上述例证是一个典型的说明），

一部分是由于个体尚未成熟，另一部分则是因为之前的解决方法是将自己与他人的关系统一化，因此个体尚有空间和需求来达到进一步的人格整合。

到目前为止，我所描述的这种发展绝不是单一的，每个人身边的不利环境都不同，因此发展的过程与结果也各不相同。但它们往往损害着个体的内在力量和一致性，同时总是让个体产生某些弥补这一缺陷的急切需求。尽管它们相互紧密地交织在一起，我们仍然能够将其区分为几个方面：

尽管他之前已经在努力解决与别人之间的冲突，但他的人格依然是分裂的，因此他需要整合出一种较为稳固且广泛的人格。

基于诸多理由，他未能有机会发展真正的自信心，他的内在力量早已被他不得不保持的防御状态、他分裂的人格、他早年那种导致偏向发展的"解决方法"所消耗殆尽，这使他大部分的人格无法发挥建设性的作用。因此，他急需自信心或其他替代品。

在独处时，他并不感到柔弱，但会特别地感到比别人生活得更不实际、更无意义且缺乏对生活的充分准备。如果他有归属感，那他的自卑感就不会成为太过严重的障碍。但因为他生长在一个竞争的社会中，而且在实际上他感到——正如他所做的那样——被孤立和敌对，所以他只能发展一种急切的需要，提高自己以超越他人。

比这些因素更为根本的是，他开始疏离自我。因为他的真实自我无法顺利发展，而且他需要发展人为的、战略性的方法用以对付别人，所以他不得不无视自己真实的情感、愿望及思想。当安全变成最重要的事情时，他的内心情感与思想就不再那么重要了——事实上，他的内心情感与思想不得不归于沉寂，变得模糊不清（只要他能获得安全感，他的真实感受就不重要）。因此，他的情感与愿望不再是决定性的因素，可以说，他不再是个驾驭者，而是个被驾驭者。他内心的分裂状态不仅使他变得更软弱，也增加了困惑与不安，加强了他与自我的疏离；他不再知道自己究竟置身何处，也不知道自己是"谁"。

造成这种自我疏离现象的因素是更为根本的因素，因为它加深了其他损害的严重程度。如果我们设想一个人不与其内在充满活力的自我相疏离会出现什么样的情况，那么我们将会更清楚地理解这一点。在这种情况下，这个人可能会有内心的冲突，但是并不至于感到不知所措；他的自信（正如该词之意，需要有一种可以置信的自我）将会受到伤害，但不至于被完全毁灭；他人的关心将会让他感到困扰，但是他的内心不会与他人脱离。因此，疏离自我的人需要抓住什么东西（如果说这种东西是真我的"替代品"，未免过于荒谬，因为根本不存在真我的替代品），才能感到自我认同。这可以使他感觉自己活得更有意义。尽管他的人格结构充满了弱点，但是仍然能给予他一种力量感与存在感。

假设他的内在状况不变（因为适宜的生活环境），他就不用考虑上文所列举的需要。看起来就只有一种方法可以满足他的那些需要，而且可以马上满足所有需要，那就是想象。这种想象日积月累地在他的无意识中发生，并在他的心目中创造出自己的理想形象。在这个过程中，他赋予自己无限的力量与崇高的能力；他成了英雄、天才、情圣、圣徒、神。

首先，自我理想化总是包含着普遍的自我美化，它带给一个人所无限渴求的存在感和凌驾于他人之上的优越感。但这绝非盲目的自我夸大，每个人都会经由自己特殊的经验、过去的幻想、个人的需要以及他所具有的天赋，来建立起自己的理想形象。如果它不符合自己的形象特征，那他就无法得到认同感和统一感。他开始将他解决基本冲突的方法理想化：顺从变成了善良、爱与圣洁；攻击变成了力量、领导力、英勇与全能；冷漠变成了智慧、自我满足与独立。根据个人的解决方式，他身上的短处或缺陷总能得以隐藏或粉饰。

他会用上述三种方法中的一种来处理他的矛盾倾向。这些矛盾倾向也可能会被美化，但仍然处于背景之中。例如，一位认为爱即是懦弱的攻击型病人，只有在精神分析中才会袒露，他的理想形象不仅是一个穿着闪亮铠甲的武士，而且也是个大情圣。

其次，矛盾的倾向除了被美化之外，也会在他的心目中被隔离起来，使其不再是困扰他的冲突。一位病人在他自己的幻想中既是人类的恩人，又是个心如止水的智者，还是个对敌人冷酷无情的勇士。这些形象都是在意识层面的，不但不矛盾，而且完全没有冲突。文学作品中这种把矛盾隔离以消除冲突的方式，在史蒂文森（Stevenson）的著作《杰基尔医生和海德先生》①中即已出现过。

最后，矛盾倾向也许会得到升华，成为一个人积极的能力或才华，或者成为其丰富人格中彼此融洽的方面。我在别处②举过一例：一个颇具天赋的人，将他的顺从倾向转变为基督般的美德，将攻击倾向转变为珍贵的政治领导能力，将他的离群孤僻转变为哲人的智慧。如此这般，他的三项基本冲突均得到美化，并且互相和平共处。在他的心目中，自己的形象等同于文艺复兴时期那些无与伦比的全才。

然后，他可能开始认同那个理想的、统一的形象。这不再只是他暗中幻想的一个虚幻的形象，不知不觉地，他已变成了这个形象：理想的形象变成了理想化的自我。对他而言，这一理想自我远比他的真实自我来得真实，主要不是因为它更吸引人，而是因为它能满足他所有的迫切需要。这种重心的转变完全是一种内在的过

---

① 中文书名又译作《化身博士》，讲述亨利·杰基尔喝了一种试验用的药剂，在晚上化身成邪恶的海德先生四处作恶，杰基尔和海德是典型的双重人格。——译者注

② 参见卡伦·霍尼，《我们内心的冲突》。

程；他并未表现出任何可以觉察到的、明显的外在变化。这一改变发生于他的内核，是他对自身感觉的改变。这是人类身上才会有的一种奇妙的、独一无二的变化过程。这种过程不会发生在一只可卡犬身上，让它发现自己实际上是一只爱尔兰猎犬，这种过程只会发生在真实自我曾经变得模糊不清的人身上。在这一发展阶段（或者说在任何阶段），健康的过程总是朝向真实自我迈进的，但他现在为了理想自我而要彻底放弃它。理想自我开始告诉他，他"真正"是谁，他的潜力是什么——他能够成为什么，又应该成为什么。它成了他用以看待他自己的角度，一种测定自己的尺度。

从各方面来看，自我理想化即是我所提倡的普遍性神经症的解决方法，换而言之，这种解决方法不仅针对特定冲突，而且会满足个体在某一特定时候所产生的全部内在需要。此外，其不但承诺它会帮人摆脱痛苦而不堪忍受的情感（失落、焦虑、自卑及分裂），而且可使他获得终极的、神秘的自我实现与生活成就。毋庸置疑，当他相信自己发现了这种解决法时，他就会为了可贵的生命而牢牢依附于它。同时，用恰当的精神医学名词来说，它会变得强迫①。自我理想化之所以在神经症中频繁出现，是由于在易于造成神经症的环境中所滋生的强迫性需要不断出现。

---

① 待我们对这一解决方法的后续过程有更全面的了解后，我会讨论强迫这个词的确切含义。

　　我们可以从理想化自我的两大优势来看待它：它既是早期发展的必然结果，又是全新的开始。它对未来的发展必定具有深远的影响，因为在抛弃真实自我之后别无其他。其具有革命性的效果主要是由于自我实现的精力被转移到实现理想自我之上，这种转移正是一个人的全部生活和发展的一大改变。

　　在本书中，我们可以看到这种方向的转变通过多种方式对整个人格施加的塑造性影响，其直接的作用就是避免自我理想化始终停留于内在的过程，迫使它进入个体生活的整个过程之中。个体会想要——或者说被迫——表达自我，现在这意味着他想要表达他的理想化自我，并用行动来证实它。它渗透到他的渴望、他的目标、他的生活行为以及他与别人的关系之中。故而，自我理想化不可避免地成为一种更普遍的驱力。我打算用一个较适合其性质与范畴的名称来命名它：对荣耀的追求（search for glory）。自我理想化依然是其核心，其余的组成元素虽然存在强度与意识上的差异，但总是表现为对完美的需求、神经症的野心，以及对报复性胜利的需求。

　　在实现理想自我的驱力中，对完美的需求是最根本的，它唯一的目的在于将整个人格塑造成理想的自我。就像萧伯纳作品中的皮格马利翁，神经症患者不仅企图粉饰自己，而且将自己重新塑造成他理想化形象中的那样一个完人。他借着一种"复杂的应该"与禁忌系统，力图达成这一目的。因为这一过程既重要又复杂，我将用单独的一个章节予以讨论①。

　　在追求荣耀的组成元素中，最明显且最外露的是神经症的野心，这是一种追求外在成就的驱力。尽管这种在现实中追求卓越表现的驱力颇具普遍性，但通常会在那些特定时间内易于表现得优秀的事情上有突出的表现。因此，这种野心的追求目标在一生中会几经改变。在学校里，他会觉得在班上拿不到最高分是一种无法忍受的耻辱。此后，他会强迫性地与最惹人注目的女孩进行很多次的约会。再往后，他又会痴迷于赚最多的钱，或是成为最出人头地的政要。这些变化容易让人产生某种自我欺骗。一个在某一时期曾疯狂地要做个体育明星或战地英雄的人，在另一时期可能同样全身心地致力于做个最伟大的圣人，然后他可能会相信，他已"失去"了野心，或者他会觉得在运动场上或战场上的杰出表现并非他"真正"想要的。继而，他可能无法意识到，他依然驾着野心之船航行，只是改了航向而已。当然，一个人必须详细地分析，在某一特定时期是什么原因促使他改变了航向。我之所以强调这些变化，是因为它指向一项事实，即受野心所控制的人们想要的往往与他们所做的事情关系不大。对他们而言，重要的是卓越本身。如果无法认识这种不相关性，就难以理解许多变化。

　　特定的野心所贪求的特定活动领域并非本书的焦点所在。但本

---

　　①　参见本书第三章。

书的焦点同样涉及这类问题：他是不是众人的领导者，是不是最出色的健谈者，是不是最著名的音乐家或探险家，是否在"社会"上扮演重要角色，是否写出了最棒的书，或者是否最擅长穿着打扮。然而，野心的具体内容会根据个人所渴望的成就而有所不同。大致来说，它可能更多地属于权力范畴（直接的权力、间接的权力、影响力、操纵力），或是更多地属于声望范畴（名誉、称赞、受欢迎度、崇拜、特别的注意）。

相比较而言，这些野心驱力是扩张性驱力中最为实际的，至少与此有关的人会将他们的实际努力投注在卓越的终极目的上。就这一意义而言，上述说法是正确的。这些驱力看起来也更为实际，因为如果足够幸运，拥有此种驱力的人确实能够获得他们所渴求的魅力、名誉与影响力。但是，当他们得到了更多的钱、荣耀、权力后，他们就会开始感受到此种徒劳的追求所带来的整体影响。他们无法得到心灵上的平静、内心的安全感或生活的乐趣。最初他们希望通过追求荣耀的幻影来舒缓内在的痛苦，现如今这种痛苦却一如既往地持续着。由于这并非偶然的结果碰巧发生在某个人身上，而是必然的趋势，所以或许可以较为正确地说，对成功的一切追求从本质上就是不现实的。

由于我们生长在一个竞争的文化中，上述评论听起来似乎有点奇怪，或者说有点超凡脱俗，因为每个人的心目中都根深蒂固地认为，每个人都应该奋勇争先，超越自己，我们会觉得这种倾向才是"天性"。但是，强迫性驱力只会产生于竞争的文化中这一事实并没有减少他们的神经症症状。即使在竞争的环境中，也有很多人认为其他的价值——特别是关乎作为一个人而成长的价值——比与他人竞争的卓越感来得重要。

追求荣耀的最后一个元素相比其他元素更具破坏性，那就是追求报复性胜利的驱力。它也许会和追求实际的成就与功名的驱力存在紧密联系，但如果真是这样，其主要目的就在于通过自己的成功使他人蒙羞，或战胜他人；或者是借着达到卓越而获取权力，将痛苦施加给别人——这种痛苦多是侮辱性的。此外，追求卓越的驱力也许是幻想的变形，那么这种报复性胜利的需求在人际关系上可能主要会表现为一些不可抗拒的无意识冲动，例如想要阻挠、智取或打败他人。我之所以称之为"报复性驱力"，是因为这种动机的力量来源于报复儿童时期所受耻辱的冲动——这些冲动随着后期的神经症发展而增强，这种后期的增强很有可能导致对报复性胜利的需求成了追求荣耀过程中的主要部分。在不同人身上，这种驱力的强度和人们对它的意识程度都大不相同，大多数人要么全然不知，要么只在稍纵即逝的瞬间有所觉察。但有时它也会公然出现，并成为生活的主要动力，甚至毫不掩饰。近代史上的希特勒就是个极好的例子，他曾经有过耻辱的经历，因此他将全部的生命倾注于打败日益壮大的民众这一狂热幻想上。在这个例子中我们可以清楚地看到，不断增加的需求形成了多个恶性循环。其中一个恶性循环来源于他只注意到胜利与失败，对失败的恐惧进一步加强了对胜利的渴求。此外，每一次胜利都会增加他的狂傲，继而使他越来越不能忍受有任何人甚至任何国家不认可他的伟大。

历史上还有很多这样的例子，只是程度轻一些。我现在从现代文学作品中举出一例：小说《注视火车逝去的人》[①]中有个正直的职员，全身心投入家庭生活与办公室中。很明显，他除了尽职尽责地工作，别无他念。然而有一天，他老板的欺诈手段败露，导致公司破产，他的价值观便突然崩塌了。他原先会人为地区分高尚的人和低贱的人，认为前者可以为所欲为，而后者，例如他自己，要有许多行为上的束缚，但是这些看法如今都随之粉碎了，他开始认识到，他同样可以变得"伟大"与"自由"，他也能够拥有一位女主人，甚至是老板那位迷人的太太。此时，他的自我变得如此膨胀，以致当他亲近那位太太而受到拒绝时，他竟然杀了她。后来当警察追捕他时，他有时会感到害怕。他的主要动机在于成功地击败警察，甚至当他企图自杀时，这也是他的主要动机。

这种报复性胜利的驱力常常是隐性的，而实际上，由于它的破

---

① 比利时法语小说家乔治·西姆农（Georges Simenon，1903~1989）著，1938年于纽约出版。

坏性，它是追求荣耀中最隐秘的元素。尽管它看起来只是狂热的雄心，但在精神分析中我们能发现，隐藏在背后的驱力是一种借由凌驾他人之上以打败或侮辱他人的需求。较无害的卓越需求能够消化一些更具破坏性的强迫成分，使人完全按其需求而行，并觉得自己的所作所为是正当的。

　　诚然，重要的是了解个人追求荣耀中各种倾向的特征，因为这些特征总是必须仔细分析的特殊集合。但是，除非我们将其视为整体中的各个部分，否则我们就无法理解这些倾向的性质，也无法理解它们的影响。阿尔弗雷德·阿德勒是第一位将它视为一种广泛现象的精神分析学家，并且指出了它在神经症中的重要意义①。

　　许多有力的证据表明，对荣耀的追求是一种连贯的统一体。首先，上文所述的多种个体倾向通常会同时出现在一个人身上。当然，其中某一种元素可能会占据优势，导致我们武断地认为他是一个有雄心的人，或是梦想家。但是，其中某一元素占据主导并不代表其他元素的缺乏。一个雄心勃勃的人也有他夸大的自我形象，而梦想家也需要真实的权力，尽管后一因素也许只有在别人的成功冒

_____

　　①　参见本书第十五章所提及的阿德勒与弗洛伊德在这一概念上的异同比较。

犯到他的自豪感时才会显现出来①。

此外，上述所有相关的个人倾向都密切地联系在一起，因此，其主要倾向可能会由于某些原因而在个体一生中发生改变。例如，他会延续美丽的白日梦，成为现实中一个完美的父亲或雇主，然后再变成有史以来最伟大的爱人。

最后，这些倾向都具有两种共同的基本特征，我们可以从整个现象的发生与作用来理解这两个基本特征：其强迫性与想象性的本质。这两个特征在上文均已被提及，但我仍然有必要更全面而简明地加以阐述。

其强迫性的本质在于，自我理想化（整个追求荣耀的过程均是它的结果）是一种神经症式的解决方法。当我们说强迫性驱力时，是在说它违反了自然的愿望与力量，后者才是真我的表现，而前者则是神经症结构的内在需要。无论一个人的真实愿望、情感或兴趣如何，他依然遵从强迫性驱力，以免招致焦虑，或是被冲突所折磨、被罪恶感所笼罩、抑或感到被人所抛弃等。换言之，自发性驱力和强迫性驱力的区别在于"我想要……"与"为了避免某些危险，我必须要……"之间的不同。虽然个体可能会认为他是"想

---

① 由于人格因其主导倾向的不同而存在差异，人们很容易将这些倾向本身视作单独的实体。弗洛伊德将与这些倾向类似的现象视为单独的本能驱力，并认为这种驱力具有独特的来源和特点。当我最初试图列举神经症中的强迫性驱力时，我一开始也把它们当作了单独的"神经症倾向"。

要"达到那些雄心与完美的标准，事实上他却是"被驱使"着去得到它们，对荣耀的追求控制了他。因为他本身并不知道"想要"与"被驱使"之间的差异，由此我们便需要建立一个区别二者的标准。其中最明显的一点是，他被驱使去追求荣耀，而全然不顾自我，也不顾自己的利益（我记得一个充满雄心的10岁女孩的例子，如果她不能在班上独占鳌头，她宁可自己失明）。我们有理由猜想，是否有更多的生命由于追求荣耀而非其他原因做出了牺牲，无论是真实的还是虚拟的。约翰·加布里尔·博克曼在开始怀疑他伟大使命的实用性和可能性时就离开了人世，这里蕴含着一个真正的悲剧元素。如果我们牺牲自己是为了一项在我们和大多数健康人眼中都具有建设性的事业，这虽然是一个悲剧，却极具意义。但如果我们沉溺于关于荣耀的幻想中，甚至连我们自己都不知道为什么，那这真是对生命悲剧性的浪费——生命所蕴涵的价值愈高，这种浪费便愈大。

追求荣耀的驱力具有强迫性的另一原因是它的不加区别性，如同其他强迫性的驱力一样。既然一个人在追求中，他真实的兴趣并不重要，那他必须是注意的焦点，必须是最吸引人、最聪明、最有创造力的人，不管这是否是情势所需。无论是何种情况，以他所具有的特质，他都可以成为第一。在任何争论中，他都争强好胜，无论真理如何。这种思想与苏格拉底的观点背道而驰："……无疑，我们现在并不是在进行简单的争论，以分出你我观点的高下，我们都应该在为真理而论战。"①神经症患者的强迫性使他不加区别地追求权力，也使他漠视真理，不管其有关自己、他人还是事实。

此外，正如其他的强迫性驱力，对荣耀的追求也具有不满足的特点，只要（不为他所知的）力量驱使着他，对荣耀的追求就不会得到满足。他或许会因工作成果卓越而赢得胜利，或因得到赞誉与激赏而得意扬扬，但这种心境转瞬即逝。他很难真正体验成功本身，甚至他还会想到将来的失望与恐惧。无论如何，他无休止地强烈追求更多声誉、更多金钱、更多女人、更多胜利和征服，但他几乎永远无法得到满足，也不会停止。

最后，这种驱力的强迫性还表现在他对挫折的反应上。一件事的主观重要性越大，那么他达成目标的需求也就越迫切，因此对挫折的反应也越强烈，这构成了我们用来评估驱力强度的方法之一。尽管它并不总是显而易见的，但对荣耀的追求是最强的驱力。它就像附身一般，像一头怪物吞噬创造了自己的主人。因此，他对挫折的反应必定非常强烈，例如在对灭亡与屈辱的恐惧中就有所表现。对很多人而言，这种恐惧意味着失败的感觉。他将惊慌、压抑、绝望，对自己和对他人的愤怒都看作"失败"的表现，这些反应屡见

---

① 摘自费勒布斯（Philebus），《柏拉图对话集》（*The Dialogues of Plato*）。

不鲜，而且往往不符合实际情况。例如，恐高症常常是由于害怕从幻想中的高位坠落，这一点可以从恐高症病人的梦中一探究竟。一位病人在开始怀疑他先前所建立的、无可置疑的优越感时，就会出现这样的梦，梦中他位于高山之巅，但即将坠落下来，他绝望地抓住岩石边缘。他说："我不能爬得更高了，因此我生命的要务就是紧紧抓住现在。"在意识层面，他指的是他的社会地位，但在更深层的意义上，此种"不能爬得更高"也的确是有关他对自我的幻想，（在他的心目中）他无法再超越万能与无限的意义！

在追求荣耀的各种因素中，第二种固有特征是想象性，它在这些因素中扮演了重大而特殊的角色。在自我理想化中，想象是不可或缺的，在整个追求荣耀的过程中，想象也是无处不在、至关重要的。无论一个人在现实中感到如何自豪，如何真实地往成功、胜利、完美迈进，想象总是伴随着他，使他将幻想误认为事实。一个无法真实地面对自己的人，在其他方面也不可能拥有真实。一个沙漠中的游客在备受疲劳与口渴煎熬时发现了海市蜃楼，他必定会全力以赴地向前迈进，这座海市蜃楼——荣耀——可以用来解除他的痛苦，但是其本身是想象的产物。

事实上，想象在健康人中也会具有精神上与心理上的作用。我们能感受到一个朋友的哀伤或喜悦，是想象的功劳。当我们怀着盼望、希冀、恐惧、信任、计划时，是想象告诉了我们可能发生的结果。想象也许是有益的，也许是无益的：想象能使我们更接近"自我的真相"——正如它在梦中的作用，也可能使我们远离真我。想象可以使我们的真实体验变得更丰富，也可能让它变得更贫瘠。这些差异可以用来粗略地区别何为神经症式的想象，何为健康的想象。

当我们想到神经症患者所规划的诸多宏图，以及他们的自夸与要求的幻想本质，我们可能会认为，他们比其他人更具丰富的想象力，而且正因为如此，他们更容易在想象中迷失方向，这一观点并非仅来自我的个人经验。神经症患者的想象力各不相同，正如健康人的想象力同样因人而异，但我无法证实神经症患者本身就比别人更具想象力。

这种观点虽然基于正确的观察，得到的却是错误的结论。事实上，想象在神经症中的确扮演了重要的角色，但其原因并非结构性的，而是功能性的。想象在神经症患者身上发挥了如同在健康人身上一样的作用，此外还具备了通常情况下所没有的作用，即用于满足神经症的需要。这在追求荣耀的情况中尤为明显。正如我们所知，这种追求正是出于强烈的需要。在精神医学的文献上，现实在想象中的扭曲被称为"一厢情愿的想法"（wishful thinking），尽管这已经是一个广为使用的术语，但仍然不够准确，它的含义过于狭隘，更为准确的术语应当不只包含想法，还包含"一厢情愿"的观察、信念，尤其是感觉。此外，是一个想法还是一种感觉，这是由我们的需要而非我们的愿望所决定的。正是这些需要的影响，让想象在神经症中有了持久的力量，同时使它变得更为丰富（却没有任何建设性）。

想象在追求荣耀中所扮演的角色，可以在白日梦中真实且直接地表现出来。十几岁的小孩可能就具有一种明显的夸大特征，例如一个胆小而畏缩的大学生做着有朝一日变成体育健将、天才或风流才子的白日梦。即使年岁增长也会如此，例如包法利夫人，成天幻想着浪漫的体验、不可思议的完美或神秘的圣洁感。有时这些白日梦会呈现为想象的交谈，让他人感到印象深刻或是羞愧。在一些人格结构更为复杂的人身上，他们会通过残酷与堕落的幻想来处理那些屈辱的或是崇高的苦难。通常，白日梦并非精心编织的故事，而是伴随着日常的事务。例如，当一个女人在照看小孩、在弹钢琴，或是在梳头时，她会觉得自己是一位慈母、一位全神贯注的钢琴家，或者是电影银幕上迷人的佳丽。在一些情况中，这种白日梦倾向相当明显，例如像沃尔特·米蒂①一样长久地生活在两个世界中。在另外一些情况中，同样是追求荣耀的人并没有太多白日梦，他们在

---

① Walter Mitty，美国作家詹姆斯·瑟伯（James Thurber）短篇小说《沃尔特·米蒂的秘密生活》中的主角，是一个喜欢做英雄梦的小人物。——译者注

主观上真诚地表示他们对生活毫无幻想。无疑，他们是错误的。即使他们只是担心某些可能会降临到他们头上的灾祸，也是想象让诸多偶然事件联系在了一起。

白日梦虽然在出现时是重要且明显的，但并非个体想象中最有害的成分，因为一个人大多知道自己在做白日梦，亦即是说，他借着幻想去体验那些不曾发生或不可能发生的事。至少，他并不难认识到白日梦的存在与它的不真实。想象中较为有害的成分是个体对事实的精巧而广泛的歪曲，而这又不为他自己所知。理想自我并非旦夕之间就能创造完成的，而是需要持续的关注。为了实现理想自我，他必须不断努力去歪曲现实。他必须将自己的需求转变为美德，或是天经地义的期望，他必须将追求诚实与善解人意的意图变成真实的诚实与善解人意。于是，他论文中的高见使自己成了伟大的学者，他的潜能则变成了实实在在的成就，对"正确的"道德价值的认知使他成了一个具有美德的人，而且常常是一个道德天才。当然，他的想象必须靠额外的努力运行，以摒弃所有扰乱自己的反面例证[①]。

想象也会改变神经症患者的信念，他需要相信，别人是卓越的，或是邪恶的，于是对方就立即出现在善人或恶徒的行列中。想

---

① 参见乔治·奥威尔（George Orwell）作品《一九八四》中"真理部"的工作。

象也可以改变他的情感，他需要觉得自己未被伤害，于是他的想象就具有足够的力量去消除自己的疼痛与苦难。当他需要有深刻的情感时，例如信仰、同情、爱、痛苦，他就会深刻地感受到他的同情心、痛苦感以及其余的情感。

了解想象在追求荣耀中所导致的内在或外在事实歪曲后，我们就会遇到一个难题：神经症患者的想象会飞往何处？又在何处终止？神经症患者毕竟尚未失去他所有的真实感觉，那么他与精神病患者的界线在哪里？想象的表现如果真的有所谓的界线，那也是模糊的。我们只能说，精神病患者倾向于将他的心理过程视为唯一的现实，而神经症患者——无论什么理由——依旧十分关心外在世界以及他在世界中的地位，因此他还具有相当完整的定向力①。不过，尽管他表面上尚能正常地生活，而没有明显的困扰，但他的想象所能翱翔的高度是永无止境的。事实上，追求荣耀的过程最显著的一个特征便是，它进入了幻想，进入了无尽可能性的领域之中。

追求荣耀的一切驱力都具有一个共同的特点，那就是追求比他人具有的更多的知识、智慧、美德或权势；个体所有的目标都在于追求绝对、无限、没有止境。除了绝对的勇敢、绝对的胜利、绝对的神圣外，被"追求荣耀"的驱力所困扰的神经症患者不会再为

---

① 产生这种差别的原因较为复杂，值得探讨的关键在于精神病患者是否更彻底地放弃了真实自我，同时更彻底地转向了理想化的自我。

了任何其他事物而动心。因此他与虔诚的教徒形成了一个强烈的对比，对后者而言，只有神明才是万能的，而神经症患者认为自己才是万能的。他的意志力应当具有神奇的力量，他的推理应是绝对可靠的，他的预见应是完美无瑕的，他的知识应是包罗万象的。于是贯穿本书的魔鬼协定开始出现，神经症患者就是浮士德，他不因博学而满足，而是自认为必须了解一切。

想象力之所以翱翔于无限的领域，是因为追求荣耀的驱力背后所隐藏的强烈需要。这些追求绝对与终极的需要一样急切，因此它们超越了那些平常用以让我们的想象避免脱离现实的禁制。为了良好的生活，人类需要拥有对机遇的幻想与追求无限的想法，与此同时，也需要彻底了解人类的局限、必然性以及一切真实存在的具体事实。如果一个人的思想与情感主要集中于追求无限与幻想机遇上，那他就失去了切实的知觉，失去了对此时此地的感知，失去了生活在当下的能力，他也不再能忍受任何必然性或是任何人类的缺陷。他不知道想要成就一番事业需要在现实中具备何种要素，甚至会有"将每一种不可能都变为事实"的妄想，他的思维变得过分抽象，他的知识变成了"非人的知识"，因为这导致了人类的自我浪费，与人类兴建金字塔的浪费行为极为相似。他对他人的情感会转变为一种"对人类的抽象同情"。如果一个人无法超越具体、必然性、有限的狭窄视野，那他将会变得"狭隘而卑下"。在人格的正常发展中，这并非是一个二选一的问题，而是二者兼有的问题。对有限、法则与必然性的认识形成了一种禁制，使人免于被拉入无限，免于一味"在可能性中挣扎"①。

在追求荣耀的过程中，想象的禁制未能发挥其应有的作用。这并不意味着他在普遍意义上不能去了解现实条件并遵守。在后续的神经症发展中会有一特殊的发展趋势，即大多数人觉得，限制自己的生活会更安全一些。他们也会认为迷失于幻想中是危险的，必须逃避。他们不去思索任何一件带有幻想性质的事情，他们厌恶抽象的思考，并且会过度焦虑地依附那些可见的、可触知的、具有实体的或者有实际用途的事物。尽管在意识层面人们对于这些事物的态度各不相同，但是每一个神经症患者从内心深处并不愿意去认识自己的局限性，不愿意认识他对自己的期许和能够达到的成就是有局限的。他强烈需要实现自己理想化的形象，因此，他必须将禁制视为无关紧要或根本不存在的东西，并把它抛到一边。

他那种非理性的想象越是占据上风，他就越可能对任何真实的、有限的、具体的及有终点的事物感到惊骇。他倾向于痛恨时间，因为时间是有限的；他痛恨金钱，因为金钱是有实体的；他憎恶死亡，因为死亡代表结束。他也可能会痛恨某个有限的愿望或

---

① 这些哲学讨论大多引用丹麦哲学家索伦·克尔凯郭尔（Søron Kierkegaard）的《致死的疾病》（*Sickness unto Death*）中的说法。

意见，因此他逃避做特定的约定或决定。举例而言，有一个病人渴望成为在月光下跳舞的鬼火，因此当她照镜子时会感到恐惧，这并非因为她看到了任何可能的不完美，而是因为镜子把她带回现实，让她认识到自己有确定的形象，她是实际存在的，她"被塞到了某个具体的身体里"，她就像一只飞鸟，翅膀被钉在了木板上。每当她出现这种感觉时，她就有一种想要砸破镜子的冲动。

当然，神经症的发展并非总是如此极端。即使神经症患者表面上被视为正常人，当他对自己产生特殊的错觉时，他也极不愿意用实际证据来检验这种错觉。他必须不这么做，因为一旦他这么做了，他就会崩溃。每个人对于外在法则与规章的态度均有不同，但他总易于否定那些在自己内心起作用的法则，拒绝看到心理事件的因果必然性，也拒绝看到某些互相影响的因素之间的必然性。

他有无穷多的方法来无视那些他不愿看到的事实。他会忘记，他会说那些事实无关紧要，是个意外，是环境的产物，又或者他觉得那是别人激怒了自己而造成的，他也没有办法，因为它是"自然的"。他就像一个不诚实的会计，尽最大努力维持两个账本，但与之不同的是，对于他自己，他只看那本令他喜欢的账本，而完全忽略另一本。电影《哈维》①中有一句话是"我与现实奋战二十年，

---

① 又名《迷离世界》，1950年上映的美国电影，主角艾尔·伍德几十年来一直与只有他能看见的六米高的白兔精灵哈维为伍。——译者注

终于克服了它"，我从未见过哪个公然反抗现实的病人不对此感到共鸣。或者，再引用一句病人的经典表述："要不是因为现实，我会是完全正常的。"

对荣耀的追求与健康人的驱力仍具有清楚而显著的不同。表面上它们是如此相像，让人有种看来只是程度上不同的错觉。好像神经症患者相比于健康人只是更雄心勃勃，更关心权势、威望与成功，好像他的道德标准相较于健康人更高、更严格，好像比别人更自负，认为自己比别人更重要。毕竟事实上，有哪个人敢明确划出界线说"这就是健康人的终点，神经症患者的起点"呢？

健康的驱力与神经症的驱力之间有相似之处，因为它们在人类特殊的潜能中有共同的根源。借由精神能力，人类有了超越自我的能力，与其他动物不同的是，人类能想象与计划。人类也在很多方面渐渐扩大自己的能力，正如历史所示，事实上人类已经做到了这一点。对个人的生活而言，情况同样如此。对于他所能过的生活、他所能发展的品质与能力、他所能创造的东西来说，并无固定的界线。考虑到这些事实，人类并不能确定他的界线，故而容易将目标设得过高或过低，而这种不确定性正是使追求荣耀成为可能的必要基础。

健康的驱力与追求荣耀的神经症驱力相比，主要差别在于推动它们的力量各不相同。健康的驱力起源于人类天生的习性，并被用以发展人类的潜能。对内在的成长冲动的信念已经成为我们在理论上与治疗上所依赖的信条①，尽管更新的经验再三出现，但这种信仰是经久不衰的，唯一的改变在于采用了更详细和精确的概念。现在我可以说（诚如本书首页所述），真实自我的活力驱使着人们迈向自我实现。

对荣耀的追求源自实现理想化自我的需要，这是一种根本上的差异，因为其他所有的差异都是由此衍生而来的。因为自我理想化本身就是神经症式的解决方法，而且具有强迫性，所以一切由它而生的驱力都是强迫性的需求。只要神经症患者不得不依附于他对自我的错觉，他就无法认识各种局限，所以对荣耀的追求也必将会陷于无止境的追求中。由于他主要的目标在于获得荣耀，所以他对按部就班地学习、做事、工作过程不感兴趣——事实上，他倾向于看轻这些过程。他不想攀登高山，却想矗立于山峰之上，因此他不懂进化或成长的意义，尽管他会谈及它们。因为，只有牺牲自我的一切真实才能创造出理想化的自我，而实现理想化的自我则需要进一

---

① 这里所说的"我们的信条"指的是整个高级精神分析协会所采用的方法。

在《我们内心的冲突》一书的导论中，我曾经写道："我个人相信人有希望也有能力发展他的潜能……"

此处可参见库尔特·哥德斯坦（Kurt Goldstein）的《人性本质》（*Human Nature*）（哈佛大学出版社1940年版）。然而，哥德斯坦并没有区分自我理想化与实现理想化自我之间的不同，而这一点对人类来说至关重要。

步地扭曲事实，也需要想象的作用，想象力是实现这一目的最忠实的仆人。因此，在人格发展的过程中，他或多或少会失去对真实的兴趣与关心，也会失去分辨真假的能力。相较于其他方面的损失，这是一种更重大的损失。这种损失导致他难以（在他自己或别人身上）区分什么是真实的情感、信仰、奋斗，什么又是虚假的（潜意识的伪装）。同时，他关注的重点从内在转移到了外在。

于是，正常的驱力与神经症的追求荣耀的驱力之间的不同，是自发性和强迫性之间的不同，是承认有限和否认有限之间的不同，是专注于成长的感觉和荣耀的最终结果之间的不同，是外在和内在之间的不同，也是幻想和真实之间的不同。此处所陈列的不同并非等同于一个相对健康的人和一个神经症患者之间的差异，前者可能并不会一心一意地去实现真我，后者也可能并不会完全被驱使着去实现理想的自我。神经症患者也具有实现自我的倾向。如果神经症患者不曾具有这种倾向，那在治疗上我们便束手无策，无法促进病人的成长。虽然正常人与神经症患者在这方面的差异只是程度上的差别，但真正的驱力与强迫性的驱力只是表面上固有其相似之处，实质上存在质的差异而非量的差异①。

我认为，对于由追求荣耀所引起的神经症过程，最恰当的象征

---

① 本书中所说的"神经症患者"指的是神经症驱力战胜了健康驱力的那些人。

就是魔鬼协定这一故事。魔鬼或其他邪恶的化身，用给予无限的权势来引诱受精神或物质烦恼所困的人，但这种人只有在出卖自己的灵魂或下地狱的时候，才能获得这些权势。此种诱惑会吸引几乎所有人，无论是精神上富有的还是贫乏的人，因为它代表了两种强烈的愿望：对无限的渴望和轻松脱离烦恼的需要。根据宗教的记载，人类最伟大的精神导师，佛陀与基督，都经历过这种诱惑，但他们稳定地扎根于自我，能够识别出那是一种诱惑，并拒绝诱惑。此外，魔鬼协定中约定的条件恰当地表达了神经症患者在发展中所付出的代价。用象征性的语言来说就是，通向无限荣耀的捷径势必也通往自卑与自虐的内心地狱。一个人如果踏上了这条路，他事实上也失去了自己的灵魂——他真正的自我。

第
二
章

神经症的要求

神经症患者在追求荣耀的过程中，容易迷失在幻想的、无限的与无边可能性的王国里。显然，从外表上看他可能作为其家庭中或社区中的一员正常地生活、工作并参与娱乐活动。他并不了解自己正生活在两个世界中（或者说至少不了解它的程度）——隐秘的私生活与公开的生活。这两种生活并不一致，重复引用上一章那位病人的话："生活是可怕的，充满了现实！"

无论神经症患者多么不愿意面对现实来反省自己，现实都不可避免地以两种方式摆在他的眼前。他也许很有天分，但本质上仍像其他人一样，除了具有一般人的局限之外，还会遇到很多人所须遭遇的困难。他的实际情况无法与他如神的想象一致，外在的现实也不曾将他当神一般地对待。对他而言，一小时也是六十分钟，他必须像其他人一样排队等候，出租车司机或他的老板也待他和其他人一样。

这种个人感受到的轻蔑，在一个病人孩提时代所经历的小事中很好地呈现出来。她当时是个3岁的女孩，常常幻想自己是一位美丽的女王。然而有一位叔叔抱起她并打趣地说："哎呀！你的脸真难看！"她永远忘不了因为自己的无能所感受到的愤怒。这种人几乎会时常面对矛盾、困惑与痛苦。他该做什么呢？他如何去说明它们呢？如何反应？或如何消除它们？只要他的崇高自我受到质疑，那他就只能推断说是这个世界错了，世界应该是不同的。因此，他并不去处理自己的想象，反而向外在世界提出了一种要求，他有权按照自己的夸大意念，使他获得他人或世界的另眼看待。每一个人都应该迎合他的错觉，除此之外一切都是不公平的，他有权享受更好的待遇。

神经症患者感到自己有权去享受他人特别的注意、关照与尊重。这些对尊重的要求是可以被充分理解的，而且有时表现得相当明显。但它们只是那种更广泛要求中的主要部分——所有来自他的禁忌、恐惧、冲突及对解决方法的需求都应该得到满足或适当地为人所敬重。此外，无论他感觉怎样，思考什么或做什么，都不应有不好的结果。实际上，这意味着他要求精神法则不该被应用于他身上，因此，他不需要去认识或改变他自己的困难，继而，解决他的问题不再是他的责任，而是别人的，他们应该了解这些，并且不能去烦扰他。

德国精神分析家哈拉尔德·舒尔茨·亨克[1]首先发现了神经症患者所隐藏的要求，他称之为巨大的要求，并认为它在神经症中扮演了重要的角色。尽管我同意他所定义的"巨大的要求"在神经症

---

[1] 参见《精神分析导论》（*Einführung zur Psychoanalyse*）。

中极为重要，但我的看法也在很多方面与他有所不同。我认为"巨大的要求"这术语并不恰当，它容易使人误解，以为人所提出的这些要求在内容上是过度的。的确，在很多情况下它们不只是过度的，而且纯属幻想。在另一些情况下它们却显得相当合理。如果将焦点集中在要求的内容有多过分这一点上，就会令人难以辨别那些存于自我以及他人中看似合理的要求。

举例而言，有个商人因为火车不按他方便的时刻开车而感到十分气愤。但一个知道这对他并没有重大影响的朋友，就会指出对此他实在是要求太多，这位商人则报之以另一种愤怒，他认为这位朋友并不了解他所谈的内容。他是个大忙人，希望火车能在合适的时间出发，对他而言这无疑是合情合理的。

他的愿望确实是合理的，有谁不希望火车按自己方便的时刻来开车呢？但事实上，我们无权去左右它。这使我们认识到这种现象的本质：一个在本质上相当可以被理解的愿望或需要，被转变为一种要求。一旦这种要求得不到实现，他就会觉得这是一种不公平的打击，是一种冒犯，因此，他有权对此发怒。

需要与要求之间有着明显的差异。然而，如果内心的潜在情感将需求变成了要求，神经症患者就无法意识到它们的差异所在，而且会对此加以逃避。虽然他所表达的可能是一项可以被理解的、平常的愿望，但他实际上是在提出要求。他觉得自己有权享受那些他想当然地认为属于他但事实上不一定属于他的东西。譬如，有病人因为收到违章泊车的罚单而勃然大怒，当然仔细一想，这种想"混过去"的愿望是可理解的，但事实上他无权被赦免。有这种想法并非指他不懂法律，而是因为他坚持认为（如果他真的思考过的话）：既然别人能够混过去，为什么他就不行，这是不公平的。

基于上述原因，下面我们需要简要地探讨一下非理性的要求在个人未能察觉的情况下，演变成了神经症的要求。这些要求是非理性的，因为它们假定了一项事实上并不存在的权利或资格。换言之，它们之所以过分，是因为它成为一种要求，而不再只是一种神经症的需要。这些要求所包含的具体内容根据神经症的特殊需要而在细节上有所不同。一般而言，病人会感到有权得到任何对他而言是重要的事物，即他所有的神经症的特定需要都应得到满足。

当我们谈及一位有需求的人，我们通常会想到他对别人的需求。人际关系的确是"神经症要求"主要出现的领域之一。但如果我们这样限制，那我们就太低估"神经症要求"的范围了，它们还会指向人为的制度，甚至指向生活本身。

就人际关系而言，一个在行为上显得相当胆怯与退却的病人内心可能会提出一种全面的要求。他对这种要求并不了解，因此他具有一种普遍的惰性，无法开发自己的才智，他说："这世界应该为我服务，我不该被困扰。"

一个从根本上就害怕自我怀疑的女人也会具有类似的广泛要求，她觉得她有权使自己所有的需要得到满足。"那是不可想象的，"她说，"我所希望爱我的男人竟然会不爱我！"她的要求在宗教术语中有所体现："每一件我所祈求的东西都会得到。"然而就她的情况而言，其要求具有相反的一面。因为愿望无法被满足将是不可思议的失败，所以她抑制了大部分的愿望，以避免承受"失败"的代价。

那些认为自己的需要永远正确的人，会觉得他人没有任何权利对他进行指责、怀疑或质问。而那些被权力欲所支配的人，则会觉得自己有权要求别人盲目服从。还有一些人，那些将生活当成竞赛并且在竞赛中能巧妙地操纵他人的人，一方面会觉得自己有权去愚弄每一个人，另一方面不允许他人愚弄自己。那些不敢面对冲突的人觉得自己有权"躲过"或"规避"困扰自己的问题。一个竭力剥削与胁迫他人、威逼他人、将自己的意志强加于他人的人，在别人坚持一项公平交易时，会愤恨地认为这是不公平的。一个冒犯别人、需得到别人谅解、自大又满怀报复心的人会觉得他有权得到"赦免"。无论他如何冒犯了别人，他都觉得自己有权让别人不计较其所为。要求"赦免"的另一说法就是予以"谅解"，即不管一个人如何暴躁或发怒，他都有资格获得谅解。一个认为"爱"是一种妥善的解决方法的人会将其需要转变为绝对的专情。一个看来似乎无所求的超然者会坚持一项要求：不被打扰。因为他觉得自己并不希冀别人的任何事物，所以无论在多险要的关头，自己都有权不被打扰。"不被打扰"通常意指免于批评、期望或努力——纵使后两者是为了他自己。

上述的这些例子与说法或许已足以解释人际关系中出现的神经症要求。在更多非人际关系的领域，或相关制度方面，带着否定内容的要求通常是较占优势的。例如，因法律规章而获得利益被视为理所当然，但如果法律让自己陷入劣势，有人就会觉得这是不公平的。

我现在仍然要感谢上次旅途中所发生的一次事件，因为它使我注意到自身隐藏的潜意识要求。我在一次访问墨西哥的回程旅途中，正巧遇上了基督圣体节，飞机因为航空管制而延误，虽然我认为这种规定在原则上是相当合理的，但我注意到这种情况一旦摊到自己头上，我就会勃然大怒。一想到接下来为了前往纽约要乘坐三天的火车，我就更加不快，而且相当疲倦。但当我自我安慰地想到或许这是老天的保佑，因为飞机可能会出事时，所有的烦乱终归平静。

那时，我突然发觉这种反应的荒谬之处，在我开始思索这些反应时，我明白了自己在要求什么。第一，寻求例外；第二，寻求上苍额外的恩宠。于是我接下来对搭火车旅行的态度便完全改观了，虽然从早到晚坐在拥挤的普通车厢内无疑是件不好受的事，但我不再疲倦，甚至于开始对这趟火车旅行感兴趣。

我相信，任何人如果多观察自己或别人，必定会发现或扩大这种体验，例如，大多数人（不管是行人或司机）之所以难以遵守交通规则，通常都是因为潜意识里对此的反抗。他们认为自己不应该遵守这些规则。有些人愤恨银行的"无礼"行为，因为银行总让他们注意到自己的账目已经透支这一事实。又比如，对考试或无力准备考试的恐惧，通常都是起源于对"豁免"的要求。同样地，对一场糟糕的表演感到愤慨，可能因为个体觉得有权享受一流的表演。

这种寻求例外的要求，也会指向心理或身体方面的自然法则。令人诧异的是，当一个聪明的病人面对心理问题的原因与结果的必然性时，竟会显得无比迟钝！我可以举出一些不证自明的因果关系：如果我们想要成就某事，就必须身体力行；我们若想独立，则应朝自我负责的方向奋斗。或者，只要我们自大，我们就会容易感到被攻击；只要我们不自爱，我们就无法相信别人会爱我们，也必定会怀疑任何爱的宣言。然而，当我将这些因果关系告诉病人时，病人通常会开始争论，感到大惑不解或闪烁其词。

产生这种特殊愚钝的因素有很多[1]，首先，我们必须了解，让

---

[1]　参见本书第七章中描述的"精神破碎的过程"，与第十一章中描述的"退却者对任何改变的厌恶"。

病人明白这种因果关系就意味着使病人发现内在改变的必要性。当然，改变任何神经症的因素都是困难的。但更大的问题是，正如我们已经了解的，很多病人在潜意识里强烈地厌恶去认识到自己应该受制于任何必然性。甚至于只要听到"规则""必要"或"限制"这些字眼就可使他们颤抖不已——如果让他们完全了解这些词的意义。在他们自己的天地里，每一件事对他们来说都是有可能的。因此认识到加诸他们身上的任何"必然性"，实际上会将他们从高处的世界拉回到现实中。在现实中，他必须像他人一样受制于自然法则。他需要从生活中除去那些"必然"，这种需要进一步转变为要求。在精神分析中，这种现象则表现为，他们自觉有权超越改变的必要性。因此，他们潜意识拒绝去认识这样的事实：如果他们想独立自主且不易受到伤害，或想相信能够被爱，那他们就必须改变自己内在的态度。

一般而言，大部分的犹豫在某种程度上也是对生活的隐秘要求，在这一领域中，势必不存在任何对要求的非理性特征所持的怀疑。自然，这可能会粉碎一个人那种如神的感觉从而使他面临现实：生命是有限的，而且充满了危险，任何偶然、意外、不幸、疾病或死亡可能会随时袭击他，摧毁他全能的感觉，因为对此我们能做的微乎其微。我们能够避免某些死亡的危险，如今也能够保护自己免于与死亡有关的经济损失，但我们仍无法免于一死。由于不愿像其他人一样面对生命中的风险，神经症患者出现了不可被侵犯的要求、成为救世主的要求、受命运眷顾的要求，或是生活总是轻松而没有痛苦的要求。

　　与发生在人际关系上的要求对比，那些针对生活的要求难以有效地被断定。具有这些要求的神经症患者只能做两件事：在他的内心，他会否定一切可能发生在他身上的事。在这种情况下，他会有不顾一切地倾向：当他发烧时，他仍会在寒冷的天气外出，他对可能发生的传染不加预防，或者无防护地进行性关系。他就像他会长生不老似的活着。因此，如果他遭受不幸的打击，那当然会是一种压倒性的体验，而且可能使他陷入惊慌之中。虽然这个事件也许无关紧要，却会摧毁他那种不可被侵犯的高超信仰。在另一种情况中，他可能会走向另一极端，对生活变得过于谨慎。既然他无法依赖自己不可被侵犯的尊贵要求，那么什么事都可能会发生，他也就无依无靠了。但这并非意味着他已放弃自己的要求，而是意味着他不想使自己再面对其他要求的崩塌。

　　还有一些对生活与命运的态度似乎表现得很合理，但问题在于我们能否看出隐藏在这些态度背后的要求。很多病人直接或间接地表现出愤愤不平，因为他们因特别的问题而苦恼。譬如，当他们谈及朋友时，会说尽管这个人也有神经症，但这个人在社交场合中更轻松自如，这个人在与女人交往方面很有一手，另一人则比自己更为进取，或更能享受生活。这些闲谈虽然很琐碎，看起来仍然是可以理解的，毕竟每个人都有自己的困难，因此都会觉得倘若没有那些困扰、那些特殊问题，他将会过得更为舒服。但是，这种病人跟令他艳羡的人在一起时的表现表明了一个更严重的问题。他可能突然变得冷漠或沮丧，跟随着这些反应，我们就会发现困扰的来源是一种固执的要求，即他不应该有任何问题。他有权比别人具有更优越的天赋。此外，他不仅有权过着毫无个人问题的生活，而且应该具有他所知道的一切特殊才华，用银幕中的人举例的话，应该像查理·卓别林那样谦虚与聪明，像斯宾塞·屈赛那样慈悲与勇敢，像克拉克·盖博那样矫健强壮。"我不应该是现在的我"，这一要求显然是无理的、无法实现的，通常它表现在对那些比他更具天赋或更为幸运的人的愤恨与嫉妒上，表现在模仿或崇拜他人上，或是表现在要求精神分析师帮助他获取所有这些合意的却常常互相矛盾的才华之上。

这种力求具有至高属性的要求在其内涵上是相当不明确的。它不仅导致长期的嫉妒与不满，而且还在精神分析的工作中造成了实际的障碍。如果病人认为他具有任何神经症的困扰都是不公平的，那么期望他去处理自己的问题，必定是加倍的不公平。相反，他觉得自己不需经过痛苦的改变过程，就能减轻自己的困扰。

对于神经症要求种类的研究还不够完全。因为每一神经症的需求都能转变为要求，所以我们需要单独讨论每一个要求，以便对要求有一个更全面的描述。然而，有时即使只是简短的研究也能使我们感觉到它的特性。现在我们试图将它们的共通之处做一个更清楚的解释。

首先，这些要求在两个方面是不切实际的。个体在心目中提出了某项要求，却很少考虑甚至全然罔顾达到这项要求的可能性。这一点在为求免于疾病、年老与死亡的幻想上表现得最为明显，对其他方面的要求亦然。有一位女性，她觉得自己的邀请有权完全为人所接受，因此她对别人的拒绝很愤怒，不管别人不接受的理由如何合理。另有一位学者则始终认为他所碰到的每件事都该是简单的，于是他讨厌撰写论文或需要付诸实践的工作，而且不顾这种工作是多么必要，或者即便明知这种工作不付出辛劳就无法完成也在所不顾。一个自觉有权要求别人在他经济困顿之时帮助自己的醉汉，如果他人的帮助不够及时或显得不情愿时（无论别人是否真的如此表现），他就觉得这是不公平的。

这些例子表明了神经症要求的第二个特征：自我中心。这种特征极为明显而突出，旁观者会感到"天真至极"，也会让人想起被宠坏的孩子所表现出的态度。这些印象似乎支持了一项理论结论：所有这些要求都具有"婴孩的"特性，它们存于那些未能（至少在这一点上）长大成人的人们之中。但事实上，这个论点是错误的，小孩确实是以自我为中心而存在的，但这只是因为他尚未发展出知觉对方的能力。小孩根本不知道别人也有他们自己的需要，也有能力上的局限，例如妈妈也需睡眠，或者妈妈没钱买玩具。然而神经症患者的"自我中心"全然建立于完全不同且相当复杂的基础之上。他被自己所耗尽，因为他被心理需要所驱使，被冲突所困扰，所以他被迫去坚持自己那特殊的行事方法。在这里，这两种现象看来相似，实则完全不同。由上述情况我们可以推断，如果告诉病人，他的要求是幼稚的，这完全无益于治疗。这样做只能让他知道自己的要求是不合理的（就这一点而言，分析师有更适当的方式向他指出来），充其量这只能引发他的思考。如果没有进一步的分析治疗，不会带来任何改变。

这之间的差别是如此之大。在我的经历中，神经症要求的自我中心表现为：战争中的空中优先权是对的，但我自己的需要更应具有绝对的优先权。如果神经症患者感到身体不舒服或希望做某件事，那么其他人都应该放下手里的一切，立刻去帮助他。当分析师很客气地说自己没有时间与病人交谈时，时常会收到病人愤怒或无礼的回复，或者根本就不被理会。如果病人需要，分析师就应该有时间。神经症患者与周围世界的关系越是疏远，就越不能了解他人及他人的情感。正如一个有时会对现实表现出高傲与轻蔑态度的病人曾经说的："我是一颗不羁的彗星，奔驰于宇宙间。这就意味着我的需要是真实的，而他人的需要是虚幻的。"

神经症要求的第三个特征就是：期望不劳而获。他不承认，如果他寂寞时，他该联系他人，而认为是他人应该打电话给自己才对。一个人想减肥，就需要减少食量，但是这个最简单的道理也常常会遭到他内心的反对。他不停地大吃大喝，却依然认为他没有像别人那么苗条是不公平的。此外，有的人也许会要求自己应该有个体面的工作、较好的职位，不用多做其他特别的事情就能提高薪水，甚至不用去开口。甚至他不需要明白自己想要的是什么，他觉得自己应该处于一种只要拒绝或接受即可的位置。

一个人常常会用最合理又最动人的语言，来表达他是多么地希望幸福。但一段时间后，他的家人或朋友就会发现，使他快乐是一件相当困难的事，于是他们会告诉他，在他心里一定有许多不满的情绪，使他无法获得快乐，然后他也许会去找分析师。

分析师会觉得，病人为求快乐的愿望是达成精神分析目标的良好动机，他也会问自己，为什么这位病人全心渴求快乐，却无法获得快乐？他具有大多数人所渴望的条件：甜蜜的家庭，美丽动人的妻子，充裕的经济条件。但他不再做更多的事，他对任何事都没有强烈的兴趣。这个现象包含了许多消极性与自我放纵。在第一次会谈中，他发觉病人并未谈及自己的困难，却迫切地说出了一系列的愿望。第二次的会谈使分析师证实了他第一次的诊断，病人在分析工作中的惰性被证实是首要障碍，于是情况变得更为清楚了。他的手和脚都被绑住，他不能开发自己的潜能，却有着固执的要求：要求生活中所有完美的事情，包括心灵的满足，都应该发生在他身上。

另外一个例子，更能说明不愿意努力却要求得到帮助这一特性。有一位病人不得不中断他的分析工作一个星期，但是他仍被之前某次会谈时的一些问题所困扰，在他即将离开前表示出要克服困难的愿望——一个完全合理的愿望。因此，我试着努力去发掘发生在这人身上的特殊问题的根源，但不久，我发觉他并不怎么合作，就像我必须拉着他向前一样。过了一会儿，我感到他越来越不耐烦，我直接问他是否感到不耐烦，他肯定地说当然，他不想接下来整个星期被这个困难所烦扰，而我到现在也未曾说过任何关于如何消除它的话。我向他指出，他的愿望我能理解，但很明显，它已经转变为不合理的要求。我们是否能更进一步地解决这一特殊问题，取决于此时此刻这一问题的难易程度，以及他和我能取得什么样的成功。然而，就他所关心的问题而言，他的心中必定有某些东西使他无法朝我们所希望的目标前进。经反复分析后（对此略去不提），他终于承认我说的是对的。他不再暴躁，而无理的要求与急迫的感觉也都消失了。同时，他有了一个额外的想法：刚才他觉得问题是由我引起的，因此应由我负责解决它。他心中认为我要如何负责呢？他的意思并不是说我犯了错，只是在之前的时间里，他意识到他尚未克服自己的报复心——一个他几乎从未真正觉察到的问题。实际上，那时他甚至还不想摆脱它，只想摆脱伴随它而来的某些困扰。因为我未能使他免于这些困扰，所以他觉得有权对我提出报复性的要求。有了这个解释，他找出了其要求的根源：他在内心拒绝对自我负责，也缺乏建设性的自我兴趣。这使他变得麻木，使他不能为自己做任何事，从而需要他人——这里是分析师——为他负起全责并解决问题，而这种需求转变成了要求。

这个例子表明了神经症要求的第四个特征：它们在本性上是具有报复性的。病人可能会感到自己被冤枉，坚决要报复。很早就有人发现了此种特征，例如，在创伤性的神经症与某些妄想症的症状中都明显可见这一特征。在文学上也有很多关于这种特征的描述，例如夏洛克的斤斤计较，或是海达·加布勒在知道她的丈夫无法获得期望的教授职位时，就变得挥霍无度。

这里我想提出的问题是，报复性的需求在神经症的要求中，是否是一个常见的元素。无疑，每个人对于报复性要求的知觉程度均有所不同。就夏洛克而言，他对那些需求是有意识的。前述病人对我发怒时，他处于有意识和无意识状态之间。但在大部分的例子中，他们是无意识的。根据我的经验，我并不相信报复性在所有的神经症要求中是普遍存在的，但我发觉它时常出现，因此我一直将其作为一条需要注意的规则，经常探究这些报复性的需求。就像我在论述"报复性胜利的需要"时所提出的那样，大多数神经症患者深藏在内心的报复性是相当强的。当病人因为过去的挫折与痛苦而产生要求时，当要求以充满火药味的方式提出来时，当要求的满足被看作一种胜利而要求的挫败被认为是一种失败时，报复性的元素必会发生作用。

人们对自己的要求能觉察多少呢？一个人对自己及周遭人们的看法越是由他的想象决定，他自己以及他的生活就越是反映了他的需求。他的心中没有任何空间去了解别人还有任何其他需要或要求，甚至只要别人稍微一提到他可能所具有的要求时，他就会觉得恼怒。事情很简单，人们不应该让他焦急等待，他不应该碰到任何意外，他永远不会变老，当他外出旅行的时候，天气得是晴空万里、风和日丽，事事都要顺着他的心意，他一定得心想事成。

有些神经症患者看起来认识到了自己在提要求，因为他们明显而公然地要求得到属于自己的特权，但很多旁观者觉得明显的事，对他们来说并不显而易见。旁观者所看到的与当事人自己认为的迥然不同。一个积极强调自己要求的人，最多只能觉察到他的某些表达有提要求的意味，例如，觉得不耐烦或无法忍受反对意见等。他或许知道，他并不喜欢开口求人或表达感谢。可是这种觉察与他认为自己有权使别人去做他所想要的事大不相同，也许他有时知道自己的鲁莽，但他通常会将鲁莽矫饰为自信与勇气。譬如，他可能在没有对另一份工作有任何具体的规划前，就放弃现有的某个很好的职位，并将这一做法视为自信的表现。这可能是真实的，但或许是因为他感觉自己有权享有这种幸运与命运的眷顾。他也许知道，在他的灵魂深处，他暗自相信自己将长生不死，尽管如此，他也没有意识到他有超越生物极限的要求。

在其他情况下，病人和未受训练的旁观者可能认识不到这些要求，旁观者可能会愿意去满足任何看似有正当理由的要求，但这常起因于他本身的神经症因素，而非心理上的无知。例如他可能有时会觉得他太太提的要求很过分，并因此感到厌烦，但他过分的虚荣心又会让他认为这表明自己对太太来说是不可或缺的。或者，一位女性可能会因为无助与痛苦而对他人提出过分的要求。她本人能感觉到自己的需要，甚至于她可能会有意识地变得过度谨慎，而不是将自己的需求强加于他人。其他人可能会愿意成为她的保护者与救助者，这可能源于他们自己的内在原则，但如果他们无法满足她的期望，就可能会深感愧疚。

即使一个人能够意识到自己提出了某些要求，也可能意识不到自己的要求是不合理、非理性的。实际上，怀疑一个要求是否正当是破坏或消灭这一要求的第一步。因此，只要神经症患者觉得自己提的要求是至关重要的，那他必定会找到一个无懈可击的理由，让那些要求变得完全合理。他也必定会相信，那些要求是公平的、合理的。在分析过程中，病人竭力证明，他一心一意期望的那些只是他应得的事物。为了达到治疗的目的，最重要的是让病人认识到特定要求的存在，以及他倾向于将其合理化的本质。因为这些要求是否能够成立，完全是基于它们的基础，所以这些基础本身就成了一个战略关键。譬如，如果一个人居功自傲，觉得有权享受各种优厚的待遇，他必定会不经意地夸大这些功绩，以至于当他没有享有优厚的待遇时，他就可以理直气壮地觉得自己被亏待了。

这些要求的合理化过程通常都以文化背景为基础。比如，因为我是一个女人，因为我是一个男人，因为我是你的母亲，因为我是你的上司……由于这些背景本身并不能真正支持神经症患者，使其有权提出要求，所以它们的重要性必定是被过分地渲染了。例如在很多国家，并没有明确的传统认知表明洗碗有损男性尊严，因此，如果有一个病人要求免除做这项杂役性的工作，那他一定会夸大其身为男人或家庭支柱的尊严，觉得自己为了尊严是不可洗碗的。

在这些要求中，优越感是常见的一个基础。这些要求的共性就是，因为我在某些地方表现得特别杰出，所以"我有权去……"这种直白的表达形式大多数是潜意识的，但这种人会特别强调他的时间、工作、计划有多重要，以及他永远是对的。

那些相信爱能解决一切、相信爱使人有权得到一切的人，一定会夸大爱情的价值或深度——这并非故意说谎，而是他实实在在地感觉到比实际情况更多的爱。这种扩张的必然性通常会造成恶性循环，对于因无助与痛苦而生的要求而言更是如此。例如有人过于胆怯，不敢打电话询问情况，如果他的一个要求是要他人来替他打电话，那么，为了使他的要求合理化他真的会深切地感到自己很怯懦，甚至比实际情况还要怯懦。如果一个女人觉得自己过于忧郁或无助以至于不能料理家务，那她会使自己感到比实际情况更为无助或更忧郁——后来她便真的感受到更剧烈的痛苦了。

　　然而，我们不应仓促地下结论说，周遭的人拒绝神经症的要求必定是好的，其实同意与拒绝都会把情况弄得更糟。也就是说，这两种情况都可能使要求变得更为强烈。通常只有在神经症患者已经开始或正开始计划对自己的行为负责时，拒绝其要求才会有所助益。

　　或许对神经症的要求而言，最有趣的基础就是正义了。因为我总是努力工作，或因为我向来是个好公民（这些都是合理的），所以我不应遭受不幸，理应一帆风顺，凡事必须都对我公平。他认为应该善有善报，恶有恶报，而与此相反的事实（美德不必然有回报）都被摒弃了。如果神经症患者具有这种倾向，他通常会指出，他的这种正义感也适用于他人，如果他人遭遇不公平的待遇，他也会勃然大怒。在某种程度上，事实确实如此，但这仅仅意味着，他建立在正义基础上的这种需要，已成为他普遍的一种"处世哲学"。

此外，对公平的强调也有相反的一面，即要求别人对于所有加诸他身上的逆境承担责任。一个人是否能将这一理论应用于自身，取决于其"自以为正确"的程度。如果"自以为正确"的想法过于坚固，那他就会认为他所经历的每一逆境都是不公平的，但他更容易将"报应性的公正"这一规则应用于别人身上。譬如，他会认为某人之所以失业，或许是因为他不是真的想去工作，又譬如，他会认为在某些方面犹太人或许应该为宗教迫害负责。

在更多个人的问题上，他会觉得，他有权将某种既定的价值作为其价值观的标的物。如果他不忽略其中的两个因素，也许这种看法是正确的。他夸大了自己的积极价值观所应占的比例（例如善意），因而忽略了他在人际关系方面遇到的困难。此外，这种价值的天平往往并不平衡。例如，对一个接受分析的病人而言，他可能会看到自己在这一边的天平上持有合作的态度，想要摆脱症状，定期前来参与会谈并付费，而在天平的另一边，在分析师那里，他看到的则是分析师有义务使病人痊愈。不幸的是，这两种立场并不平衡，病人只有在他愿意并能够了解自己从而改变自己时，才能开始康复。因此，如果病人的良好愿望无法与有效的努力结合起来，那么改变将难以发生。由于他的困扰和障碍仍会反复出现，他会觉得更加不耐烦，并产生被骗的感觉。他回报给分析师的则是谴责和抱怨，并且感到自己完全有理由不信任分析师。

过分强调公平也许是报复的一种掩饰，尽管并非必然如此。如果这种神经症的要求主要是基于与生活的一场"交易"，那么一个人通常会特别强调他的功劳。这些要求越是具有报复性，他就越是强调他人给自己造成的伤害。这种情况下，所造成的伤害势必会被加以夸大，而伴随着伤害而来的情绪与日俱增，不断发酵，直到这种伤害大到让"受害者"觉得自己可以要求他人做出任何牺牲或者接受任何惩罚。

这些要求对维持神经症是相当必要的，因此坚持这些要求当然颇为重要。这一点只是针对人的要求而言的，因为命运和生活会无情地嘲弄对它们提出任何要求的人。在下文的不同部分中我们还会回到这个问题上来，这里我只想说，神经症患者试图让别人接受其要求的做法与产生这些要求的基础密切相关。简而言之，他会试着利用他独特的重要性来加深别人对他的印象，他会取悦、迷惑或许诺，他会借着激起别人的正义感或罪恶感而使对方为自己效劳，他会强调自己的痛苦来引起别人的同情与罪恶感，他会通过强调自己对他人的爱而吸引别人对爱或虚荣的渴望，他也会用暴躁与愠怒来威迫他人。一个报复性的人常会用永不满足的要求来毁坏他人，他会通过严厉的指责来迫使他人屈服。

考虑到神经症患者用来解释或坚持要求而投入的一切能量，我们可以预期这些要求遭到反对时他的激烈反应，虽然其中潜藏很多恐惧，但主要的反应是生气，甚至是恼怒。这种生气是很夸张的，因为他们在主观上往往感觉其要求是公平的、正当的，所以当遭受到反对时，他们就会觉得是不公正的、不应该的。随之而来的便会是义愤填膺。换句话说，这个人不仅感觉到生气，而且觉得他生气是理所应当的——这种自认为应当的感觉在精神分析的过程中会被病人极力坚持。

在我们更深入地探讨这种愤怒的不同表现之前，我想先简单介绍一项理论，这项理论由约翰·多拉德等人提出，认为我们以敌意来应对任何挫折，即敌意实际上主要是对挫折的一种反应①。但事实上，通过相当简单的观察，我们就会发现这种论点是站不住脚的。相反，人类不怀敌意而面对挫折的情况简直是不胜枚举。个体只有在感到挫折是不公平的，或出于神经症的要求而认为挫折是不公平的时候，才会产生敌意。敌意具有使人愤怒或让人感到被虐待的特性。有时，它所造成的不幸或伤害会被夸大，甚至夸大到十分可笑的程度。如果一个人感到被另一个人虐待，那么在这个人眼

---

① 这种假设基于弗洛伊德的本能理论，它包含如下内容：每一种敌意都是对受到挫折的本能冲动或其衍生物的一种反应。对于接受弗洛伊德死亡本能理论的那些精神分析师而言，敌意还因为破坏性的本能需求而产生。

里，另一个人就会突然变得不可信赖、龌龊、残忍、卑鄙。也就是说，这种愤怒强烈地影响了人们对他人的判断。这就是神经症猜疑的来源，是许多神经症患者对他人的评价并不稳定的原因，也是他们极容易由积极的友善态度转变为消极的责难态度的主要原因。

简略地说，对生气或是愤怒的强烈反应有三种。第一种反应是，无论出于什么理由，它首先被压抑住，然后就像被压抑的敌意那样，呈现出身心症状，如疲劳、偏头痛、反胃等。第二种反应是，它可以自如地表现出来，或至少可以完全地被人感觉到。在这种情况下，一个人的愤怒越是缺乏事实基础，他就越会夸大其所认为的别人的错误，然后他会不经意地建立起一种用来对付冒犯者的看起来完全合乎逻辑的理论。无论是出于什么理由，他越是公然地显出自己的报复性，他采取报复行动的倾向也就越强。他越是公然地表现出自大，他就越相信自己复仇完全是出于正义。第三种反应则是陷入痛苦与自怜之中，他会觉得被人伤害或被侮辱，并且会变得意志消沉。他会觉得"他们怎能这样对我？"。在这些情况下，痛苦成为表达谴责的媒介。

我们不容易在自己身上观察到这些反应，而更容易在他人身上观察到，因为"相信自己是正确的"这一信念抑制了自我批判。然而，当我们执着于受到的委屈，开始不断思考他人的可恨之处或者感到有一股想反击的冲动时，我们真正的兴趣其实在于考察我们自己的反应。然后我们必须仔细观察，我们对别人错误行为的反应是否合理。如果通过诚实的思考，我们发现自己的反应并不合乎情理，那么我们就一定要探寻隐藏于其中的神经症要求。假设我们愿意且能够放弃一些对特权的需求，假设我们熟悉自己心中受压抑的敌意会以何种形式表现，那就不难认识到个人对于挫折的激烈反应，以及隐藏在背后的要求。然而，在一两个例子中观察到这种要求，并不意味着我们就能完全除去所有要求，我们通常只能除去那些特别明显且荒谬的要求。这个过程使人联想起对绦虫的治疗，虽然虫体的一部分被消除，但它还会再生，继续耗损我们的体力，直到它的根源被完全除去。这意味着，只有当我们能完全克服对荣耀的追求以及由此引起的一切反应时，我们才能放弃我们的要求。在返回自我的过程中，我们的每一步都是有价值的。

这些普遍存在的要求会对人格与生活产生众多的影响，会使人产生一种弥散的挫折感与不满足感。这些感觉极为广泛，甚至可以粗略地被视为个体的性格特点。还有其他的因素导致了这种长期不满的情绪，但是在产生不满的各种原因中，普遍存在的神经症要求是最主要的原因。在任何趋势、任何生活境遇中，这种不满都常常会针对匮乏的东西、困难的事物，从而让人变得对整个境遇都不满足。例如，一位男性从事着令他极为满意的工作，有着幸福的家庭生活，但他没有足够的时间弹钢琴，而弹琴对他而言意义重大，或者他有一个女儿不够优秀，这些内容占据了他的整个心灵，让他无法觉察自己已有的幸福生活。又如，一个人因为订购的商品没能准时送货上门而觉得美好的一天被毁了，或者一个人虽经历了美好的远足或旅行，但想到的只是交通很不方便。这些态度相当常见，几乎每个人都有过这样的经历。感到不满的人有时也会奇怪他们为什么总往事情坏的那一面看。他们有时称自己是悲观主义者，并屏蔽了所有的问题，认为自己完全不能去忍受逆境。

因为这种态度，人们在诸多方面让自己的生活变得更为困难。如果我们认为困难本身是不公平的，那么任何困难都会变得比原来大十倍。我在普通火车上的经历就是这种情况的最好说明，当我感到自己正处在不公平的境地时，我必定会难以忍受。但是，当我发现了背后所隐藏的要求后，虽然车上的座位依然很硬，乘车的时间依然很长，但我还会感到舒适。这一点同样可以被应用在工作方面。做任何工作时，如果我们持着"它不公平"的恶劣心态，或抱着"它应该简单"的内在要求，那么做起来一定会觉得费力且疲劳。换句话说，神经症的要求让我们失去了部分的生活艺术，其中包含从容处世的态度。的确，生活中有痛苦到让人崩溃的事情，但总的来说这些事情很少。对于神经症病人而言，小小的变故也会转变成重大的灾祸，生活充满了一连串的困扰。神经症患者可能更为关注他人生活中的闪光点：这个人获得了成功，那个人多子多福，第三个人有更多的闲暇时间可以做自己喜欢的事情，第四个人的房子宽敞明亮、草坪绿草如茵等。

虽然这些现象看起来极易描述，但是对它们的认识极为困难。认识到我们自己身上的神经症元素更是难上加难。有太多重要的东西别人都有，而我们没有，这看来是如此真实，如此实际。因此，我们内心的账本上可能会发生两方面的扭曲：关于自己的与关于他人的。很多人都被告诉过，别把自己的人生与别人的人生中的闪光点相比较，而应该与别人的整个人生相比较。虽然他们知道这种劝告是正确的，却无法遵循它，因为他们并非视而不见或有意地忽视这方面的事情，而纯粹是由于情感的盲目，也就是说，源于内心潜意识的需要所导致的盲目。

结果便是，他们将对他人的嫉妒和无情混合在一起。这种嫉妒具有尼采称之为"生活的嫉妒"的倾向，这种嫉妒并不是关于这样或那样的细节，而是对整个生活本身的。它常会伴随下列感觉：觉得自己是唯一被排斥的人，是唯一烦恼、孤独、恐慌、被约束的人，等等。无情并不一定意味着他完全是一个冷酷的人，它来源于广泛的要求，随后会为他的自我中心主义辩护。于是他就可以想，为什么别人的一切都比自己的好，却期望得到他所具有的事物呢？他比周围人有更多的需要（他比别人受到了更多的忽视，更不被人理睬），为什么他不应该有权独自寻求自我呢？他的这些要求变得更为坚定且明确。

另一结果是对权利的普遍不确定感，这是一种复杂的现象。广泛的要求是一个决定性因素。在神经症患者私人的世界里，他觉得自己有权拥有一切事物，但这并不实际，让他在现实世界中对自己的权利感到困惑。一方面，他有胆大妄为的要求，另一方面，当他真正感受到这种权利或需要主张这种权利的时候，会因过于胆怯而无法这么做。例如，有个病人一方面觉得所有人都应该帮助他，另一方面他不敢要求我变更精神分析的时间，或向我借支铅笔记录一些事情。另外一个病人的情况是，当他想要得到尊重的神经症要求无法被满足时，他会变得过度敏感，但他能忍受一些朋友对他的冒犯。感觉自己没有权利可能是让病人痛苦的一个方面，也可能是他抱怨的焦点。虽然他并不关心自己那些不合理的要求，但这些要求是困扰的来源，至少是促成困扰的其中一个来源①。

最后，具有广泛的要求是导致惰性的最大因素。惰性会以公开或隐藏的形式出现，这或许是最常见的神经症困扰。惰性与懒散不同，懒散可以是随意的、令人享受的，惰性却是精神能量的麻痹，不仅涉及行动方面，而且体现在感觉与思考中。依据定义，所有的要求都会取代神经症患者对问题的积极处理，因此他无法正常地成长。很多例子都表明，他们会普遍地厌恶努力。他潜意识中的要求

---

① 参见本书第九章。

让他觉得，仅仅有相关的意愿这一点，就应该足以使他功成名就，谋得好工作，足够幸福，克服困难。他有权不用付出努力就可以得到这些。有时，这意味着别人应该做实际的工作——让别人去做。如果这个愿望无法被达成，他就有理由不满。当他只是想到要做一些额外的事情，比如搬家或是购物时，他就会感到疲劳。有时在精神分析中，一个人的疲劳可以很快地被除去。例如，有位病人要去旅行，出发前他有许多事情要办，在他还没开始做这些事情之前，他就感到疲惫不堪。于是我提议他将如何做好每一件事作为对自己智力的挑战，这引起了他的兴趣，疲劳也很快就被消除了。他可以完成每一件事，而不感到匆忙或倦怠。但是，尽管他因此体验到他有能力积极、快乐地做事，但他那种尽力而为的冲动也很快就消减了，因为他无意识中的要求过于根深蒂固。

神经症的要求越具有报复性，惰性的程度似乎也就越强。其无意识的论点如下：他人应该对我所遭受的困扰负责，因此我应该得到补偿。如果我还得付出努力，那还补偿什么呢？无疑，只有一个人对生活失去建设性的兴趣时，才会产生上述观点。于是，他不再对自己的生活负责，生活应由"他们"，或命运本身来负责。

在精神分析的过程中，病人执着于神经症的要求并极力防御，这种固执表明神经症的要求具有相当强大的主观价值。他拥有不止一种而是多种防御，而且会不断地转换。首先，他会说，他没有任何要求，因此他根本不知道分析师在谈论什么。其次，他的要求完全是合理的。接着他会继续为这些要求提供合理化的主观依据，为自己辩护。当他终于意识到自己的要求确实存在，且这些要求并不现实之后，他就会对要求失去兴趣，因为它们不重要，或者说反正也没有什么害处。或许他会及时看到要求对自己的影响是多方面且严重的：使他变得易怒与不满；如果他自己能更积极主动地做事，而不是一味地期待事情自动发生在他的身上，他的情况就会变得更好；他的要求麻痹了自己的心理能量。他也无法不面对这样的事实：他从这些要求中得到的实际收获是微乎其微的。的确，因为他将压力推给了别人，有时这会使他人尽力满足他表达的或未表达的需求。但是，谁从中得到了更大的快乐？他对生活的要求无论如何都是无益的。无论他是否觉得自己有权享受例外，心理或生理的法则都可以被应用在他身上，而他那要求综合他人一切长处的神经症要求也对他的生活没有丝毫的改变。

认识到要求的不利影响及其本身的无益，并不会带来什么变化，因为病人对此并不相信。分析师希望这些洞见能根除病人的神经症要求，但事实并不遂人愿。通常，经过精神分析后，要求的强度会减小，但并没有被根除。通过进一步的探查，我们可以深入地了解到病人无意识中的非理性想象。虽然他在理智上认识到自己的要求是无益的，但在无意识中他深深地相信，凭着他神奇的意志力，天下没有不可能的事。只要他有足够强烈的愿望，他的愿望就会成真。只要他极力坚持自己万事如意的要求，那么自然就会万事如意。如果这一要求没有实现，那么也不是因为他要求的是不可能之事（虽然分析师一直想要让他这样认为），而是因为他的愿望还不够坚定、强烈。

病人的这种信念给整个现象增添了复杂性。我们已经看到，病人的要求是不切实际的，因为他自认为应该拥有某些特权。我们也应看到，某些要求纯粹是幻想。现在，我们又认识到，病人所有的要求都充满了对奇迹的期望。只有在这时，我们才终于了解，要求是实现理想自我的不可或缺的工具。要求并不在于通过给一个人带来真正的成就而帮助他成功实现理想自我，它只是为此提供了必要的证据与托词。一个人必须证明，他超越了心理与自然法则。虽然他一再发现别人不接受他的要求，发现法则也适用于他，看到自己并未超越一般的烦恼与失败，但是这些都不能成为反驳他具有无限能力的证据。它们只是证明，到目前为止，他受到了不公平的待遇，他相信，只要他坚持自己的要求，总有一天它们会实现的。这些要求是他未来荣耀的保证。

现在我们了解到，为什么病人在意识到他的要求对实际生活的破坏作用后，仍会对此漠不关心。虽然他并不否认损害的存在，但是，为了有个光辉的未来，他忽略了现在的状况。他就像一个相信自己理所应当继承遗产的人一样，不在现实生活中做出努力，而是把所有的精力都投注在更有效地维护他的要求上。与此同时，他对实际生活丧失了兴趣。他陷入了某种贫困，他忽略了能使自己的生活更有价值的一切事物。因此，对未来成功怀有希望逐渐成了他生活的唯一目的。

事实上，神经症患者比那些假想有权继承遗产的人的情况来得更糟，因为他有一个潜在的感觉，觉得如果他对自己以及自己的人格发展感兴趣的话，他就会丧失实现这一未来的权利。基于他的前提而言，这是合理的，因为这样一来，他实现理想自我也变得毫无意义。只要他还受这种目标的诱惑，选择转变的途径就必定充满阻碍。这意味着他要将自己看得与别人一样，大家都是被苦难所困扰的人。这意味着他应该为自己负责，并认识到自己应该承担起克服困难并发展自己所具有的一切潜能的重任。这条路之所以充满阻碍，是因为它使他感到好像要失去一切似的。只有当他变得足够坚强，能够放弃在自我理想化中所找到的解决办法时，他才会考虑这条转变的途径——一条通往健康之路。

如果我们只是把要求视为神经症患者即将实现理想自我时的"天真"表达，或者视为他要他人满足自己许多强迫性需求的合理欲望，那我们就无法充分理解神经症要求的固执本质。神经症要求的这种固执本质是一切神经症态度的根源，也表明了这种态度在神经症构架中不可或缺的各种作用。我们已经认识到，神经症要求似乎为一个人解决了很多问题，其全部功能就是长期保存关于自我的那些幻想和错觉，并将责任转移到与自身无关的因素上去。通过将需要提升到要求的高位，他否认自己的困扰，将属于自己的责任推到他人、环境或命运身上。他认为，他遭受的任何困难都是不公平的，他有权享受生活的特殊安排，不应该有任何困难来烦扰他。例如，当有人向他推荐贷款或请求募捐时，他会感到生气，心里怒骂前来请求的人。而事实上，他愤怒的原因在于他有不被打扰的要求。那么是什么使他的这一要求变得如此迫切？实际上，这个募捐的请求让他不得不面对存在于自己内心的一个冲突：是需要顺从他人，还是需要使他人遭受挫折？只要他太害怕或太不愿意面对他的冲突——不管出于什么理由，他必定会坚持他的要求。当他表达他的要求时，他说的是自己不希望被打扰，但更为确切地说，他的要求是这个世界不应该引发（或者说使他认识到）他内心的冲突。在下文中，我们将会了解到为何摆脱责任对他而言如此重要。我们已经看到，神经症要求实际上可以使他避免亲自去解决问题，也因此使得神经症长存不灭。

第二章

"应该"之暴行

到目前为止，我们主要讨论的是神经症患者如何实现关于外部世界的自我理想化，比如取得的成就，获得的成功、权力或者胜利的荣耀。神经症的要求也涉及外部世界：他要求无论何时以何种方式，他都能够维护自己的独特性所赋予自己的特殊权利。他感到自己有权超越需要和法律，这使他能够生活在一个虚构的世界中，仿佛他确实处于这些需要和法律之上。而且，当他察觉到自己没有成为理想中的自我时，他的要求也使他能够制造外部因素来对这样的"失败"负责。

现在我们将讨论实现自我方面的问题，我在第一章中曾简要提及过，我们关注的焦点是自身。皮格马利翁（Pygmalion）试图将另一个人变成符合他对美的认知的生物，神经症患者与他的不同在于，他们致力于将自己塑造成至高无上的人。神经症患者在自己的灵魂面前坚持完美的形象，并且在无意识层面告诉自己：忘记你实际上是一个可耻的生物；这才是你应该成为的样子；这个理想化的自我才是最重要的：你应该可以去忍受任何事，理解任何事，爱每一个人，并一直富有成效。这仅仅是他内心指令的一小部分。因为这些指令十分冷酷无情，所以我称它们为"应该之暴行"。

这些内心指令包括所有神经症患者应该能做到的、能成为的、能感知的、能厘清的一切事物，以及知道什么不应该做，如何避免这些禁忌。下面我们先跳出上下文来列举其中的一些暴行，以便做一个简短的概述。（当讨论到"应该"的特征时，我们将举出更详细的例子。）

他应该是一个极为诚实、慷慨、体贴、正义、自尊、勇敢和无私的人。他应该是完美的情人、丈夫、老师。他应该忍受一切，应该爱每一个人，应该爱他的父母、他的妻子、他的国家；或者，他不应该依附于任何东西或任何人，对他来说没有什么是重要的，他不应该感到受伤，他应该始终保持安详和平静。他应该永远享受生活；或者，他应该超越快乐和享受。他应该随心所欲；他应该总能控制自己的情绪。他应该知道、理解并预见一切。他应该能够立即解决他自己或其他人的每一个问题。一旦他遇到困难，他就应该能够克服它们。他不应该感到疲倦，不应该生病。他应该随时能找到一份工作。他应该能将至少需要花两到三个小时才能完成的任务在一小时内完成。

这些概述大致地表明了内心指令的范围，它给我们留下了自我需要的印象，尽管这是可以理解的，但是总体来说太过困难和严格。如果我们告诉患者，他对自己的期望太多，他通常会毫不犹豫地意识到这一点；他甚至可能已经意识到了。但是他通常会明确或含蓄地补充道，对自己的期望太高总比没有期望好。但是谈到他对自我的要求太高并不能揭示其独特的内心指令的特征。经过进一步的考察后，这些情况可以得到明显好转。但它们是重复性的，因为它们都是源于患者感觉有必要成为理想化的自我，源于患者相信自己一定能实现理想化自我的转化。

首先让我们印象深刻的是神经症患者对可行性的忽视，而这种忽视贯穿在实现自我的整个过程之中。这些要求中的大部分内容是人类无法实现的。尽管这个人自己并没有意识到，但是这些要求显然是荒诞的。然而，当他的期望暴露在批判性思维的理性光芒之下时，他就不免认识到它们的荒诞。这种理性的认知即使有所成效，通常也不会激发出太大的改变。比如我们说，医生可能已经清楚地意识到，在九小时的工作时间和大量的社会生活之外，他不可能还有精力去从事需要精力高度集中的科学工作。然而，在试图减少一两项活动的努力失败之后，他又回到了原有的生活。对于他来说，时间和精力是无限的，他的这种要求比理性更强烈。或者我举一个更细微的例子，在一次精神分析会谈中，一位患者垂头丧气，她与一位朋友谈论了对方复杂的婚姻问题。实际上我的这位病人只在社交场合对她朋友的丈夫有所了解。然而，她觉得自己毕竟进行了好几年的分析，也对这两个人之间的关系所涉及的复杂心理有了更好的理解，所以她觉得自己有必要告诉她的朋友他们的婚姻的结局。

我告诉她，她所期待的事情是不应该去实现的，并且我们还需要弄清楚更多问题。后来，她虽然已经意识到我指出的大部分困难，但她仍然觉得自己在此情境中应该有第六感。

神经症患者的要求本身可能并不荒诞，但他们完全忽视了这些要求可以实现的条件。很多患者希望分析师能够很快完成对他们心理的分析，因为对方非常聪明。但分析的进展与智力没多大关系。分析师拥有的推理能力实际上可能反而对分析造成阻碍。在分析中更重要的是患者的情感力量、端正的品格以及对自己负责任的能力。

这种轻而易举取得成功的期望不仅对分析的整个进程有影响，也对其所获得的个人见解有影响。例如，他们会认识到自己的神经质的要求似乎完全超出了自己的能力范围，这需要分析师的耐心工作。只要其对这些要求的情感需求没有被彻底改变，这些要求就会持续下去——这正好是他们忽视的。他们认为自己的智力应该是至高无上的驱力。当然，随之而来的失望和沮丧是不可避免的。同样地，一位教师可能会认为，凭借她长期的教学经验，写一篇关于教学的论文应该是很容易的。如果她没有写出来，她会非常厌恶自己。但她忽视或者抛弃了这样一些相关问题：她有什么观点要说的吗？她的经验有凝结成一些有用的思想吗？即使答案是肯定的，在构思和思想表达上，也需要做很多工作。

内心的指令，就像极权国家的政治暴行一样，是对人的精神状态的极度忽视——忽视他当前能感觉到的或能做的事情。例如，常见的"应该"之一，即永远不会感到受伤。这是一种绝对的要求（意味着"从不"），任何人都会发现这是非常难以实现的。有多少人，一直都觉得或者现在觉得自己非常安全，非常平静，从未感到受伤？这充其量不过是我们努力争取的理想状态而已。要看到这一现象，必定要我们认真、耐心地研究我们潜意识里对防卫的要求，以及我们的虚伪和骄傲——或者，简言之，研究那些我们性格中让自己变得脆弱的每一个因素。但那种认为自己永远不会感到受伤的人，心里并没有非常具体的计划。他只是简单地向自己发出一个绝对命令，并以此否认或掩盖他存在的弱点。

再看看另一个"应该"的要求：我应该永远善解人意、富有同情心并且乐于助人，我应该能够融化罪犯的心。这并不完全是荒诞的，但很少有人能达到这种精神境界，除了维克多·雨果的《悲惨世界》中的牧师。我曾有一位病人，对她来说，牧师这个人物是一个重要的象征。她觉得自己应该像他一样。但是在这个时候，她没有任何能够像牧师那样对待罪犯的态度和品质。她有时可以慈悲为怀，因为她觉得自己应该慈悲为怀，但她并未感到自己是慈悲的。事实上，她对任何人都没有什么感觉。她总是害怕有人超过她。每当她找不到文章时，她都认为它被偷走了。她没有意识到，她的神经症使她以自我为中心，专注于自己的利益——所有这些都被一层强迫性的谦逊和善良所掩盖。当下她是否愿意看到这些难处，并去解决它们呢？当然不会。这也是一个盲目发布命令的问题，只会导致自欺欺人的或不公平的自我批评。

当我们试图对"应该"的极度忽视做出解释时，我们又不得不抛开很多不那么重要的目的。然而，大多数目的都可以通过他们对荣耀的寻求的根源，以及使自己胜过那个理想化的自我所产生的作用来进行解释：它们运作的前提条件就是任何事情都应该或者实际上是可能的。如果真是那样，那么从逻辑上来讲，现存的条件就不需要被检验了。

在谈论对过去的要求时，这种趋势是最明显的。神经症患者的童年不仅对阐明神经症进程所产生的影响来说具有重大意义，并且对于弄清他当前对过去不幸的态度来说也十分重要。这并不取决于人们对他好或者坏，而是由他当前的需要决定的。比如，如果他内心已经有追求幸福和光明的一般需求，那么他将会用"金色的薄雾"来让自己的童年时光变得美好。如果他强行约束自己的感受，那么他或许会感到他的确爱自己的父母，因为他应该爱他们。如果他一味地拒绝承担自己生活的责任，他或许会将所有困难的过错归结到父母身上。随之而来的就是报复，当然，它可能会爆发出来，反过来也可能被压抑。

他或许最终会走向极端，并且看起来似乎承担着荒谬的责任。在这种情况下，他或许已经意识到那些可怕的压抑的早期冲突的影响。他意识层面的态度非常客观并合乎情理。例如，他或许会说，他的父母那样做是不得已。患者有时很好奇自己为什么没有感到任何怨恨。而没有感觉到怨恨的原因之一就是想到了"应该"，是应该在此引起了我们的兴趣。尽管他意识到了，在他身上存在的困扰也足以摧毁任何人，他也应该去克服它，并且不受到任何伤害。他应该具备强大的内心力量和坚韧的品格，并且不受到这些因素的影响。因此，既然这些因素影响到了他，那就证明他从一开始就没做好。换句话说，在一定程度上，他是一个求实的人。他会说："确实，那就是一个虚伪和残忍的臭水沟。"但过了一会儿，他的视线又变得模糊："尽管我绝望地处于这样的境地，但我应该去克服它，像沼泽中盛开的百合花一样。

如果他能够为他的生活承担起实际的责任，而不是虚假的责任，那么他的想法将会很不一样。他就会承认早期的影响可以通过不利的方式来改变他。并且，他会看到，无论困难的根源是什么，它们都会扰乱他现在和未来的生活。因此，他最好凝聚自己的力量去超越它们。相反，他会把整个问题置于完全的荒诞和无效之中，并且还要求自己不应该受到它们的影响。当同一个患者在后期能改变自己的处境并且愿意相信自己没有被早期的环境完全摧毁，那么这就是一种进步的信号。

对童年的态度不只在其回想"应该"时起作用，因为这种"应该"带来了虚伪的责任，并且同样没有什么用处。有人会坚持认为他应该通过坦率的批判来帮助他的朋友；有人则认为他应该好好养育自己的孩子以免让其成为神经症患者。自然，我们都因这样或那样的失败而感到后悔。但是，我们可以审视一下为什么我们失败了，并且从中吸取教训。我们也要意识到，鉴于"失败"时所产生的神经症性的困难，我们那时或许确实尽力做到最好了。但是，对于神经症患者来说，尽力做到最好还不够。他认为可以通过一些神奇的方法做得更好。

同样地，认识当前的任何缺陷对于受到"应该"的独裁困扰的人来说都是无法忍受的。无论困难是什么，我们都必须快速地将它们移除。而这种移除如何产生影响则因人而异。一个人越是生活在想象中，那么他采取简单方式移除困难的可能性越大。因此，有一位患者发现自己有一股很强大的驱力驱使自己成为幕后操纵者，并且她看到了这种驱力是如何在她的生活中发挥作用的，到了第二天她又觉得这种驱力完全是过去的事情。她觉得自己不应该受驱力驱使，因此她并没有被驱力奴役。在这样的"改善"频繁发生之后，我们意识到追逐现实的控制和影响驱力仅仅是一种在她想象中拥有魔力的表现而已。

　　另外一些人试图通过纯粹的意志力来移除他们已经意识到的困难。对于这方面，人们可以达到一种超凡的境界。我在想，比如，有两个年轻女孩认为她们从不应该惧怕任何事。其中一个女孩害怕盗贼，于是她强迫自己睡在一个空房间，直到她的恐惧消失。另一个女孩害怕在不清澈的水中游泳，因为她觉得自己可能会被水中的蛇或者鱼咬伤，于是她强迫自己游过一条鲨鱼出没的海湾。两个女孩都努力通过这样的方法来消除自己的恐惧。因此，以上事件似乎对那些把精神分析视为新奇的废话的人来说是最好的佐证。难道他们没有意识到让自己振作起来的必要性吗？事实上，对盗贼或者蛇的恐惧仅仅是对一般的更隐蔽的恐惧最明显的表达而已。这种普遍的焦虑暗流很难用接受特殊"挑战"的方式来触动。它只是被掩盖起来，只是对表面症状的处理，并未触及内在真正的失调，因此这种恐惧变得更深。

　　在分析过程中，我们可以观察到当患者意识到削弱他们意志力的机制是如何在特定形态下开启的。他们会下定决心，并且尝试去维持预算，与人们相处，变得更加坚定自信或者更加宽容。如果他们在理解自己的困难的含义和来源时表现出同样的兴趣，那么这将会是一件好事。但是很遗憾，他们对此并没有什么兴趣。在弄清特定干扰的整个范围这第一步上就与他们的意愿背道而驰。这的确与他们消除干扰的狂热倾向完全相反。此外，他们认为自己应该强大到足以通过意念控制的方式来摆脱这种困扰，因此如果他们需要通过努力才能克服困扰，就是承认自己的软弱和失败。当然，这些虚伪的努力是受到限制的，并且迟早会减少，这些困难充其量也只是会受到一点控制。我们可以肯定的是，它一直在暗中受到驱使，并继续以更加隐蔽的方式起作用。自然，精神分析师不应该鼓励这样的做法，而应该对其进行分析。

大多数神经症患者都会抵制他人的控制，哪怕是最强烈的控制也无法奏效。意识层面上的努力根本不利于抵制抑郁，抵制对工作深深的压抑，或者抵制耗费性的白日梦。人们会认为这对于任何一个在分析过程中获得过一些心理感悟的人来说都是显而易见的。但是，思维的清晰并没有渗透到"我应该能够掌握它"这一点上。结果，他陷入更为强烈的抑郁情绪之中，因为，除了原有的痛苦之外，还让他发现了自己并不是无所不能的。有时候，精神分析师可以在一开始就捕捉到这个过程，并将其扼杀在萌芽状态。因此，当一位患者向我们透露了她做白日梦的情况，并详细地揭示了自己的白日梦是如何微妙地渗透到她的大多数日常活动中时，她开始意识到其危害性——至少她在一定程度上理解了它是如何消耗自己的精力的。在下一次的分析过程中，她感到有点内疚并且抱歉，因为她的白日梦依然存在。在了解她对自己的要求后，我认为，人为地阻止这些要求是不可能的，甚至也是不明智的，因为我可以肯定它们在她的生活中起到了至关重要的作用——我们必须逐步了解这些作用。她感到非常放松,她告诉我现在她已经决定不再做白日梦了。但是因为她一直对白日梦无能为力,所以她觉得我会厌恶她。她对自己的期望已经投射到了我身上。

在分析过程中,大多数沮丧、烦躁或恐惧的感觉并不是在患者发现自己身上(就像精神分析师所假设的那样)存在的问题后产生的,而是由于他感觉到自己无法立即消除这个问题。

因此,当这个为了维持理想形象的内心指令,比其他方式更加激进时,它就会像其他方式一样,不去寻求真正的改变而是寻求即时且绝对的完美。他们的目的是消除不完美,或者把这种不完美作为一种特殊的完美状态呈现出来。正如前文提到的最后一个例子,如果把患者的内心要求外部化,它就会变得非常清晰。一个人究竟是什么,他遭受了什么,这些都变得毫不相干。只有能让其他人看清的东西才会造成极度的焦虑:在社交场合中手发抖、脸红、尴尬。

因此,这些"应该"缺乏真正理想的道德严肃性。例如,受到"应该"控制的人们无法去追求更大程度的忠诚,而是受其驱使去实现绝对的忠诚,而这种绝对的忠诚通常只出现在未来,或者只能在想象中获得。

他们最多能实现一种行为主义上的完美,就像赛珍珠(Pearl

Buck）在《女人阁》中所描绘的吴太太那样的人物形象一样。这是一个看起来总是在执行、在感受、在思考正确的事情的女性形象。不用说，这些人的外表最具欺骗性。当他们的广场恐惧症或者功能性心脏病发作时，他们自己都感到困惑。他们会问，这怎么可能呢？因为他们一直把生活经营得很完美，他们成了自己那个群体的领导者、组织者、模范的伴侣或父母。但生活中一定会出现他们无法按照惯常的方式管理自己生活的情况。而且，由于没有其他办法来应对这种情况，他们的心理平衡就会被打破。精神分析师在开始了解患者和他们极度紧张的情况以后感到十分惊奇，虽然保持着如此巨大的紧张状态，但是只要这些人没有受到严重干扰，那么他们就能一直维持着他们正常的举止。

我们对"应该"的本质感受得越深刻，就能越清楚地了解它们与真正的道德标准或理想之间不是量的差异而是质的差异。弗洛伊德最严重的错误之一就是把内心的指令（他所见过的并描述为超我的某些特征）视为一般的道德架构。起初，"应该"与道德问题的关系并不十分密切。道德完美的命令确实在"应该"中占据着显著的位置，理由很简单，道德问题在我们所有人的生活中都很重要。但正如我们所坚持的那样，我们不能将这些特殊的"应该"与其他"应该"分离开来。那些其他的"应该"很显然是由潜意识的傲慢决定的，例如"我应该能够摆脱周日下午的交通堵塞"或"我应该可以不进行费力的训练就能学好绘画了"。我们还必须记住，许多要求显然缺乏道德甚至是一个道德借口。其中包括"我应该能够逃避任何事情""我应该永远比别人做得更好"以及"我应该永远有能力报复他人"。只有关注整体情况，我们才能够对看似道德完美的要求持有正确的看法。像其他"应该"一样，这些要求有着满满的傲慢精神，其目的是加强神经症患者的荣耀感并让他像神一样骄傲。在这种意义上，"应该"是神经症患者对追求道德规范的一种伪造。当人们非要把所有这些潜意识的不诚实行为与让瑕疵消失扯上关系时，人们便将它们视为一种不道德的现象。为了让患者最终从一个虚构的世界重新回到真实的理想化进程中，我们有必要弄清楚这些差异。

"应该"还有一种特质与真正的道德标准不同。这在前面的论述中已经有所提及，但是我并没有单独和明确地陈述其重要性。即"应该"的强制性特征。理想也对我们的生活负有责任。例如，如果完成这些"应该"是我们的一种信念，尽管过程可能会很困难，但我们会竭力去完成。我们最终想要的或者我们认为正确的是实现这些"应该"。这些希望、判断、决定是我们自己的。因为我们坚守自己的信念，这种努力给了我们自由和力量。在遵循"应该"时，或许也存在"自愿"贡献或独裁统治下的喝彩那类的自由。在这两种情况下，如果我们的表现不符合期望，就会很快得到惩罚。

就内心指令而言，这意味着对未实现目标的剧烈情绪反应，这种反应包括焦虑、绝望、自责和自我毁灭。对于其他人来说，这些反应与愤怒完全不相关，但对于"应该"的个体来说，这些反应是一致的。

我再列举一个内心指令的强制性特质来加以说明。有一位女士，在她所认为的"应该"之中，有一项为她应该预见所有的意外事件。她把这种预知能力视为一种天赋，并认为她已经通过自己的预知力，保护了家人，使其免遭危险，对此她感到十分自豪。有一次，她制定了很详细的计划去说服她的儿子进行精神分析。然而她没想到儿子的一位朋友对此表示反对。当她意识到这位朋友的出现超出了她的预测范围，她的身体立即产生了休克反应，并且感到地面仿佛塌陷了。事实上，这位朋友是否具有像她所想象的影响力，是否能够在任何情况下都能帮助自己的儿子，都让人存疑。这种休克和崩溃的反应完全是由于她突然意识到自己应该考虑到他的出现。同样的，一位优秀的女司机轻微地撞到了前面的车而被警察叫出了车外。尽管这场事故很小并且她也觉得自己占理，并不害怕警察，但她还是突然感到强烈的不真实感。

人们通常注意不到焦虑的反应，因为他们会不由自主地抵制焦虑。比如，有一位男士，他认为自己应该是一个仗义的朋友，当他意识到自己本该对朋友伸出援手却一直对朋友很苛刻时，他便开始酗酒。又如，有一位女士，她认为自己应该一直是友善的可爱的，当一位朋友温和地批评她没有请另外一位朋友参加派对时，她感到强烈的焦虑，身体一度几乎陷入昏迷，并且她表现得越来越需要别人的关心——这是她抑制焦虑的方法。一位受到未实现的"应该"的强迫的男士，产生了一种与女人睡觉的强烈渴望。性对于他来说是感受自己被需要的一种方式并且可以重塑自己失去的自尊。

鉴于这样的一些反应，"应该"具有一种强制力也就不奇怪了。一个人只要按照自己内心的指令生活，他就会生活得很好。但是如果他陷入两种矛盾的"应该"之中，那么他的生活可能会失去控制。例如，一位男士认为他应该是一位完美的医生，他应该将自己所有的时间都给他的病人。但是他也应该是一位理想的丈夫，他应该给妻子预留同样多的时间去陪伴她，让她快乐。当他意识到自己无法同时把两件事做好时，就会产生轻微的焦虑。这种焦虑只是轻微的，因为他立即用快刀斩乱麻的方式解决了这个难题：他决定定居在乡下。这意味着他放弃了继续深造的机会，同时影响了他的整个职业生涯。

通过精神分析，这一困境最终得到了圆满解决。这表明绝望的程度是可以由内心指令的矛盾程度决定的。一位女士的精神几乎崩溃，因为她无法平衡一位理想的母亲与一位理想的妻子这两个角色，因为做一位"理想的妻子"意味着她要一直忍受嗜酒如命的丈夫。

这样矛盾的"应该"，如果不是确实不可能实现，的确会让人很难在两者之间做出理性的选择。因为这两种对立的需求具有同样的强制性。一位患者失眠了好几晚，因为他无法决定自己是应该和妻子一起去度假还是待在办公室工作。他是应该满足妻子的期望还是满足他雇主的期望呢？他却没有考虑自己最想要的是什么。因而，在"应该"的基础上，这个问题是无法解决的。

个体无法了解内心指令所产生的全部影响，也不了解它的本质。但是对待这种专制的态度以及感受到它的方式存在着很大的个体差异。这些差异即顺从或反抗这种专制，形成两极对立。形成不同态度的各种因素在每个人身上都不同程度地起作用，通常不是前者就是后者占优势。为了预测后面的差异，人们对内心指令的态度和感受到它的方式主要取决于生活对个人巨大的吸引力，这种吸引即人们在生活中体验到的征服、爱及自由。因为我将在后文进行讨论这些差异，所以在这里我仅仅简要说明它们是如何在"应该"和禁忌方面起作用的。

对于自大的人来说，他认为对生活的掌控至关重要，这种人倾向于认同自己内心的指令，并且不管是有意识还是无意识的，他都对自己的标准感到自豪。他并不质疑这些内心指令的正确性，还试图通过这样或那样的方法去实现它们。他试着通过自己的实际行动去迎合内心的指令。比如：他应该为任何人做任何事；他应该比任何人都博学；他应该从不犯错；只要他努力去做，他应该从不失手。总之，不管他的内心指示他应该做什么，他都要去完成。不仅如此，在他心里，他确实达到了自己的最高标准。他无比地骄傲，甚至没有想过有一天会失败，如果失败了，他便会放弃。他做的一切都是对的，这种思想非常刻板，因为在他心里自己几乎从未出错。

他越是沉浸在自己的想象中，他就越没有必要付出实际的努力。在他心里，不管自己如何受到恐惧的困扰或者在实际行动上如何虚伪，他都认为自己是最勇敢、最诚实的，这就足够了。"我应该"和"我就是"这两种方式之间的界限对于他来说是模糊的（或许这种界限对于我们任何人来说都不是太清晰）。德国诗人克里斯蒂安·摩根斯坦（Christian Morgenstern）就曾在他的一首诗中简明地描绘过这一点。一位男士被一辆货车轧断了一条腿，现在正躺在医院里。他得知，那条出事故的街道比较特殊，是不允许货车通行的。因此他得出结论，这整个事故仅仅是一个梦。因为他坚信不应该发生的事是永远不会发生的。一个人的想象越是超越他的理性，那么这两者之间的界限就越模糊。他可以成为任何他想成为的人：他可以是一位模范丈夫、模范父亲、模范公民或者任何他应该成为的人。

对于谦逊的人来说，爱能解决一切问题，同时这种人也认为"应该"是由法则构成的，是不容置疑的。但是，当他焦虑地尝试去满足它们时，大多时候，他都会自卑地认为自己无法实现它们。因而在他的意识中，最重要的因素就是自我批判，这是一种未能实现理想自我的负罪感。

当这两种对内心指令的态度走向极端时，他们就很难对自己做出正确的分析。若他们走向自以为是的极端，这可能会妨碍他正视自己的缺陷。当他们走向另一个极端（太容易感到内疚时），就会关注那些具有压倒效应而不是解放效应的缺点。

对于顺从的人来说，"自由"比其他任何事物都更具吸引力，在以上三种类型的人之中，这类人最容易反叛自己内心的指令。由于自由或他内心对自由的看法对他来说非常重要，所以他对任何强制性行为都非常敏感。他可能会以一种被动的方式来进行反抗。那么，他认为他应该做的一切——无论是做一项工作、读一本书还是与妻子发生性关系——在他心中都会转化为强迫性行为，从而引发有意识或无意识的怨恨，最后使他变得无精打采。如果要做的工作都完成了，那也是在内在干扰产生的压力下完成的。

他也可能会以更主动的方式来反叛内心的"应该"。他可能会试图抛弃所有"应该"做的事情，有时甚至会走向相反的极端，坚持随心所欲，做那些令自己愉悦的事。这种反叛可能会采取激烈的形式，并且往往是一种绝望的反抗。如果他不能成为虔诚、纯洁、诚挚的终极追求者，那么他将彻底变成一个"坏蛋"，一个胡作非为、撒谎、冒犯他人的人。

有时候，一个通常会遵守"应该"的人可能会经历一个反叛阶段。这种反叛通常是针对外部的限制。马昆德（J. P. Marquand）巧妙地描述了这样的短暂性反叛。他向我们表明，人们是如何轻易放下这些反叛的，因为受限的外部标准在内心的指令下拥有强大的联盟。在其反叛受到压制之后，这个人就会变得迟钝而无精打采。

最后，其他一些人可能会不断经历自我批判的"善良"和对任何标准的野蛮抗议。在善于观察的朋友看来，这样的人像是一个谜团一样捉摸不定。有时他们在性或金钱方面极其不负责任，而其他时候则表现出高度的道德感。所以那个刚刚对于他们的不礼貌感到失望的朋友又重新认为他们毕竟还是好人，可不久之后又会对他们产生严重质疑。对于其他人来说，可能会在"我应该"和"不，我不会"之间摇摆不定。"我应该偿还债务。不，我为什么要这样做？""我应该节食。不，我不会。"这些人往往给人一种自发的印象，错误地让人认为他们对"自由"的态度是相互矛盾的。

不管哪种态度占优势，大量的过程总是会通过投射表现出来。它熟练地在自我和他人之间穿梭。在这方面，这些变化与投射的特殊方面有关，并且也与其完成方式有关。简单地说，一个人可能会首先将自己的标准强加给他人，并对他们的完美性做出不懈的要求。他越是认为自己是衡量一切事物的尺度，他就越坚持——不是要求一般的完美，而是根据自己的特殊标准来衡量他人。而他人的失败则会引起他的蔑视或愤怒。更不合理的是，任何时候、在任何情况下，若他自己没有达到要求，他也会生自己的气从而将自己应该做的事情转移到他人身上。比如，当他不是一个完美的情人，或者遭受欺骗时，他可能会愤怒地反对那些让自己失败的人，并且对他们怀恨在心。

此外，他或许会认为自己心中所想即为他人心中所想。而且，无论其他人实际上有没有这些期望，或者他是否只是期待他们这么做，这些期望也会转化成需要被满足的要求。在心理治疗中，他认为心理医生期望他做到那些不可能做到的事。他把以下这些想法都归因于心理医生的期待：他应该始终富有成效；应该总是把自己的梦向医生报告；应该总是谈论他认为心理医生希望他讨论的内容；应该始终感谢医生的帮助，并为此让自己表现更好。

如果他认为是其他人以这种方式期望或要求得到他身上的某些东西，那么他也会产生两种不同的反应。他或许会试着预测或猜想他人的期望，并且迫切想去实现这些期望。在那种情况下，他通常也预想到了如果他失败了，他们一定会指责或贬低他。或者，如果他对强制性过于敏感，他就会觉得别人在强迫他，扰乱他的事情，催促他或者强制他。于是他十分痛苦地铭记于心，甚至公然地反抗他们。他可能拒绝送别人圣诞礼物，因为他觉得自己被期待这么做。他会比别人预期的再晚一点去上班或者赴约。他会忘记纪念日、忘记写信，或者忘记别人找他帮忙。只是因为他的母亲让他这样做，他就可能忘记拜访他的亲戚，即便他很喜欢这些亲戚，也想去看看他们。任何对他的要求，都会让他产生过激反应。他并不害怕别人对他的批评，他更憎恨这些批评。他那鲜活而不公的自我批评固执地投射表现出来。他认为别人对他的判断是不公平的，抑或他认为别人总是怀疑自己有隐秘的动机。或者，如果他的反抗过于激烈，他就会炫耀他的反抗行为，并且觉得他一点也不必在意别人对他的看法。

对于别人请求的过度反应是认识内在要求的最好线索。那些我们觉得过激的反应可能在自我分析中帮助最大。我接下来举的例子就是自我分析的一个部分，这或许对我们觉察在自我观察中得出的错误印象有很大用处。这个例子中的主角是一个繁忙的行政官员，我时不时还能看到他。一次有人打电话问他，能否到码头去接一位来自欧洲的难民作家。他对这位作家一直很欣赏，而且在访问欧洲的社交活动中他们还见过面。他的工作行程排满了各种会议和其他工作，因此实际上他很难答应这个请求，尤其他还要在码头上等几个小时，实际上，正如他后来意识到的那样，他可以有两种应对措施，并且它们都是合乎情理的，他既可以说他会对此请求进行认真的考虑，看看是否可行，也可以说他很遗憾去不了，询问能不能有另外的方式为这位作家做点事情。但相反，他极为恼怒地、唐突地回答说他太忙了，不想去码头接任何人。

不久之后，他对自己做出的反应感到后悔，后来他又花了很长时间找出这位作家的住址，以便在必要时能帮助他。他不仅对自己的唐突感到后悔，也对这样的行为感到困惑。难道他没有像自己想象的那样重视这位作家？不，他的确很重视对方。难道他不像自己认为的那样友善和乐于助人吗？如果是这样，那么别人要求他证明自己的友善和乐于助人会让他难堪，他是否因此感到生气呢？

此时他对自己进行了良好的分析。对于他来说，能够质疑他是慷慨的这一认知的真实性就是朝自我分析迈进了一大步，因为在他的理想化形象中，他是人类的恩人。但是，在紧要关头，他并没有表现出自己的慷慨。但他想到后来自己急于提供帮助的做法确实证明自己是一个慷慨的人。但是，当他刚想完这件事时，又突然有了另外的想法。他给别人提供帮助时都是自己主动的，但是这次是别人请求他帮忙。后来他意识到这个请求是一种不公平的负担。假如他知道作家要来，自己肯定会考虑去码头接他。此时，他想到了以前许多类似的事情，当别人找他帮忙时他会感到烦躁，并且意识到许多事情实际上只是一些要求或建议，但他明显觉得那是强迫或负担。他还想到了自己对分歧或批评也感到很烦躁。因此他得出结论：他是一位欺凌弱小的人并总想占主导地位。我在这里提到这一点是因为这种反应很容易被误认为他具有支配他人的倾向。他自己也明白这是对胁迫和批评的过于敏感。他无法忍受强迫，因为他感觉自己受到了约束。他无法忍受批评，因为他自己就是一个最糟糕的批评者。在这种情况下，我们也可以在他质疑自己的友善时沿着他曾抛弃的思路进行探究。在大多数情况下他是乐于助人的，因为他认为自己应该这样做，而不是因为他对人的真正的爱。他对每一个人的态度和他自己所意识到的截然不同。因此，任何请求都会使他陷入内心冲突：他是应该同意并且十分慷慨，还是应该不让任何人强迫自己？这种烦躁是一种陷入矛盾中的情感表达，而在当时这种无法解决的矛盾会被表现出来。

"应该"对一个人的性格和生活的影响在某种程度上随着人们对它的反应或体验方式的不同而有所差异。但是，某些影响是不可避免的，并且它们经常出现，尽管程度上大小不一。这些"应该"总会令人产生一种紧张感，一个人在行动中越是试图实现这些应该，就越觉得紧张。他可能会觉得自己时时刻刻如坐针毡，并且可能患有慢性疲劳症。或者他可能会隐约地感到混乱、紧张或困扰。如果这些应该与文化风俗的期望相符合，那么他可能几乎感觉不到这种紧张。然而，这种紧张感极其强烈，因而使一个积极的人变得颓废，没有了想要参加活动、履行义务的欲望。

此外，由于这些应该的外在影响，它们通常会以这样或那样的方式对人际关系产生干扰。对此最普遍的干扰是对批评的高度敏感。由于他残忍地对待自己，所以他也忍受不了来自他人的任何批评——无论这种批评是真实的还是预想中的，是友善的还是恶意的——对他来说都是一种责难。当我们意识到他因未达到自定标准而对自己感到十分厌恶时，我们应该能更好地理解这种敏感性的强度。此外，影响人际关系的干扰因素的类型取决于占优势的外部影响因素的类型。这些干扰可能会使他对别人过于挑剔、过于严厉、过于忧虑、过于轻蔑或过于服从。

最重要的是，这些"应该"会进一步损害感情、愿望、思想和信仰的自发性，即感受自己的情感并把它们表达出来的能力。那么这个人最多只是"自发地强迫"（引用患者的例子），并"自由地"表达他"应该"感受、希望、思考或相信的东西。我们习惯于认为我们不能控制感觉，只能控制行为。在与他人打交道时，我们可以强迫他们工作，但我们不能强迫任何人去热爱他的工作。同样，我们习惯于认为我们可以强迫自己去做我们相信的事情，但我们不能强迫自己有信心完成它，这从根本上来说是正确的。而且，如果我们需要新的证据去证明这一点，通过精神分析就可以做到。但是，如果"应该"给情感发出命令，想象力就会挥动它的魔杖，消除"我们应该感受到的东西"与"我们真实感受到的东西"之间的边界。我们就会有意识地相信或感受那些我们应该相信或感受到的一切。

在精神分析过程中，对虚假的情感的信任发生动摇时，患者随后就会经历一段困惑的不确定期，这个过程虽然痛苦，但对治疗具有建设性意义。例如，有一个人相信她喜欢每一个人，因为她应该这样做，然后她可能会问："我真的很喜欢我的丈夫、我的学生、我的病人吗？或者我真的喜欢任何人吗？"在这一点上，这些问题是无法回答的，因为所有因阻止积极情绪的自由抒发而产生的恐惧、怀疑和怨恨只有在当下才能得到解决，这些情感却被"应该"掩盖了。我之所以把这个时期称为建设性的时期是因为它代表着我们寻找真相过程的开始。

内心指令对自发愿望的摧毁程度是惊人的。引用一位患者在发现"应该"的暴行之后给我写的一封信：

我发现我完全无法要求任何东西，甚至是死亡！更不用说"生活"了。直到现在我还以为我的麻烦只是自己无法做事、无法放弃自己的梦想、无法整理自己的东西、无法接受或控制自己的烦躁、无法通过纯粹的意志力、耐心或悲伤使自己变得更加有人情味。

现在我第一次明白，我几乎无法感觉到任何东西。是的，都是因为我那赫赫有名的敏感神经，我对这种痛苦的感受是如此深刻。过去六年来，我的每一个毛孔一次又一次地被内心的愤怒、自怜、自卑和绝望所堵塞，然而我现在明白了，所有这些感觉都是消极的、被动的、强迫性的；强加在我身上的一切都是无中生有的；我的内心空无一物。

对于那些将善良、友爱和圣洁作为自己理想化形象的人来说，创造虚假的情感是最明显的一种应对方式。他们应该是体贴的、感激的、富有同情心的、慷慨的、有爱的，因此在他们心中自己具备所有这些品质。他们的谈吐和姿势让他们看起来就是那么善良而有爱。并且，由于他们对此深信不疑，他们甚至可以暂时地令其他人信服他们就是这样。但是，这些虚假的情感显然是肤浅的，也没有持久力。在有利的情况下，它们可能相当一致，因此自然不会受到质疑。《女人阁》一书中的吴女士，只有在家庭产生纠纷以及遇到一个在情感生活中直率和诚实的男人时，才会开始怀疑自己情感的真实性。

更多的时候，伪装情感的肤浅往往以另外的方式表现出来。它们可能很容易就消失了。当自尊心或虚荣心受到伤害时，爱很容易变成冷漠，甚至变成怨恨和蔑视。在这些情况下，人们通常不会问自己："为什么我的感受或意见如此容易被改变？"他们只是觉得是别人使他们对人类的信仰感到失望，或者他们从来没有"真正"信任过别人。所有这些并不意味着他们对强烈和活跃的情感没有定力，但出现在他们意识中的往往是大量的谎言，其中很少有真实的东西。他们长期以来给人留下一种不切实际的、难以捉摸的印象，或者俗话来说，就是一个骗子。突然爆发的愤怒往往才是唯一真实的情感。

在另一种极端情况中，冷酷无情的情感也可能被夸大。对于一些神经症患者来说，他们对温柔、同情和自信心的禁忌与另外一些患者对敌视和报复的禁忌是一样的。这些人认为他们应该可以没有任何亲密的人际关系，所以他们认为自己不需要他人，也不需要任何的享受，因而他们对一切都不在意。所以他们的情感生活比起那些情感明显贫乏的人来说没那么扭曲。

当然，内心指令所产生的情感现象并不总是像这两个极端群体一样合理。内心发出的指令可能是矛盾的。比如，你应该富有同情心，所以不管怎样你都要做出牺牲，但你也应该冷血无情，从而可以进行任何报复行为。结果，一个人有时被认为是冷酷无情的，而有时又被认为是非常善良的。另外一些人则抑制自己的诸多感情和愿望，以致出现普遍的情感漠视。例如，他们想要在某些事情上设立禁忌，但这会掩盖所有鲜活的愿望，并且会对自己做任何事情都造成普遍的限制。然后，由于这些限制，他们就会形成一种普遍的主张，认为自己有权拥有生活中的一切。然后，这种主张的挫败所导致的愤慨可能因为"应该忍受生活"这样的指令而终止。

我们很少意识到这些普遍的"应该"对我们的情感造成的伤害，而更多地意识到了它们造成的其他损害。实际上，为了把自己塑造成一个完美的人，我们为此付出了最沉重的代价。情感本是我们身上最活跃的部分，如果把它们置于独裁政权之下，我们的基本生活就会产生深深的不确定性，这必然会对我们内心与外界事物的关系产生不利影响。

我们几乎无法高估内心指令的影响强度。实现理想化自我的动力在个人身上越占优势，这些"应该"就越能成为驱动他、鞭策他的唯一动力。当一个远离真实自我的患者发现"应该"具有一些限制作用时，他可能仍然不会完全考虑放弃它们，因为没有这些"应该"——正如他所认为的，他就不会或不能做任何事情。他有时会用这样的想法来表达这种关系：他认为，除非使用武力，否则就无法让其他人做"正确的"事情，这就是他内在经验的外在表现。对于患者来说，这些"应该"获得了一种主观价值，只有当他感知到自己存在的其他自发力量时，他才能丢弃这种主观价值。

当我们意识到"应该"的强大威力时，我们必然会提出这样一个问题：当一个人认识到他不能达到自己的内在要求时，"应该"

对这个人会有什么影响？对于这个问题我们将在第五章中回答。不过我在这里简单地透露一下答案：他会开始讨厌和鄙视自己。除非我们看清它与自恨交织在一起的程度，否则我们实际上无法理解这些"应该"的全部影响。正是由于潜伏在"应该"背后的惩罚性的自恨的威胁，"应该"成了一种真正的恐怖政权。

第四章

神经症的自负

尽管神经症患者为了达到完美而付出了艰辛的努力并坚信自己能达到完美。但他并没有获得他最迫切需要的东西：自信和自尊。尽管在他的想象中自己像神一样完美，但他连如朴实的牧羊人一般的自信都没有。他可能获得崇高的地位，也可能获得名望，但这些会使他变得傲慢，而且并不会给他带来内心的安全感。实际上，他仍然觉得没人需要他，情感上很容易受伤，仍需要不断证明自己的价值。只要他拥有权力和影响力，并且得到赞美和尊重，他就会感到自己很强大很重要。但是，当他在陌生的环境中缺乏支持、遭遇失败或者独自一人时，所有这些洋洋得意的情绪很容易就崩塌了。天国王朝的存在依靠的并非是其外在的姿态。

　　让我们检查一下在神经症的发展过程中，个体的自信究竟出了什么问题。显然，要培养孩子的自信心需要外界的帮助。他需要温暖，要能够感觉到受欢迎、关心和保护，他需要参加充满自信和鼓励气氛的活动，他还需要具有建设性的训练。有了这些东西，他才会发展出"基本信心"——在此我们引用了心理学家玛丽·拉西的术语，它包括对他人和自我都有信心。

　　相反，有害的影响综合起来就会妨碍孩子的健康成长。我们在

第一章讨论过这些因素及其普遍影响。在这里，我想补充一些其他的原因，即为什么神经症患者很难发展出正确的自我评价。盲目崇拜可能会加剧他的自我膨胀。他可能会觉得别人需要、喜欢并欣赏自己并不是因为他本人，而只是为了满足他父母对崇拜、声望或权力的需求。这种完美主义标准的严格制度可能会让他产生一种自卑感，因为他没有达到这种要求。他在学校里犯错或成绩不好可能会受到严厉的谴责，而表现好或成绩好则被视为理所当然。他想要独立自主还可能会遭到嘲笑。所有这些因素再加上缺乏真正的温暖和关注，会让他感觉到没有人爱他，他也没有任何价值。或者说，除非他变成另外的样子，否则就一文不值。

此外，由早期的不利因素引发的神经症，削弱了他作为人的核心。他变得疏离而分裂。他把自己理想化，试图通过在自己的脑海中超越自己和他人来弥补残酷现实所造成的损害。而且，正如魔鬼契约的故事一样，在想象中——有时也在现实中——他获得了所有的荣耀。但是，他并没有得到坚定的自信，而是获得了一份闪闪发光的礼物：神经症的自负（其价值令人怀疑）。这两者的感觉和表现看起来非常相似，以至于大多数人混淆了它们的差异，这是可以理解的。例如，旧版韦氏词典中这样定义：无论是基于真实的还是想象的优点，骄傲就是自尊。真实和想象的优点之间是存在区别的，但它们都被称为"自尊"，好像这种差异并不是很重要。

这种混淆也是由于大多数患者认为自信很神秘，不知它来自何方，但他们最渴望拥有自信。他们希望精神分析师以这样或那样的方式将其灌输给他们，这样就合乎逻辑了。这总让我想起一个动画片，片中一只兔子和一只老鼠在被注射了勇气后长到了平常大小的五倍，它们大胆并且充满不屈不挠的斗志。患者不知道的是——而且因为焦虑没有意识到——个人才华与自信心之间有着明显的因果关系。这种关系就像人的财务状况取决于他的财产、储蓄或收入能力一样明确。如果这些方面情况良好，一个人就会获得经济上的安全感。或者，再举一个例子，渔民的信心取决于以下这些具体因素：船体状况良好，渔网已修补，对天气和水况的了解以及强壮的肌肉力量。

所谓的个人才华在一定程度上根据我们所处的文化的差异而有所不同。对于西方文明来说，个人才华包括以下特质或属性。如具有自主信念并依此行动；拥有利用自身资源且自力更生的能力；对自己负责任；对自己的资产、负债和局限性进行现实的评价；拥有力量、性格直率；有能力建立和培养良好的人际关系。这些因素的良好运作让个体在主观上就会表现出自信的感觉。如果这些因素受到损害，在一定程度上个体的自信就会受到影响。

健康的自负同样是基于这些本质的属性。这可能是对特殊成就的高度重视，比如以勇敢的行为或做得好的工作为荣。或者它可能是对我们自身价值的一种更全面的感受，一种对尊严的平和感。

考虑到神经症的自负对伤害有极端的敏感度，我们倾向于将其视为健康自负的过度发展。这两者本质上的区别——正如我们以前经常发现的那样——往往不在于其数量而在于其质量。神经症的自负是比较不坚定的，它是基于完全不同的因素，所有这些因素都属于或支持自我荣耀的观点。它们可能是外在的资产——声望价值，或者可能由个人独有的属性和能力组成。

在众多神经症的自负种类中，声望价值是最正常的一种。在我们的文明中，值得骄傲的因素可能会有以下这些：拥有一个有魅力的伴侣；来自一个值得尊敬的家庭；出身于本地，是南方人或新英格兰人；属于有声望的政治或职业团体；会见重要人物，很受欢迎；拥有一辆好车或头衔等。这都是很正常的反应。

神经症自负中最不典型的类型是名望价值。这些事情对于许多有神经症问题的人以及相对健康的人来说具有同样的意义。而对于其他患者来说，如果确实有意义的话，它们的意义明显小得多。但也有一些人把神经症的自负归因到这些名望价值上。这些价值对他们而言十分重要，因此他们的生活也围绕着这些价值转。他们经常受到这些价值的奴役，因此浪费了很多的精力。对于这些人来说，绝对有必要加入有威望的团体及知名机构。当然，如果依靠真正的兴趣或者合理的愿望来获得成功，那么他们所有的狂热行为都合情合理了。

任何能够增加自己声望的事情都可能激起他的狂喜；只要团体未能提升个人的威望，或这个团体本身声望降低，都会引发他的自负受伤反应。接下来我们就来讨论这一点。例如，某人的家庭成员没有"获得成功"或患有精神疾病，可能会严重打击这个人的自负，这种打击大部分会被表面上的亲友关怀所掩盖。此外，有许多女性如果没有男士的陪伴宁愿选择不去餐厅或剧院。

所有这些似乎都与人类学家所说的关于某些所谓原始人类的东西类似，这些原始人基本都是团体的一部分，并且也认为自己是团体的一分子。然后，他们的自负不是寄希望于个人事务，而是寄希望于机构和团体活动。尽管原始人和神经症患者的自负相似，但它们本质上是不同的。主要区别在于神经症患者实际上与团体毫不相干，他不觉得自己是其中的一部分，没有归属感，而只是利用团体来获得个人声望。

尽管一个人可能因渴望和追逐声望而筋疲力尽，尽管在他的脑海中他随着自己的声望不断起伏，但人们往往并不认为这是一个需要分析的神经症性的问题——或许因为它是十分常见的事件，或许因为它看起来像一种文化模式，或许因为精神分析师本人也没有摆脱这个问题。但这确实是一种疾病，而且是一种灾难性的疾病，因为它使人们变得投机取巧，它抹去了人性中的正直。这种病与正常相比差之千里，并且，这种病预示着个体存在严重的干扰。事实上，这种病只发生在那些极度疏离自己，甚至把自负大量投入在自身以外的人身上。

此外，神经症的自负取决于一个人在他的想象中给自己的定性，还取决于所有那些属于他独有的理想化的形象。在此，神经症的自负的特殊性质显露无遗。神经症患者并不以他实际上的自己为荣。我们了解到他对自己的错误认知后，就不会因他的自负掩盖了困难和局限而感到惊讶。但并不仅仅如此。在大多数情况下，他甚至不以他现有的才华为荣。他可能只是朦胧地意识到这些才华；他可能会否认它们的存在。即使他意识到自己的才华，它们在他心中也没什么分量。例如，如果分析师提醒他注意他的工作能力或他在生活中实际表现出来的韧性，或者指出他确实写了一本好书，病人可能真的或象征性地耸耸肩膀，将赞美轻易忽略掉。他特别不欣赏所有那些"仅仅"是努力而不是成就的做法。比如说，他宁愿放弃为了寻求自己问题的根源而做出的真实的努力，虽然他曾一次又一次地努力尝试接受分析或自我分析。

培尔·金特（Peer Gynt）或许是文学界的一个著名例证。他没有充分利用他现有的才华，即他的智慧、冒险精神和活力。但他为一件事感到自豪，即没有"成为他自己"。实际上，他脑海中的自己不是真实的自己，而是他理想化的自己，拥有无限的"自由"和无限的权力。（他用他的格言"做真实的自己"把无限地以自我为中心上升到人生哲理的高度，正如易卜生指出的那样，这是对"做自己就足够"的赞美。）

我们的患者中有许多培尔·金特这样的人，他们渴望保持他们成为圣人、主谋、拥有绝对的平静等的类似幻想。他们觉得哪怕只把对自己的评价降低一丁点，就会失去"个性"。想象力无论被用在何处，其本身就具有极高的价值，因为它可以让想象持有者看轻那些关注真相却单调又没有想象力的人。当然，病人不会说"真相"，但会用"现实"这个含糊不清的词汇来表达。例如，有一位患者的想法十分浮夸，他期待整个世界为他服务。起初他对此持明确立场，认为这种想象荒谬甚至有辱人格。但是第二天他就重新获得了自负，现在这种主张成了一种"宏伟的精神创造"。非理性主张的真正含义已经被湮没，想象力的自负得到了胜利。

更为常见的是，自负并不仅仅附属于想象，而是附属于所有的心理历程：智力、理性和意志力。神经症患者认为自己有无限力量，虽然这只是精神的力量。因此，毫无疑问他为此而着迷并为此感到自豪。理想化的形象是他想象力的产物。但这不是一夜之间产生的。智力和想象通过不懈的努力，其中大部分是无意识的，通过合理化、正当理由、外部化、协调不可调和的事物来维持个体的虚拟世界——简而言之，就是寻找使事物看起来与其本质不同的方法。一个人越是与自己疏离，他的思想就越会成为至高无上的现实。（"一个人离开我的思想就不存在；我离开我的思想也不存在。"）像夏洛特小姐一样，除非通过镜子，否则他不能直接看到现实。更准确地说，他只看到了自己对世界和对自己的想法。这就是为什么智力的自负，或者说思维至上的自负并不局限于那些从事智力工作的人，而经常会发生在神经症患者身上。

自负也被投注在神经症患者自认为有权得到的才能和特权上。因此，他可能为一种虚幻的坚强而感到自豪，这表现在他认为在身体上他永远不会生病或受到伤害，并且在精神方面他也永远不会感到受伤。另一类人可能会为自己的幸运而感到自豪，觉得自己就是"众神的宠儿"。如在疟疾地区不生病，在赌博中赢得胜利，或远足时遇到好天气，这些都是值得自负的事。

在所有的神经症病例中，患者坚信自己的要求都能有效地实现确实是自负的问题。那些认为有权不劳而获的人是自负的，因为他们可以怂恿他人借钱给自己、帮自己做事、给自己免费的治疗。其他一些人则觉得有权操纵他人的生活，如果他们的庇护对象不能立即遵从自己的建议，或者没有先征询他们的建议而自作主张，那么他们的自负就会受到打击。还有一些人认为，只要他们表明自己处于某种困境，他们就有资格得到宽恕。如果他们能够引起别人的同情并得到宽恕，他们就会感到自负；如果对方保持批判的态度，他们就感觉自己受到了冒犯。

神经症的自负与其内心指令是一致的，这种自负可能在表面上看起来十分坚固，但实际上与其他种类的自负一样摇摇欲坠，因为它不可避免地与虚假交织在一起。一个母亲因为自己的完美而感到骄傲，其实这种完美通常只出现在她的想象中。一个人因自己独特的诚实而感到骄傲，他可能不会明显地说谎，但通常会无意识和下意识地不诚实。那些因自己的无私而骄傲的人可能不会公开提要求，而会通过自己无助和痛苦的表现把要求强加于他人，而且他们还会忌讳把正常的自我主张误认为谦逊的美德。此外，这些应该做的事情本身可能仅仅具有主观价值而没有客观价值，因为它们为神经症的要求服务。神经症患者可能会因为自己不去提要求而且不接受任何帮助而感到自豪，即便这样做会更明智——这是社会工作中众所周知的问题。有些人可能会因为自己讨价还价而感到自豪，而其他人因为自己不讨价还价而骄傲，这要取决于他们是经常处于胜利的一方还是不为自己的利益而过于计较的一方。

最后，或许只是因为自负授予的强制性标准是崇高而严肃的，辨清"善"与"恶"的实质令他们觉得自己像神一样，正如蛇对亚当和夏娃承诺的那样。神经症患者的标准很高，不管他实际上是什么样的人也不管他表现如何，他都会觉得自己是一个值得感到骄傲的道德奇迹。或许在分析中他已经意识到自己对声望的极度渴求，对真理缺乏认识，有着强烈的报复心，但这一切都不会让他变得更谦逊，也不会丝毫减少他自认为是一个崇高的道德化身这种感觉。对他来说，这些实际缺陷根本不算什么。他的自负不在于具有道德，而在于知道自己应该如何具有道德。尽管他暂时可能已经认识到自责的徒劳，或者有时甚至对自己的恶毒感到恐惧，但他或许仍然不会放弃对自我的要求。毕竟，就算他遭受痛苦，又有什么关系呢？他的苦难难道不是他优越道德感的又一证明吗？因此，维持这种自负所付出的代价似乎是值得的。

当我们从这些普遍的观点转向个体神经症的特性时，这种情况乍一看令人困惑。任何东西都可以带来自负。对一个人来说是闪光的优势，对另一个人来说可能是一种可耻的劣势。有人因自己的无礼而感到自豪；有人对任何无礼的行为都感到羞愧，并为自己对他人的体贴而感到自豪；有人为自己虚张声势的生活方式而自豪；有人对任何虚张声势的事情都感到羞愧；有人因信任他人而感到自豪；有人因怀疑他人而感到自豪；等等。

但是，只有我们离开人的个性来看待这种特殊的自负，这种多样性才会令人困惑。只要我们从个体性格的全部结构的角度来看每一种自负的表现时，就会出现一种有序的原则：以自己为荣对他来说是非常必要的，因为他无法容忍自己的想法受到盲目要求的控制，所以他用自己的想象力将这些要求转化为美德，并将其转化为他可以引以为傲的优点。但只有那些为实现自己理想化自我的强制性要求才会经历这种转变。相反，他倾向于压制、否认、蔑视那些阻碍这种想法的要求。

他这种无意识中颠倒价值观的能力非常惊人。展现这种能力的最佳手段就是动画片。片中可以最生动地展示出人们如何将这些影响自己的不良特质用美丽的色彩来进行粉饰，并且将这幅美化自己的画作骄傲地向别人展示。因此，这种矛盾变成了无限的自由，盲目反叛现存的道德规范变成了超越一切世俗的偏见，一个做事情的禁忌变成了圣洁的无私行为，一个安抚的需求变成了纯粹的善良，依赖变成了爱，利用他人变成了精明，主张坚持自我为中心的能力变成了力量，恶毒变成了正义，令人挫败的技巧变成了最聪明的武器，厌恶工作变成了"成功抵制致命的工作习惯"等。

这些无意识的过程常常让我想起易卜生《培尔·金特》中的巨魔，对他们来说"黑色是白色，丑是美，大是小，肮脏是干净。"最有趣的是，易卜生用我们作类比来解释这种价值观的颠倒。他说，只要你生活在像培尔·金特这样自我满足的梦幻世界中，你就做不了真实的自己。现实与虚幻之间没有桥梁，原则上它们太不相同了，不允许有任何的妥协。如果你对自己不诚实，但又过着想象中伟大的以自我为中心的生活，那么你也会"挥霍"掉自己的价值观。你的价值标准将会像巨魔的价值标准一样颠倒。这也正是我们在本章中讨论的宗旨。我们一旦追求荣耀，就不再关心真实的自我。神经症的自负，不管以何种形式展现，都是错误的。

实现理想化的自我通常会和自负联系起来。一旦掌握了这样一个原则，分析师就会注意从那些被自负牢牢附着的地方找到隐藏的自负。一个特质的主观价值与其中的神经症的自负之间似乎是有联系的。认识到这两种因素中的任何一个，分析师都可以有把握地得出结论：很可能另一个也包含其中。首先受到关注的有时是这一种，有时又是另一种。因此，在分析工作伊始，患者可能会对他人进行冷嘲热讽或让他人感到挫败以此来显示自己的自负。虽然在这个时候分析师不明白已知因素对患者的意义，但他可以合理地确定这一因素在特定的神经症中发挥着重要作用。

分析师需要逐渐了解清楚每位患者身上特殊类型的自负，这对治疗来说是必要的。当然，只要病人不会有意识地或无意识地因为某种倾向、态度或反应而感到自负，他自然而然也不需要视其为需要解决的问题。例如，病人可能已经意识到他需要以智慧战胜其他。分析师可能会觉得这种问题是需要被解决的，且最终也需要被克服，因为他考虑到了病人真实自我的利益。他意识到这种趋势具有强迫性特征，它会在人际关系中对患者造成干扰，以及浪费患者的精力，而这些精力原本可以用在建设性的目的上。患者在没有意识到的情况下可能会觉得，只有这种以智慧胜过他人的能力才能使他成为优秀的人，他为此感到自豪。因此，患者的兴趣不是在于分析以智慧胜过他人的倾向，而是在于干扰他把这件事做到完美的自身因素。只要分析师和患者在评估中的差异被掩盖，他们就会在不同的平面上移动，进行相互矛盾的分析。

神经症的自负依靠的基础十分不稳固，像纸牌屋一样脆弱，并且像后者一样，最轻微的风也能把它吹倒。就主观经验而言，它使一个人变得脆弱，并且完全受到自负的困扰。不管是从内部还是外部，神经症患者的自负都很容易受到伤害。自负受伤后的两种典型反应是羞耻和屈辱。如果我们所做、所想或所感觉到的事侵犯了我们的自负，我们会感到羞耻。如果别人做出伤害我们自负的事情，或者没有达到我们的自负的要求，我们会感到屈辱。在任何看起来不合时宜或不成比例的羞耻或屈辱的反应中，我们必须回答这两个问题：在特定情况下是什么引发了这种反应？哪种潜藏的特殊的自负受到了伤害？这两个问题密切相关，并且都无法快速地得到答案。例如，分析师或许知道，即使一个人总体上对手淫这个问题持理性且明智的态度，也不反对其他人手淫，他还是会感到过度的羞耻。至少羞耻的原因似乎是明确的。但真的明确吗？手淫对不同的人来说可能有不同的意义，而分析师无法马上知道与手淫可能相关的许多因素中哪一个会引发羞耻。这是否意味着因为手淫与爱无关，特定患者的性行为就退化了？手淫可获得的满足感是否比性行为所获得的满足感更大，从而打破了满足只适用于爱情的性的形象？这是伴随幻想的问题吗？这是否意味着承认人可能有任何需求？对于一个禁欲主义的人来说，是否过于自我放纵？这是否意味着失去自我控制？只有在分析师掌握了患者的这些相关因素的情况下，他才能提出第二个问题，即手淫伤害的是哪种自负。

我再举另外一个例子来说明弄清楚引起羞耻或屈辱的确切因素的必要性。尽管很多未婚女性都认为自己有恋人这件事非常让人难为情。在这类病例中，我们首先要确定她的自负是否受到某一个恋人的伤害，这很重要。如果是，她的羞耻是因为她没有足够的魅力或用情不够专一吗？或因为她允许恋人对自己不好？或因为她依赖他吗？或者无论他的地位和性格如何，耻辱都与她拥有恋人有关？如果是这样，对她来说结婚就只是信誉问题？有恋人，但保持单身，这样的情况就证明自己没有价值，不迷人？还是她应该像一个坚贞的处女一样超越性欲？

通常，同一件事可能会引发羞耻感或屈辱感中任何一个反应——不是这个就是那个占优势地位。一个男人被一个女孩拒绝，他或许因此感到屈辱，并做出反应"她以为她是谁？"，或者他是因为自己的魅力或男子气概似乎没有绝对令女孩信服而感到羞耻。他在讨论中发表的评论效果平平，他可能因"这些愚蠢的人根本不懂我"而感到屈辱，或者他也可能因自己的尴尬感到羞耻。有人利用了他，他可能会因受到这个人的利用而感到屈辱，或者因自己没有维护自己的利益而感到羞耻。他的孩子并不聪明或并不受欢迎，他会因这个事实而感到屈辱，并将自己的愤怒发泄在孩子身上，或者他可能因为用这样或那样的方式把孩子教育得很失败而感到羞耻。

这些观察提醒我们有必要重新调整思维方式。我们倾向于过分强调实际情况，并认为是实际情况决定了我们的反应。例如，我们倾向于认为，如果一个人被骗了，他会感到羞耻，这种反应很"自然"，但是实际上那个人并没有这种感觉，反而因为被人发现自己受骗而感到屈辱，转而敌对别人。因此我们的反应不仅仅取决于实际情况，更因我们自己神经症的需求而定。

更具体地说，在羞耻或屈辱的反应中所产生的原理与在价值转化中所产生的原理是一样的。羞耻的反应可能在有进攻性且膨胀类型的患者身上明显较少。即使是精神分析性的探照灯似的仔细检查，刚开始也可能检测不到任何痕迹。这些人要么活在想象中，在他们心里自己没有一点瑕疵；要么他们用激进的公正作为保护层，把自己隐藏得很深，以至于他们所做的一切原本就是（eo ipso）正确的。他们自负受到的任何伤害只能来自外部。别人对他们动机的任何质疑，发现他们的任何不足，他们都认为是一种侮辱。他们会怀疑任何对自己这样做的人心怀不轨。

在自卑类型的神经症患者中，屈辱的反应远远被羞耻感笼罩。表面上，他们的内心受到压制，充斥着焦虑，担心自己无法满足心中应该做的事情的要求。但由于后面要讨论的种种原因，他们更关注自己未能达到最终的完美，从而很容易感到羞耻。因此，分析师可以从一种或另一种占优势的反应中根据基层结构的相关趋势得出一个假设结论。

迄今为止，自负和对其伤害的反应之间的联系简单而直接。而且，由于这种联系十分典型，对分析师或做自我分析的人来说，从两者中的一个推到另一个似乎很容易。认识到神经症的自负的某种特性，他就可以警惕哪一种类型会产生羞耻或屈辱。反之亦然，这些反应的发生会刺激他发现潜在的自负并考察其具体性质。事情复杂化的事实是这些反应可能会被几个因素所掩盖。一个人的自负可能极其脆弱，但他有意识地不表达任何受伤的感觉。正如我们之前已经提到的那样，自以为是可以阻止羞耻的感觉。此外，无敌的自负也可能会阻止他承认自己感到受伤。神灵可能会因为凡人的不完美而表现出愤怒，但他不会受到老板或出租车司机的伤害，他应该强大到忽略这种伤害，并且足够强大以便将所有事情都置于他的掌控中。因此，"侮辱"以一种双重的方式伤害了他：受到了别人的侮辱，并为自己受到伤害而感到羞耻。这样的人几乎处于永久的困境中：他已经脆弱到了荒谬的程度，但他的自负不会让他轻易受到伤害，这种内在状况导致了他极度地易怒。

　　这个问题或许让人更迷惑，因为自负受到伤害后的直接反应可以自动转化为除羞耻或屈辱之外的感受。如果伴侣对另一个人感兴趣，而并不在乎我们的需求，或者专注于自己的工作或爱好，这些就可能会伤害我们的自负，但我们或许下意识感受到的是单恋的悲痛。受到轻视仅仅只会失望。羞耻的感觉可能会表现为模糊的不安、尴尬，或者更具体地说表现为内疚感。这最后的转变特别重要，因为它让我们很快理解某些内疚感。举例来说，如果一个潜意识充满虚假的人，会因为一个相对无害和无足轻重的谎言而感到羞耻，我们就会肯定他更关心的是表面而不是内心的诚实，他的自负受到伤害，是因为不能保持最终和绝对真实的诚实。或者，如果一个以自我为中心的人因为不体谅别人而感到内疚，我们就不得不问这种内疚感是否是因为玷污了善良的光环而引起羞耻，而不是因为他没有像自己希望的那样体贴别人而真诚的忏悔。

　　此外，这些反应——无论是直接的还是已经转化了的——或许都不会被人们的意识感觉到。我们可能只知道我们对这些反应的反应。这种"次级"反应突出的是愤怒和恐惧。众所周知，任何对我们自尊心的伤害都可能激起报复性的憎恨。从厌恶到憎恨，从烦躁到生气，再到盲目凶残的愤怒。有时候，对于观察者而言，愤怒与自负之间很容易建立联系。例如，一个人对他的上司感到愤怒，因为他上司对自己太傲慢。或者他也会对一个欺骗他的出租车司机感到愤怒——这类事情最多会造成烦恼。这个人自己只会意识到对他人不良行为产生的愤怒。那么观察者（例如分析师）则会看到他的自负受到了这些事件的伤害，他感到屈辱，然后产生愤怒。患者可能会接受这种解释，认为这很可能是因为过度的反应，或者他可能会坚持认为自己的反应并不过分，他的愤怒是对其他人邪恶或愚蠢的行为所做出的应有的反应。

当然，并非所有非理性的敌意都是由于自负受到伤害引起的，但它发挥的作用确实比一般人想象的更大。分析师应该一直警惕这种可能性，特别是关于病人对分析师、对解释以及对整个分析情况的反应。如果敌意中具有损毁、蔑视或屈辱的意图，那么敌意与受伤自尊的联系就更容易被辨别。这里起作用的是直接的报复控诉。病人如果不知道这些，就会感到屈辱从而报复他人。这样的话，谈论病人的敌意是很浪费时间的。分析师必须直截了当地提出问题，即在病人心中什么是屈辱。有时，分析刚开始，在分析师还没触及任何疼痛点之前，患者就会出现试图让分析师感到屈辱的想法或冲动，虽然没有任何效果。在这种情况下，患者可能在无意识中觉得被分析就是被羞辱，分析师应该把敌意和自负受到伤害之间的联系向患者解释清楚。

自然，分析中发生的事情也发生在分析之外。如果我们更经常地想到冒犯行为可能源于自负受到伤害，那么我们就会省下许多痛苦甚至令人心碎的麻烦。因此，当我们慷慨地帮助一个朋友或亲戚后，他的表现仍然令人讨厌，我不应该为他的忘恩负义而感到伤心，而应该考虑他的自负因我们的帮助而受到了伤害。而且，根据情况，我们要么与他谈论此事，要么试图以一种挽留他脸面的方式帮助他。同样，在一个人对人们普遍持轻蔑的态度时，只是对这个人的傲慢而感到厌恶还不够，我们也必须认为他是一个经历过生活并留下过伤痕的人，因为他的自尊心容易受到伤害。

不那么明显的是，如果我们觉得自己冒犯了自己的自负，那么同样地，这种敌意、憎恨或蔑视可能也会指向我们自己。强烈地自责并不是对自我感到愤怒的唯一形式。报复性的自恨会造成很多深远的影响，事实上，如果我们现在把它放在自负受伤后的反应中来讨论，我们就会失去线索。因此，我们把它留到下一章来讨论。

恐惧、焦虑、恐慌可能是对预期的屈辱和已发生的屈辱产生的反应。预期恐惧可能与考试、公开表演、社交聚会或约会有关，在这种情况下，它们通常被描述为"怯场"，如果我们把它用于比喻公共或私人表演之前的任何非理性恐惧，这就是一个相当好的描述性术语。它涵盖了我们想要给人留下好印象的情况，例如，对于新的亲戚，或者一些重要的人物，或者也许是餐厅的领导人，或者我们开始新的活动，比如开始新的工作，开始画画，去上公共演讲课。受类似恐惧折磨的人经常称这些是对失败、耻辱、嘲笑的恐惧缘由。这似乎正是他们所害怕的。尽管如此，这样说也是错误的，因为它暗示着对现实失败的合理恐惧。但它遗漏了一个事实，即对于一个既定的人来说，构成失败的原因是主观的。它可能涵盖所有没有获得荣耀和完美的理由，预期有可能达不到荣耀或完美，本质上就是轻度怯场。一个人害怕他的表现不如他严格要求的那么出色，因此担心自己的自负会受到伤害。怯场还有一种更加有害的形式，我们以后自然会理解，其中潜意识的力量会作用在一个人身上，并阻碍他的表演能力。这时的怯场是一种恐惧，自我毁灭倾向会让他变得尴尬，以致忘记自己的台词，"紧张到说不出话"，从而使自己蒙羞，而无法获得光荣和胜利。

另一类预期中的恐惧与个人表现的好坏无关，而是与他期望做但会伤害到自己某种特殊自负的事情有关，比如要求加薪或寻求帮助，提出申请或亲近异性等（因为这些都可能会遭到拒绝）。如果发生性行为会受到羞辱，那么在性行为之前就会出现这种预期的恐惧。

"侮辱"也可能导致恐惧反应。许多人会出现战栗、发抖、出汗，或因为没受到别人尊重或因为其他人的傲慢而出现的恐惧反应。这些反应是愤怒和恐惧的混合体，这种恐惧有一部分是对自己暴力的恐惧。类似的恐惧反应可能会出现在羞耻感之后，而羞耻本身不会被感知到。如果一个人感到尴尬、胆怯或表现出无礼，他可能会突然被一种不确定甚至恐慌的感觉所湮没。例如在一个病例中，一个女人沿着山路开车，在山路的尽头有一条通向山顶的小径。虽然这条路十分陡峭，但如果不是因为它又泥泞又湿滑，这条路走起来会很容易。并且，她的打扮也不适合爬山：她穿着一套新西装，踩着高跟鞋，也没有手杖。尽管如此她仍然想尝试一下，在滑倒了几次之后，她放弃了。在休息的时候，她看见下面不远处有一条大狗朝着路人狂叫，她怕极了。这种恐惧使她感到震惊，因为她平常不害怕狗，她也意识到没有任何理由害怕，因为狗的旁边有它的主人。于是，她开始思考这个问题，她想到在自己年少时发生了一件令她非常羞耻的事情。这时她认识到，由于她"没能"到达山顶，事实上与年少时一样因当前的失败而感到羞耻。"但是，"她对自己说，"勉强做这件事真的不明智。"接下来她想："但我应该能够做到的。"这让她有所发现：她意识到这是一种如她所说的"愚蠢的自负"，她的这种自负受到了伤害，使她对可能遇到的袭击感到无助。正如我们后面将要了解到的那样，她无奈地受到了自己的攻击，并将危险投射。这种自我分析虽然不完整，却是有效的：她的恐惧消失了。

我们对愤怒的反应比对恐惧的反应有更直接的理解。但在上面的分析中，它们是相互联系的，没有其中一种的指引，我们就无法理解另一种。两者都是由于我们的自负受到伤害造成了可怕的危险而出现的。其部分原因在于我们之前讨论过的自负取代了自信。但是，这个答案并不完整。正如我们后面将要看到的那样，神经症患者生活在自负和自我蔑视的交替之中，一旦自负受到伤害就会让他陷入自我蔑视的深渊。这是最重要的联结，需牢记于心以便理解不同类型的焦虑。

虽然愤怒的反应和恐惧的反应可能在我们看来与自负无关，但它们可能作为指向自负方向的路标。就算这些次级反应没有出现，整个问题也会变得更加严重，因为无论出于何种原因，这些反应反过来都可能会受到压制。在这种情况下，这些反应可能会导致或引发某些症状，如精神病发作、抑郁症、饮酒、心身障碍等。或者坚持愤怒和恐惧的情绪需要可能会成为导致感受变弱的原因之一。不仅是愤怒和恐惧，所有感觉都会变得不那么丰富，不那么强烈。

神经症自负的不良特征在于它不仅对个体极其重要，也使患者极度脆弱。这种情况造成了紧张的情绪，由于这种紧张情绪的频率和强度令人无法忍受，所以需要治疗：在自负受到伤害时自动恢复它，在自负将要受到危害时避免它受到伤害。

　　挽救面子的需求是迫切的，并且有多种方式来实现。事实上，有很多不同的方法，有粗劣的也有精细的，我必须将我的陈述限制在更常见和更重要的方法上。最有效并且看起来最普遍的方法是与因为耻辱而去报复的冲动密切相关的。我们把它视为一种对自负受到伤害所产生的痛苦和危险而做出的敌意反应，这我们曾讨论过。但是报复可能还是一种自我辩护的手段。它涉及的信念是通过报复冒犯自己的人来恢复自己的自负。这种信念是基于这样一种感觉而产生的，即冒犯我们的人凭借着这种力量来伤害我们的自负，凌驾于我们之上，并将我们打败。而只有通过对他更多的报复和伤害，情况才会得到扭转。只有我们获得胜利，才会击败他。神经症患者报复的目的不是与对方"打成平手"，而是通过更猛烈的报复而获得胜利。其实没有胜利，任何事都无法恢复自负在想象中的伟大。正是这种恢复自负的能力使神经症患者的报复顽固得令人难以置信，这也解释了这种报复的强迫性特征。

　　这种报复行为将在后面详细讨论，因此我在这里只谈论一些基本原因。由于报复对于恢复自负非常重要，因此这种力量本身也具有自负的特性。在某些类型的神经症患者心中，这种报复等同于力量，并且通常是他们知道的唯一力量。相反，无论是外在因素还是内在因素阻止他进行报复行为，不能回击通常就意味着软弱。若这样的人感到屈辱，当时的形势或者内心的某些想法又不允许他进行报复，他就会受到双重伤害：最初的"侮辱"以及没有获得报复性胜利而感到的"挫败"。

正如前面所说，对报复性胜利的需要在追求荣耀的过程中很常见。如果这种需要变成人生中占主导地位的动力，那么它将变成最难以解开的恶性循环。然后以各种可能的方式超越其他人的决心非常强烈，这种决心加强了对荣耀的整体需求，从而加剧了神经症的自负。膨胀的自负反过来又增加了报复欲望，从而使其对胜利的需要更加迫切。

在恢复自负的方式中，还一个重要的方式就是对伤害自己自负的所有人或物失去兴趣。许多人放弃了对体育、政治、脑力工作的兴趣，因为他们对超越他人或者做一份完美工作的迫切需求并未得到满足，这种情况可能会让他们无法忍受，所以他们放弃了。他们不知道发生了什么，他们对很多事都不感兴趣，反过来他们可能去做实际上在他们能力之下的事情。例如，一个人本来可以是一位好老师，但分配他去做一项他不能马上精通或者感到压力的任务时，他对教学的兴趣就会减弱。这种态度的变化也与学习过程有关。有天赋的人可能一开始会热情地开始学习戏剧或绘画。他的老师或朋友认为他很有前途，还给予了他鼓励。但是就算他再有天赋，他也不能一夜之间就变成巴里摩尔或雷诺阿。当他开始意识到他不是班上唯一有天赋的人，对于最初的努力他自然地感到很尴尬。所有这些都伤害了他的自负，他可能会突然"意识到"绘画或戏剧不是自己的专长，他从来没有"真正"对这些感兴趣。他失去了热情，他开始翘课，并很快就完全放弃了。他开始做其他事情，但只是重复着这一循环。通常出于经济原因，或者由于他自己的惰性，他可能会停留在某一特定的事情中，但是做这些又让他无精打采，所以他不能得到自己专心从事这一工作所获得的成就。

这样的情况同样也可能会发生在他与别人的交往中。当然，我们可能不再喜欢一个人并给出很好的理由：我们可能最初高估了他，或者我们的发展朝向了不同的方向。但无论如何，为什么我们的喜欢变成了冷漠，而不是简单地把它归结为缺乏时间或最初的决定就是个错误，这是值得研究的。实际上，在这段关系中确实发生了某些事情伤害了我们的自负。这可能会与另一位他喜欢的人形成了对比。也许相比之前来说他对我们不那么顺从了，于是我们意识到我们让他失望了，因此对他感到羞愧。所有这些都可能在婚姻或恋爱关系中发挥着深刻的作用，于是我们倾向于将它当成"我不再爱他了"。

所有这些退缩都极大地浪费了精力，并且经常给我们造成很大的痛苦。但是，其中最糟糕的是，我们失去了对真实自我的兴趣，因为我们并不为真实的自我感到自豪——这个问题我们将在后面讨论。

恢复自负的方法还有很多，这些方法广为人知却很少为人们所理解。举例来说，我们可能说过一些事后我们觉得很愚蠢的话——离题，不顾他人感受，过于傲慢或过于谦卑，我们可能会忘记并否认我们说过这些话或者声称这些话完全不是那个意思。类似于这种否认的还有对事件的歪曲——最大限度地减少我们的责任，省略某些因素，强调其他因素，以对我们有利的方式来诠释这些因素。最终我们对自己的错误进行了掩饰，我们的自负毫无损害。令人尴尬的事件也可能在我们的脑海中一成不变，但会因借口和托词而被抹去。例如，有人承认自己造成了令人讨厌的情形，但那是因为他三晚没有睡觉，或者因为其他人惹恼了他；他伤害了某人的感情，虽然轻率或不顾其感受，但他的意图是好的；他让需要他的朋友失望了，但那是因为时间不够。所有这些借口可能是部分或全部真实的，但在这个人的心目中，它们并不是自己失败的借口，而是要把它们完全从自己心里抹掉。同样，很多人都觉得只要他们说对某件事感到非常抱歉，就万事大吉了。

所有这些方法都有着共同的倾向，那就是拒绝对自己负责。无论我们是忘记那些让我们无法感到自豪的事物，还是掩饰它，或者责怪其他人，我们都希望不把其归结于自己的缺点以此来挽留自己的脸面。不想为自己负责也可能隐藏在虚假的客观背后。患者可能会对自己进行敏锐的观察，并很准确地给出他讨厌自己的原因。表面上看起来好像他对自己观察很敏锐，并对自己很诚实。但是"他"可能仅仅是一个聪明的观察者，他正在观察一个受到压抑，感到恐惧并且有傲慢需求的家伙。由于他对他所观察的人不负责任，所以缓解了自负受到的伤害。因为他自负的闪光灯集中在自己敏锐而客观的观察力上，所以就更减轻了他的自负所受到的伤害。

还有一些人不关心自己是否客观甚至是否真实。尽管这种态度引起普遍的逃避行为，但这样的病人确实意识到了自己的一些神经症的倾向，他可能会在"他"和他的"神经症"或他的"无意识"之间做出完美的区分。他的"神经症"非常神秘，不管怎样与"他"没有任何关系。这听起来令人很吃惊。实际上，这对于他来说不仅是挽救了面子，而且是挽救生命，或者至少是一种保持理智的方法。他的自负非常脆弱，甚至到了极端的地步，因此他如果承认自己受到干扰，就会变得十分分裂。

这里要提到的最后一个挽救脸面的方法，就是幽默的运用。患者能够正确地认识到他的困难并且带着一丝幽默感，是一种内心解放的标志。但是，一些患者在最初的分析中会不断拿自己开玩笑，或用极端的方式夸大自己的困难，使自己看起来很滑稽，同时对任何批评都很敏感，甚至到了荒唐的地步。在这些情况下，他们用幽默来让难以承受的羞耻变得易于接受。

我已经讲了很多自负受伤时恢复自负的方法了。但这种自负既脆弱又如此珍贵，因此在将来它也必须受到保护。神经症患者或许会建立一个精心制定的"回避系统"，使自负避免未来的伤害。这也是一个自发的过程。

他并未意识到自己想要回避一项活动，因为这可能会伤害他的自负。他甚至没有意识到自己正在回避。这个过程附属于各种活动以及与人的交往之中，它可能会妨碍患者现实的奋斗和努力。如果这个现象普遍存在，实际上它可能会影响一个人的生活。他并不会从事任何与他的天赋相称的工作，以免自己无法取得辉煌的成就。他想写作或绘画，却不敢开始；他不敢接近女孩，以免她们拒绝他；他甚至不敢出门旅行，以免见了酒店经理或搬运工感到尴尬；或者他可能只会去人们都认识他的地方，因为和陌生人在一起他会觉得自己无足轻重；他回避社交，以免自己会难为情。因此，根据自己的经济状况，他要么做一些没有价值的事，要么坚守一份平庸的工作，严格控制自己的开支。他以多种方式过着与他的财富不相称的生活。从长远来看，这使得他有必要远离人群，因为他不能面对落后于同龄人的事实，所以回避任何人对他的工作进行比较或提出质疑。为了忍受生活，他现在必须更坚定地守住自己的个人幻想世界。但是，因为所有这些措施对他的自负来说，与其说是一种治疗手段，倒不如说是一种掩饰，所以他开始培养自己的神经症，因为具有大写字母N的神经症可以成为他缺乏成就的宝贵借口。

毋庸置疑，这些都是极端的发展方向，尽管自负是必不可少的因素之一，却不是这些极端发展方向的唯一原因。更多的时候，回避被局限于某些确定的方面。一个人在那些他最不受抑制能获得荣耀的工作中可能表现得相当积极且高效。例如，他可能会在自己的领域努力工作并获得成功，但他回避社会生活。相反，他可能在社交活动中或扮演类似唐璜一样的角色时才感到安全，但不敢冒险进行任何可能考验他的潜力的严肃性工作。在作为组织者时，他可能会感到安全，但会避免任何私人交往，因为他会感到脆弱。他害怕与其他人产生情感纠葛，这类恐惧（神经症性的分离）有许多种，其中对自负受伤的恐惧常常起着重要作用。此外，由于许多原因，一个人可能特别害怕不能成功地吸引异性。就男人而言，他不自觉地预想到当接近女人或与她们发生性关系时，自己的自负就会受到伤害。因此，女性对他（对他的自负）来说是一种潜在的威胁。这种恐惧可能足以抑制甚至粉碎异性对他的吸引力，从而导致他避免与异性交往。由此产生的抑制并不仅仅是他转变成同性恋的原因，但它的确是他偏爱同性的原因之一。众多不同方式的自负是爱情的敌人。

这种回避可能涉及许多不同的具体问题。因此，一个人可能会回避公开讲话，回避参加体育运动，回避打电话。如果在其身边的人可以打电话、做决定或与房东交涉，他会把这些事交给其他人做。在这些具体的活动中，他很有可能意识到自己在推卸责任，而在更大的场合中，这个问题往往被"我不能"或"我不在乎"这样的态度掩饰。

研究这些回避行为，我们看到确定其性质的两个原则在起作用。其中一个原则，简单地说，是通过限制自己的生活而获得安全感。放弃、退出或辞职比冒着让自己的自负受伤的风险更安全。比起愿意为了自负的利益而将自己的生活限制在一个小的范围内，没有什么更能证明在许多情况下自负具有压倒一切的重要性，这点令人印象十分深刻。另一个原则是：不尝试比起尝试后失败更安全。这第二条格言给回避留下了深刻的烙印，因为它剥夺了人们逐渐克服所有困难的机会。以神经症为基础的前提是不现实的，因为他不仅要付出过度限制自己生活的代价，而且从长远来说，他的退缩还会使他的自负受到更深的伤害。但他当然不会长远考虑，他更在意试错的直接危险。如果他不尝试，这种危险就不会发生在自己身上。他可以找到某种形式的借口。至少在他自己的心目中，他可以有一个自我安慰的想法，即如果他尝试过，他或许能通过考试，获得更好的工作，或赢得一个女人。通常情况下他的想法更加神奇："如果我从事作曲或写作，我会比肖邦或巴尔扎克更伟大。"

在许多情况下，这种回避可以延伸到我们对任何想得到的事物的感受上：总之，回避可能会包围我们的愿望。我提到过的那些人，他们认为得不到自己希望得到的东西就是可耻的、失败的。仅仅是一种希望都会带来很大的风险。然而，如此压抑我们的愿望意味着我们的活力受到束缚。有时候，人们必须避免任何会伤害他们自负的想法。因此，最重要的是回避关于死亡的想法，因为我们不得不像其他人一样变老和死去，而这种想法是无法忍受的。奥斯卡·王尔德的《道林·格雷》正是用艺术的手法表现出对永恒青春的自负。

自负的发展是为了追求荣耀，因此会引发上述过程的出现、高潮和加固。个人在最初可能只有一些相对无害的幻想，在这些幻想中他把自己描绘成富有魅力的人。接着，他通过在脑海中创造一个他"实际上是"以及"可能是"或"应该是"的理想化形象。然后是最关键的一步：他的真实自我逐渐淡出，实现自我的能量转移到实现理想化自我上。这些要求说明他试图维护自己在这个世界上的地位，这个位置对理想化自我来说是有意义的，它也支持这种理想化自我。带着这些"应该"，他鼓励自己去实现这个完美自我。最后，他必须建立一个私人价值体系，像《一九八四》（乔治·奥威尔）中的"真理部落"一样，决定自己喜欢和接受什么、赞美什么、以什么为荣。但是这种价值体系必然也决定了拒绝什么、痛恨什么、对什么感到羞耻、鄙视什么、憎恨什么。缺少两者中任何一个这个体系都无法运转。自负和自恨是不可分割的；它们是一个过程的两种表达方式。

第五章

自恨与自卑

现在，我们已经追溯了神经症的发展过程，它以理想化自我为起点，逐步演化，以让人难以抗拒的逻辑将其价值观体现在神经症的自负现象上。事实上，这种发展涉及的领域比我迄今为止提出的还要多。同时起作用的另一个过程使理想化自我强化并复杂化。尽管这个过程同样是由理想化自我开启的，但是它遵循完全相反的发展过程。

简而言之，当一个人将自己的重心转移到他的理想化自我时，他不仅自鸣得意，而且必然会从一个错误的视角看待自己的真实自我——一个在特定的时间、身体、精神、健康和神经症状态下的真实自我。被美化的自我不仅成为其追求的幻影，也成为衡量自己实际存在的标尺。这种实际的存在是一种令人尴尬的景象，他不得不鄙视它。此外，更重要的是，他的真实自我不断地干涉自己对荣耀的追求，因此他必然恨这个实际的自我。既然自负和自恨实际上属于同一个实体，我建议用一个通用名称来称呼其所涉因素的总和：自负系统。然而，随着对自恨的了解，我们正在思考这个过程的一个全新的方面，这会大大改变我们对自恨的看法。为了先清楚地理解实现理想化自我的直接动力，我们之前建议将自恨的问题放在一边，现在我们是时候了解它的全貌了。

无论我们的"皮格马利翁"如何狂热地想要将自己塑造成一个光辉的角色，他都注定会失败。他最多可以有意识地消除一些干扰自己的差异，但这些差异仍然存在。事实是他还是必须与自己同生存；无论是吃饭、睡觉、去卫生间、工作，还是做爱，他总是与自己在一起。他有时会认为，只要他能和妻子离婚，再找一份工作，搬到另一间公寓，或者去旅行，一切都会好起来。但实际上他必须始终与自己在一起。即使他像一台润滑良好的机器一样工作，也仍然存在精力、时间、能力和耐力的局限性——人类的局限性。

理解这种情况的最好方法是用两个人的例子来解释它。一个是有个性，有理想的人；另一个是无所不在的陌生人（实际的自我），这个陌生人总是多管闲事，令人不安、尴尬。用"他和陌生人"来形容他们之间的冲突似乎是恰当的，因为这接近于个人的感受。尽管他可能会舍弃事实上的干扰——因为这与他无关，但他永远无法逃避自己，不让其在脑中"出现"。虽然他可能会成功，可能会发挥得相当好，甚至会受到独特成就的宏伟幻想的控制，但他仍然感到自卑或不安全。他好像感觉自己是一个虚张声势的人、一个骗子，或者一个怪人。这种感觉很痛苦，他也无法解释。当他接近实际的自我时，他对自己内在的了解会准确地出现在他的梦中。

关于自我的现实会痛苦而无误地向他袭来。他在自己的想象中是完美的，但他在社交场合很尴尬。每次想要给别人留下深刻印象时，他的手就会发抖，说话结结巴巴，面红耳赤。他感觉自己是一个独一无二的情人，但他可能突然变得性无能。他想象自己像一个男子汉一样跟上司交谈，但他在当时只知道傻笑，只有在第二天他才会想到关于永久解决问题的精彩言辞。他永远不会获得苗条的身材，因为他强迫性地吃太多。真实的、实证的自我变成了无礼的陌生人，而理想化的自我受其束缚，以憎恨和轻蔑来反击这个陌生人。真实的自我成为自负的理想化自我的牺牲品。

自恨让源于塑造理想化自我的人格产生明显分裂。这意味着会发生一场争斗。这确实是每个神经症患者的基本特征：他与自己交战。其实这个基础确定了两种不同的冲突。其中之一就是自负系统本身。这一点我们稍后将详细阐述，它是自大和自卑两种倾向之间的潜在冲突。另一种更深层次的冲突是整个自负系统和真实自我之间的冲突。当自负占据绝对优势时，真实自我虽然受到压制而退出，但它仍有十足的潜力，可能在有利的情况下被有效地发挥出来。我们将在下一章讨论其发展的特点和阶段。

第二种更深层次的冲突在分析之初并不明显。但是随着自负系统的动摇和人与自己的距离越来越近，当他开始了解到自己的感受、自己的愿望，认识到自己有选择的自由，可以做出自己的决定并为此承担责任时，反抗的力量就会随之而来。这会引发自负系统和真实自我之间日趋严重的冲突。此时，自恨并不是针对现实自我的局限和缺点，而是针对真实自我涌现出的建设性力量。这种神经症的冲突比我之前讨论过的任何冲突都更复杂。我建议把它称为中枢内在冲突。

我想在这里添加理论性的阐释，因为这将有助于将冲突的意义说得更清楚。在我的其他书中，我曾使用过"神经症的冲突"这一术语，我指的是在两个不兼容的驱力之间起作用的冲突。然而，中枢内在冲突是介于健康与神经症、建设性与破坏性驱力之间的冲突。因此，我们不得不拓宽其定义，称神经症的冲突是在两种神经症驱力之间或者在健康和神经症驱力之间产生的。这种差异在术语的解释上很重要。自负系统与真实自我之间的冲突比其他冲突更能让我们分裂，有以下两个原因。一个是这是完全参与而不仅是部分参与。如一个国家，个别群体的利益冲突和整个国家的内战是不同的。另一个是，这有关我们存在的核心以及我们的真实自我成长的能力——这种能力在不断为生存而战。

对真实自我的憎恨比对现实自我的限制更加不可察觉，十分顽固，不仅难以消失，而且经常引发自恨（尽管这表面看来是对现实的自我缺陷的憎恨）。因此，对真实自我的憎恨几乎以单一的形式出现，而对现实自我的憎恨总是很复杂。例如，我们的自恨以一种自我谴责的形式表现出来，凡事都很"自私"，即为了我们自己的利益可以做任何事情。这最有可能是因为：我们一方面憎恨自己达不到绝对完美，另一方面想办法粉碎真实的自我。

德国诗人克里斯蒂安·摩根斯坦在他的诗歌《成长的烦恼》中简洁地描述了自恨的特征：

> 我必须屈服，因为我摧毁了自己。
>
> 有两个我，一个理想的我，一个现实的我。
>
> 最后一个会消灭另一个。
>
> 理想的我就犹如一匹奔腾的马（现实的我拖着它的尾巴），
>
> 理想的我犹如车轮，
>
> 现实的我束缚着它，
>
> 理想的我犹如暴君，
>
> 魔爪伸进受害者的头发，
>
> 理想的我犹如吸血鬼，
>
> 占据着他的内心，不断吸取他的血液。

一位诗人仅用几行诗句就阐释清楚了这个过程。他说我们可能会用一种让人萎靡不振并且痛苦的方式来憎恨自己——这种憎恨极具破坏性，我们无力反抗它，并且在心理上受其摧毁。他说我们恨自己不是因为我们毫无价值，而是因为我们被迫超越自我。他说，这种憎恨是由理想的我和现实的我之间的冲突造成的。这不仅是一场分裂性的冲突，而且是一场残酷而凶狠的战斗。

即使对熟悉其产生方式的精神分析师来说，自恨的力量和韧性也是让人十分震惊的。当试图说明它的神秘时，我们必须意识到自负本身因受到真实自我的处处压制而让人感受到羞辱，从而产生愤怒。我们还必须考虑到这种愤怒到最后变成无助的情况。神经症患者可能会试图把自己看作一个远离肉体的灵魂，他会为了获得荣耀而依赖于现实的自我。如果他杀死这个被憎恨的自己，他就必须同时杀死这个获得荣耀的自己，正如道林·格雷把表达他堕落的画撕成碎片一样。一方面，这种依赖通常会防止自杀行为。如果没有这种依赖，自杀将是自恨的顺理成章的结果。但实际上，自杀是一种相对罕见的事件，它是由综合因素造成的，自恨只是其中一个因素。另一方面，这种依赖使得自恨更加残酷无情，就像在任何无法控制的愤怒中所表现出来的一样。

此外，自恨不仅是自我荣耀的结果，还有助于维护自我荣耀。更确切地说，它是实现理想化自我的一种驱力，通过消除不同因素之间的冲突，在更高的层面上促成两种自我的完美融合。正是对不完美的谴责证实了自恨的人认同自己的完美标准。我们可以在分析中观察到这种自恨的作用。当我们发现患者的自恨时，我们可能天真地期望他会急于摆脱这种自恨。有时确实会发生这样的正常反应。但更多的时候，这种反应会变得分裂，患者不可避免地会意识到自恨的巨大负担和危险，但他可能会觉得反抗这种枷锁更加危险。他可能会以更合理的方式为高标准的有效性辩护，并且强调包容自己而导致自我松懈的危险性。或者他可能会逐渐表现出他坚信蔑视自己是应该的。这表明但凡他有一点放弃自己的傲慢标准，他就无法接受自己。

下面这个让自恨变得残酷无情的原因我们已经提到过了。那就是对自我的疏远。用更简单的术语来说就是神经症患者对自己没有感觉。只有首先对痛苦的自己、痛苦的经历表示同情，才有可能打败自己并采取建设性的行动。或者，从另一个角度来说，当他意识到自我折磨的存在并对此感到烦恼时，或在他对此感兴趣之前，他必须首先承认自身愿望的存在。

如何才能意识到自恨呢？无论是在《哈姆雷特》《查理三世》中还是在这里引用的诗歌中，作者对人类灵魂痛苦的清晰理解并不仅仅限于他自己。许多人会经历自恨或自卑，只是时间长短不一。他们可能曾有一闪而过的感觉："我恨我自己"或"我鄙视自己"。他们可能对自己很愤怒。但是这种活生生的自恨经历只会发生在痛苦的时期，并且随着痛苦的消退而消失。不管这种感觉或者想法是否仅仅是对"失败""愚蠢"以及某种错觉或者某种心理障碍的短暂回应，这个问题通常都不会为人们所提及。因此，他们并没有意识到自恨的颠覆性和持久性。

鉴于自恨是通过自责的形式被表达出来的，而意识上的差异范围太广泛，因此无法做一般性的陈述。那些将自己置于自以为是状态之中的神经症患者在所有的自责感前保持沉默，更别说觉醒了。与上述状况相反，那些自谦型的患者则坦率地表达自责和内疚感，或者我们可以通过他们扩张的道歉或防御行为看出这种感觉的存在。这种存在于意识层面的个体差异确实很重要。我们稍后将讨论它们的含义以及它们是如何发生的。但这并不能证明这种自谦型的人可以意识到自恨，因为即使那些感到自责的神经症患者也不知道这种责备的强度和破坏性。他们也不知道这种责备的内在无用性，并倾向于将其视为自己具有高度道德敏感性的标志。他们并不质疑其有效性，事实上，如果他们用完美的标准来评判自己，他们自己也无法做到这一点。

几乎所有的神经症患者都意识到了自恨的后果，他们会感到内疚、自卑、受束缚、被折磨。然而，他们并未认识到是自己引发了这些痛苦的感受和自我评价。即使他们能意识到这一点，也可能被其神经症的自负所掩盖。他们不会觉得受到束缚，反而会为无私奉献、禁欲、自我牺牲等责任的奴隶能掩饰自我罪恶的行径而感到自豪。

我们从这些观察中得出结论，自恨源于一种潜意识的过程。在之前的分析中，我们注意到病人并未意识到冲突的存在。根本原因是这一过程通常都是投射的，即这部分经历不是在个体内部而是在他与外部世界之间发生的。我们可以大致区分自恨的主动和被动投射。主动投射企图将自恨导向外部以反对生命、命运、制度或人民。而在被动投射的过程中，憎恨仍然针对自我，但个体通常会认为这种憎恨起因于外部。在这两种投射中，内部冲突的紧张局面通过变成人际关系的冲突而被削弱。下面我们将讨论这个过程可能的表现形式及其对人际关系的影响。在此做出介绍是为了让大家可以更好地观察和描述各种自恨的投射形式。

自恨的表现与人际关系中的憎恨表现完全相同。我想用一个我们记忆犹新的历史案例来说明人际关系中的憎恨，即希特勒对犹太人的憎恨。他恐吓、谴责、羞辱他们，在公共场合贬低他们，以各种形式剥夺他们的权利并使他们感到挫败，他摧毁了他们对未来的希望，最终将他们中的很多人折磨至死。在日常生活中，在家庭内部或竞争对手之间我们也可以观察到这种憎恨以更文明、隐蔽的形式表现出来。

现在我们将研究自恨的主要表现及其对个人的直接影响。伟大的作家们已经观察过这些自恨表现。自弗洛伊德以来，多数神经症文献都把自恨表现描述为自责，自我贬低，感到自卑，无力享受事物，表现出直接的自我毁灭行为、受虐倾向等。但除了弗洛伊德关于死本能的概念以及弗兰兹·亚历山大和卡尔·门宁格的阐述之外，还没有全面的理论来解释所有这些现象。弗洛伊德的理论虽然涉及类似的临床材料，却基于不同的理论前提，因此他对所涉及的问题的理解以及采用的相关治疗方法随之完全改变了。我们将在后面的章节中讨论这些差异。

为了不被细节所迷惑，我们需要区分自恨的六种运行模式或表达方式，同时牢记它们会有重叠的事实。简略地说，它们分别是：对自我严苛的要求、无情的自责、自我蔑视、自我挫败、自我折磨和自我毁灭。

在前一章中，我们讨论了对自我的要求，我们认为这种要求是神经症患者将自己变成理想化自我的一种手段。我们也指出，内心指令构成了一种强制性体系，一种暴政，人们可能会在未能完成指令时以惊慌和恐慌做出回应。我们现在能更充分地理解什么是强制性，是什么让患者如此疯狂地遵守指令，以及为什么他们对"失败"的反应如此深刻。"应该"适用于自恨的程度与自负一样深，在未得到满足时，自恨的愤怒便会爆发出来。我们可以把它们比作抢劫，抢劫者用左轮手枪指着被劫者，说"把你所有的东西都给我，要不然我杀了你"，抢劫行为本身很可能比抢劫者给出的两种选择更人性化。被劫者可以通过遵从命令来拯救自己，而"应该"是不能被姑息的。而且，对于所有死亡的结局而言，在自恨状态下痛苦终生要比被枪杀更残忍。引用一个患者在信中所言："神经症，最初是为保护他而设计的科学怪兽，却扼杀了他的真实自我。无论你是生活在一个极权主义国家还是处在一种神经症状态中，选择如何结束生命都没有什么区别，因为无论哪种方式，你在这个集中营里的最终目的就是尽可能痛苦地摧毁自己。"

事实上，这些"应该"本质上是一种自我毁灭。但是，到目前为止，我们看到的只是其破坏性的一面：它们把一个人束缚起来，剥夺了他的内心自由。即使他设法将自己塑造成一种行为完美的人，也只能以牺牲自己感情和信仰的自发性和真实性为代价。事实上，这些"应该"的目的就是泯灭人性，就像任何政治暴政一样。它们营造了一种类似于司汤达在《红与黑》（或乔治·奥威尔在《一九八四》）中所描述的神学院的氛围，其中任何个人的思想和感觉都是可疑的。它们需要无条件顺从，甚至顺从本身也不被视为顺从。

此外，很多"应该"在其内容中就表现出自我毁灭的特征。我想提三个"应该"作为例证。这些"应该"都是在病态依赖的情况下产生的，并且我们将在这种情况下进行阐述：我应该强大到完全不介意发生在我身上的任何事情；我应该能够让他爱我；我应该为"爱"牺牲一切！这三个"应该"结合在一起确实会让患者永远处于病态依赖的折磨中。另一个常出现的"应该"则要求某人对他的亲戚、朋友、学生、雇员等承担全部责任：他应该能够解决每个人的问题，并立刻让他们满意。这意味着出现任何问题都是他的错。如果某个朋友或亲戚因一些原因而感到沮丧、不满，或者想要某种东西，那么这个人就会被迫成为无奈的受害者，他肯定会感到内疚并尽力将事情做好。引用一位患者的说法，他就像夏季酒店里疲倦的经理：客人永远是对的。事实上，过错是否归咎于他，这并不重要。

这一过程在最近出版的一本名叫《见证人》的法文书中得到了很好的描述。主角和他的兄弟出去划船。船渗水了，暴风雨袭来，他们的船翻了。由于哥哥腿部受伤严重，无法在湍急的水中游泳，他注定会被淹死。主人公试图扶着他哥哥游上岸，但他很快意识到自己没办法这样做。有两种选择，要么两个都被淹死，要么自救。他清楚地意识到了这一点，因此他决定自救。但他觉得自己好像一个凶手，这种感觉很真实，真实到他确信每个人都会认为他是凶手。只要他做事的前提是他应该负责任，他的说辞就是徒劳的。的确，这是一个极端的情况。但这位主人公的情绪反应恰恰说明了人们在受到这种特别的"应该"驱使时的感受。

个人也可能把对自己整个生存有害的事物强加在自己身上。在陀思妥耶夫斯基的《罪与罚》中可以找到这种"应该"的典型例子。拉斯科尔尼科夫认为为了证明他拥有拿破仑一样的品格，他应该能够杀死一个人。正如陀思妥耶夫斯基以明白无误的方式向我们所展示的，尽管拉斯科尔尼科夫对世界充满各种怨恨，但杀人对他那敏感的灵魂来说是最令人厌恶的事。他不得不强迫自己去做。他实际上的感受就像梦中那样，他看到一个骨瘦如柴的小马被醉酒农民逼着去拉它不可能负担的重量。它被残忍无情地鞭打着，最后被打死了。拉斯科尔尼科夫怀着深深的同情朝着小马奔去。

这个梦出现在拉斯科尔尼科夫进行激烈的内心斗争的时候。他既觉得自己应该能够杀人，又觉得这样做非常令他厌恶，他根本无法做到。在梦中，他意识到他正逼迫自己去做对自己来说不可能的事情，正如逼迫小马去拉它承载不了的重量一样，这样做愚蠢而残忍。内心深处他对自己深表同情。在梦中体验了自己的真实感受之后，他对自我有了更多的了解，并决定反对杀人。但是不久之后，他的拿破仑式的自我又占了上风，因为当时他的真实自我已无力对抗，就像营养不良的小马无力反抗残酷的农民一样。

让"应该"产生自我毁灭并且比其他因素更能说明它们的强制性的第三个因素就是自恨，当我们违背它们时，自恨就会让这些"应该"来反对我们自己。有时候，这种联系相当清晰，或者可以很容易将其建立起来。一个人并不像他认为的那样应该无所不知、无所不能，就像在《目击者》的故事中一样，充满了无理的自责。更多的时候，他并没有意识到这种不合理，但似乎总会突然间感到低落、不安、疲倦、焦虑或烦躁。让我们回想一下在没有爬上山顶之前突然害怕狗的那个女人的例子。它的先后顺序如下：首先，她明智地决定放弃攀登，这让她感受到了失败——她内心的命令告诉自己应该完成一切（并且这种失败的感觉仍然是潜意识的）。接下来是她的自我蔑视，同样是潜意识的。然后是以无助和害怕的形式出现的自责反应，这是她意识到这种情绪的开始。如果她没有进行自我分析，那么对狗的恐慌仍然是一个令人费解的事情，因为它与之前的所有事件都没有直接联系。在其他情况下，一个人可在意识中体验自有的特殊方式，在这种特殊方式下，他可以自发地保护自己免受自恨的伤害。比如他特殊的消除焦虑的方式：狂吃狂喝、疯狂购物、感到被伤害（被动客观化）或对其他人发火（主动客观化）。我们将有很多机会从不同角度看到这些自我保护的尝试是如何起作用的。在这方面，我想讨论另一个类似的问题，因为自我保护的尝试很容易受到忽视，而这可能会导致治疗进入僵局。

当一个人在不知不觉中意识到自己的某些"应该"不可能实现时，就会做出这种尝试。那么可能发生的情况是，一个原本理性且懂得合作的病人可能会变得焦躁不安，然后像疯子一样觉得所有人都在虐待他：他的亲戚剥削他，他的老板对他不公，他的牙医已经把他的牙齿搞砸了，精神分析师对他一点用处也没有，等等。他可能对分析师十分无礼，也可能在家里脾气暴躁。

在试图理解他的烦躁时，令我们感到震惊的第一个因素是他不断地要求获得他人的特殊考虑。根据其具体情况，他可能会要求在工作中获得更多帮助，要求妻子或母亲让他一个人静静，要求他的分析师给他更多的时间，或要求他的学校给他特殊待遇。那么我们的第一印象就是这是一种疯狂的主张和面对挫折时的滥用。但是当他的注意力集中在这些要求上时，他会更加疯狂。他可能会更加公开地表现出敌对的一面。如果我们仔细聆听，就会发现他的辱骂中有一个共同的主题。他好像在说："你真的很笨，难道你不知道我真正需要的是什么吗？"如果我们回顾学过的知识，就会发现其实这些要求源于神经症的需求，患者要求的突然增加表明了其紧急需求的突然增加。按照这种趋势，我们就有机会了解患者的痛苦。我们可能会发现，虽然他没有察觉到这种痛苦，但他已经意识到他无法完成某些"应该"做的事。例如，他可能已经感觉到，他无法维持一些重要的关系；他已经超负荷工作，但仍然无法完成任务；他可能已经认识到心理分析中出现的某些问题确实让他失望，甚至无法忍受；有人嘲笑他通过纯粹的意志力来消除那些问题。这些意识主要在潜意识中使他感到恐慌，因为他觉得自己应该能够克服所有这些不利因素。在这种情况下，他只有两种选择：一是认识到他对自己的要求是不切实际的；二是疯狂地要求改变自己的生活状况，让他不必面对"失败"。在烦乱的状态下，他走上了第二条路，而治疗的任务是让他走第一条路。

认识到患者有可能因为无法实现"应该"从而产生狂热的要求，对治疗来说非常重要。这一点之所以重要是因为这些要求可能会造成极难处理的激动情况。仅从理论上讲这一点也很重要。因为它帮助我们更好地理解许多要求的紧迫性。它有力地表明了患者感受到达成自己的"应该"的紧迫性。

最后，如果他对这些"应该"的失败或者即将失败的认识很模糊，就可能会出现绝望，此时他就需要一个严格的内在要求来避免这种认识。我们已经看到，神经症患者避免这种认识的方式之一就是在想象中履行这些"应该"："我应该能够以某种方式成为某种人或做某件事，所以我能够成为这种人，或者能够这样去做。"现在我们能更好地理解，这种看似聪明圆滑的逃避现实的方式实际上是由潜伏着的恐惧决定的，这种恐惧来自没有或不能达到自己内心指令的现实。因此，我们在第一章中对这一论点进行了例证，即想象力被用来为神经症的要求服务。

在许多潜意识的自欺方式中，由于上述方式具有基本的意义，我有必要在这里论述两点。其一是降低自我意识的门槛。有时对他人具有敏锐观察力的神经症患者可能会对自己的感受、想法或行为保持一种顽固的不知情。在分析中，当他注意到某个问题时，他会通过"我不知道这个"或"我感觉不到"来终止进一步的讨论。其二是大多数神经症患者都具有的特质——只把自己当成有反应的人。这比责备别人更严重。这等于潜意识地否认了他们自己的"应该"。生活对于他们来说就像外界的一系列推拉动作一样。换句话说，这些"应该"本身被投射了。

用更概括性的语言来总结，任何遭受暴政统治的人都会采取规避命令的手段。在外部暴政的情况下，他被迫的口是心非或许完全是有意识的。在内在暴政的情况下，其本身是无意识的，随后的口是心非则具有在潜意识中自欺欺人的性质。

所有这些方法都可以防止导致失败意识的自恨的高涨，因此它们有很大的主观价值。但它们会造成对真实感的损害，从而的确促成了自我疏远和自负体系获得极大的自主性。

因此，对自我的要求在神经症的结构中占据重要位置。它们让个人试图去实现自己理想化的形象。它们增强患者自身的异化：通过潜意识的欺骗强迫自己伪造自发的感觉和信仰。它们也是由自恨决定的：最后神经症患者意识到自己无法按照要求行事时便出现了自恨。在某种程度上，所有形式的自恨都是对未实现的"应该"的制裁——另一种说法是，如果他确实可以成为一个超人，他就不会感到自恨。

自责是另一种自恨的表现。大多数指责都是从我们最在意的领域出发而产生的。如果这个人没有达到绝对的无所畏惧、慷慨、沉着、意志力坚定等标准，那么他的自负就会判他"有罪"。

一些自责是针对存在于内心的困难。它们可能看起来具有虚假的合理性。无论如何，这个人自己觉得它们是完全令人信服的。毕竟自责遵从高标准，那么它们应该是值得称赞的吧？实际上，他无厘头地接受了内心的困难并把充满道德谴责的盛怒抛向了它们。无论他对这些困难是否负有责任，他都接纳了它们。在任何情况下，他是否能够有不同的感受、思想、行为，甚至是否意识到它们的存在，这都不重要。需要检查和解决的神经症问题变成一个可怕的污点，让患者成了一个无可挽回的人。例如，他可能无法捍卫自己的利益或意见。他注意到，当他本应表达自己的反对意见或为自己受到利用而辩护时，他宁愿让步。若他可以正确地观察到这一点，那么这不仅值得称赞，而且可能是他逐渐认识到自己正在为"应该"的需求让步而不是在维护自我的第一步。相反，在破坏性自责的控制下，他会因为自己"没有胆量"或是一个令人厌恶的懦夫而一蹶不振，或者他会觉得周围的人鄙视他是一个弱者。因此，他的自我观察的后果是让他感到"内疚"或自卑，这使他下次更难将自己的意见说出口。

同样，一个明显害怕蛇或驾驶汽车的人可能会充分了解这样的事实，即这种恐惧源于他无法控制的潜意识的力量。他的理智告诉他，对"怯懦"的道德谴责毫无意义。他甚至可能会自言自语地说自己"有罪"或"无罪"。但他不可能得出任何结论，因为这是一个涉及生命中的不同层次的论点。作为一个人，他可能允许自己受到恐惧的支配。但作为一个神灵般的人，他应该拥有绝对无所畏惧的特性，他只能讨厌和鄙视自己的任何恐惧。再者，一个作家在创作过程中受到限制，因为他自己内部的一些因素使得写作变得痛苦。他虚度光阴或做不相关的事情，因此他的工作进展缓慢。他没有因为这种痛苦而同情自己，也没有审视这种痛苦，而是认为自己是一个懒惰的、一无是处的人，或者是一个对自己的工作不感兴趣的骗子。

对虚张声势或欺骗行为的自责是最常见的。对于某些具体问题，他们并不总是直接针对自己。神经症患者会经常因此感到一种隐约的不安——这种怀疑与任何事都无关联，有时候它处于隐匿状态，有时候则会让患者感到痛苦。有时他只会意识到自己对自责的恐惧，一种怕被发现的恐惧：如果人们进一步了解他，就会发现他没那么好；在接下来的表现中，他便会暴露出自己的无能；人们会意识到，他只是设法炫耀，在表象背后并没有扎实的知识。在更进一步接触后或在任何测试的情况下，我们仍然不清楚"发现"的确切内容。这种自责也不是毫无根据的。它指所有存在于潜意识的借口——关于爱情、公平、利益、知识和谦虚的借口。这种特殊自责出现的频率与这些借口出现在每一个神经症患者口中的频率是一样的。它在这里显示出的破坏性实际上仅仅使患者产生了内疚和恐惧的感觉，并没有让患者对存在的潜意识的借口进行建设性的探索。

其他自责主要针对做某事的动机，而较少针对现有的困难。这似乎是患者在进行认真自我审视的表现。只有在整体情况下才能显示一个人是否真的想要了解他自己，或许他只是在吹毛求疵，或许这两个驱力都在起作用。这个步骤更具欺骗性，因为我们的动机实际上很少是纯粹的，通常掺杂了一些不那么高尚的因素。然而，只要主要目的是纯粹的，我们仍然可以称之为好的动机。如果他向朋友提供建议，主要动机是友好地提供建设性的帮助，那么我们会很满意。但是，在关键时刻吹毛求疵则不会令人满意。他会说："是的，我给了他建议，甚至是好建议。但我并不乐意这样做。我讨厌被别人麻烦。"或者说："也许我帮他只是为了享受这种优越感，或者嘲笑他没有把特殊情况处理好。"这很让人迷惑，因为在这样的推理中很少有真实的成分。有点智慧的局外人有时可以消除这种恐惧。更聪明的人可能会答道："假设你提到的所有因素不是都奏效，那么给你的朋友足够的时间，对他有实际的帮助和关心，这对你来说不是更好吗？"自恨的受害者永远不会以这种方式来看待这件事。他蒙着双眼盯着自己的缺点，就像盯着树木看不到整片森林一样。此外，即使牧师、朋友或精神分析师以正确的视角向他提出建议，他可能也不会相信。他或许会礼貌地承认这个明显的事实，他心里想的却是，别人只是为了鼓励他和恢复他的自信才这样说的。

像这样的反应是值得注意的，因为其表明神经症患者从自恨中被解放出来是多么困难。从他对整个情况的失误判断中就能清晰地看出来。他或许清楚自己过分关注某些方面而忽略了其他方面。尽管如此，他仍然坚持自己的判断。因为他的逻辑前提与正常人是不同的。但凡他提供的建议不是绝对有帮助的，他就会认为自己的整个行为在道德上是令人反感的，他会开始针对自己，拒绝接受劝告并摆脱自责。这些观察结果驳斥了精神医学专家所做的假设，即自责仅仅是一种聪明的手段，可以用来恢复自信或避免责备和惩罚。就儿童或成年人面对令人生畏的权威时的反应而言，自责实际上可能只是一种策略。即便如此，我们也必须谨慎做出判断，并且应该考虑他们是否需要这么多安慰。对这些事例进行概括并将自责仅视为对战略性目标的服务，意味着他们完全没有意识到它的破坏力。

此外，自责可能集中于个人无法控制的灾难身上。这些在神经症患者身上最为明显，他们可能会因他们所读到的谋杀案而谴责自己，也可能对六百公里以外的中西部地区发生的洪水而感到自责。看似荒谬的自责往往是忧郁状态下的突出症状。神经症患者的自责不那么怪诞，也不那么真实。举一个例子，一个聪明的母亲的孩子在与邻居的孩子们玩耍时不小心从门廊上摔了下来，孩子得了轻微脑震荡，原本这场事故并无大碍，但此后几年这位母亲一直严厉指责自己不小心——这全是她的错，如果她在场，孩子就不会爬上栏杆，也不会跌倒。这位母亲也赞成过度保护孩子是不合适的。她当然知道，即使是过度保护孩子的母亲也不能时时刻刻在孩子身边。然而，她坚持她对自己的"判决"。

同样，一位年轻演员在自己的职业生涯中因为一时的失败而痛苦地责备自己。他完全知道他在对抗超出自己控制范围的障碍。在与朋友交谈时，他会指出这些不利因素，但他采取一种防卫的姿态，仿佛是为了减轻自己的内疚感并维护自己的无辜。如果朋友质疑他，他就会说自己的确可以有不同的做法，但他并不能明确说出任何具体的做法。任何审查、自信、鼓励都无法对抗他的自责。

这种自责或许会引起我们的好奇心，因为与之相反的情况更为常见。通常神经症患者会疯狂地利用形势的困难和不幸来达到为自己免责的目的。他觉得自己已经竭尽所能，简而言之，他简直太棒了。但是其他人、整体的情况或意外的事故把这一切都搞砸了。虽然这两种态度表面上看起来相互对立，但奇怪的是，两者的相似性大于它们的差异性。在这两种态度中，注意力都受到主观因素的转移，从而集中到了外部因素之上。它们对快乐和成功有着决定性影响。两者的作用都是避免因无法成为理想化自我而受到自责的冲击。在上述案例中，其他神经症的因素也干扰了患者成为一个理想的母亲或者成为一个有着辉煌工作成就的演员。那时，那个女人沉浸于要始终如一地做一个好母亲；演员则对于工作中的必要人际交往和竞争有一定的障碍。两者都在一定程度上意识到了这些困难，但他们只是偶尔提及此事，随后就把它们遗忘，或者巧妙地对此事进行粉饰。若此人是一个乐天派，这倒不会让我们感到奇怪。但是在这两个例子中（两者在这方面都是典型的例子），一方面他们小心地对待自己的缺点，另一方面因自己无法控制的事情而残忍无情、毫无理智地责备自己，两者之间的矛盾令人吃惊。只要我们意识不到这些矛盾的重要性，就很容易忽略它们。实际上，这些矛盾包含了理解自责动力的重要线索。它们表明因个人缺陷而产生的自责极其严重，必须采取自我保护措施。有两项措施可以被采纳：小心翼翼地对待自己，或将责任推到外界环境中。采取后一种责任推卸的措施——起码在他们的意识中——为什么还不能更好地摆脱自责呢？答案很简单，他们并不认为这些外部因素是他们无法控制的。或者更准确地说：这些因素不应该失去控制。因此，一切错误都被归咎于他们自己，也暴露出他们可耻的局限性。

虽然迄今为止提到的自责都集中在某些具体问题（困扰、动机、客观因素）上，但有些方面仍然模糊不清。患者可能会因内疚感到困扰，因为他无法把这种感受与其他任何事联系起来。在他急切地寻找原因的过程中，他可能最终将其归结于这种想法：也许这与以前外移具体化时产生的内疚有关。然而有时候，自责会以一种更具体的方式出现，他会相信那时候他已经找到讨厌自己的原因了。比如，我们假设他已经意识到他对其他人不感兴趣，并且对他们没有什么帮助。他努力改变这种态度，并希望以此来摆脱自恨。如果他真的针对自己，那么这种努力即便值得称赞也摆脱不了敌人，因为他本末倒置了。他并不是因为他的自责在一定程度上有道理而恨自己，而是因为恨自己而自责。这种自责会接踵而至：他不会实施报复，因此他是一个懦夫；他怀恨在心，因此他是一个残暴的人；他乐于助人，因此他是一个傻瓜；他不乐于助人，因此他是一个自私的人；等等。

如果他将自责归于外部因素，他可能会觉得每个人对他做的一切都别有用心。正如我们之前提到的，这或许对他来说太真实了，所以因这种不公平，他对别人充满怨恨。为了保护自己，他可能会戴上一副结实的面具，以免人们从他的面部表情、语气或手势中猜出他内心所想。他甚至可能没有意识到这种投射现象。在他的意识中，每个人都很善良。只有在精神分析过程中，他才会意识到，他确实感到不断受到怀疑。就像达摩克利斯国王一样，生活在恐惧之中，唯恐严厉指责的剑在什么时候落在自己身上。

我认为任何精神病学书籍都没有卡夫卡在《审判》一书中对这些无形的指责描述得更透彻。就像卡夫卡先生所写的那样，神经症患者可能会倾尽全力对未知和不公正的审判进行徒劳和防御性的战斗，并且在这个过程中变得越来越绝望。这些指责也是卡夫卡先生真正失败的根源。正如埃里希·弗洛姆（Erich Fromm）对《审判》的巧妙分析所言，这主要在于卡夫卡先生对生活的麻木、漫无目的、缺乏自主性和成长。对此弗洛姆用了一个很恰当的词来描述，即"虚度生命"。弗洛姆指出，任何以这种方式生活的人都必定会感到内疚，并且这样做有充分的理由，因为他有罪。他总是找别人来解决他的问题，而不是求助于自己。这个分析蕴含着深刻的智慧，我当然赞同其中应用的概念。但我认为这是不完整的，它未考虑到自责的无用性，即其纯粹的谴责性。换句话说，它忽略了卡夫卡先生对自己有罪的态度的转变是没有建设性的，这是因为他本着自恨的精神来处理它。这也是潜意识的，他并不觉得自己在无情地指责自己。整个过程被外化了。

最后，一个人可能会因为某些行为或态度指责自己，客观地看，这些行为或态度似乎是无害的、合法的，甚至是可取的。他可能会把对自己无微不至的照顾当成纵容，把享受食物视为贪婪；把按照自己的意愿行事而非盲目服从当成冷酷自私；把自己需要和可以承受的分析治疗当成自我放纵；把坚持自己的观点当成狂妄自大。在此我们不得不问，这些追求到底冒犯了哪种内心指令或者哪种自负？只有以禁欲主义为傲的人会谴责自己"贪婪"；只有以自谦为荣的人才会将自信的行为说成自负的。但与这类自责相关的最重要的一点是它们经常与出现的真实自我相对抗。它们大多数出现在分析治疗的后面阶段，或者更确切地说，在后面阶段更突出，并试图怀疑和阻碍患者迈向健康的步伐。

由于自责的恶劣性质（如任何形式的自恨的恶性一样），患者需要采取自我保护措施。在分析中我们可以清楚地观察到这些。一旦患者面临困难，他就可能会采取防御措施。他可能做出的反应是：义愤填膺、感到被误解或变得好争辩。他感到过去确实如此，但现在已经好多了。如果他的妻子不像那样行事，那么困难就不存在；如果他的父母当初不反对，那么这件事就不会发展成现在这个样子。他也可能会反击，并常常以威胁的方式对分析师吹毛求疵。或者相反，他会变得态度缓和和讨好。换句话说，他的反应就好像我们严厉地指责了他，让他太过受惊从而无法平静地接受分析。他可以根据自己所掌握的方式，将责任归咎于别人，比如通过摆脱自责，或者通过承认有罪，或者继续进攻来对抗自责。我们在这里所面临的是在精神分析疗法中的障碍因素。而且，除了分析之外，它也是阻碍人们客观面对自身问题的主要原因之一。竭力避免任何自责会阻碍人们对自己进行建设性的批评，从而破坏人们从错误中学习的可能性。

我想把这些关于神经症自责的评论加以概括，并把它们与正常的良知进行对比。良知警惕地捍卫着真实自我的最高利益。用埃里希·弗洛姆的话来说这就是"人类对自己的回忆"，是真实自我对整体人格的正常运作或发生故障的反应。自责源自神经症的自负，它因个人无法达到自负本身的要求而表示不满。他们不是为了真实自我着想，而是为了对抗它，甚至打算粉碎它。

因我们的良知而产生的不安或悔恨是非常具有建设性意义的，因为它可以让我们对特定行为或错误反思，甚至是对我们整个生活方式进行建设性检查。当我们良心不安时，所发生的事情与最初的神经症过程是有所不同的。我们试图直面引起我们注意的错误做法或态度，而不是把这些错误放大或缩小。我们试图找出自身的原因，并最终努力以任何可行的方式克服它。相反，自责则是通过宣称整个人格的不足而做出处罚判决。有了这个判决后自责便停止了。当个体开始积极行动时，这种停滞便体现出其内在的无用性。从一般意义上讲，我们的良知是一个有益于我们人性成长的道德机构，而自责究其根本是非道德的，因为其让个人不再清醒地检查自己面临的困难，从而干扰其人性的成长。

弗洛姆将正常的良知与"独裁"的良知进行对比，他将后者定义为"对权威恐惧的内化"。实际上，"良知"这个词通常有三种完全不同的意义：第一，因为害怕被发现和受到惩罚，内心不知不觉地屈服于外部权威；第二，谴责性的自责；第三，对自我在建设性意义上的不满。在我看来，"良知"这个名字应该只适用于最后一个，我也只会用到它的这一含义。

自恨的另一种表现形式是自卑。我用这种表达来描述在很多方面缺乏自信的总称：自我轻视、自我贬低、自我怀疑、自我否定、自我嘲笑等。它们与自责的区别是很细微的。当然，我们并不总是可以肯定一个人是否由于自责而感到内疚，或者由于贬低自己而感到自卑、无用或可鄙。在这种情况下，我们可以肯定的是这只是以不同的方式来攻击自己而已。然而，这两种形式的自恨之间存在明显的区别。自卑主要反对任何为追求完善和成功所做出的努力。对它的认知程度存在巨大差异，我们将在后面了解其原因。它可能隐藏在正义与傲慢的平静表面之后。但是，它也可能会直接被感受到并表现出来。例如，一个迷人的女孩想在公共场合补鼻子上的妆容，她发现内心的自己在说："太可笑了！丑小鸭，真臭美！"另有一个聪明的男人对心理学科很感兴趣，并且考虑写一篇与之相关的文章，他自言自语道："你这个自负的家伙，就你也能写出一篇论文？"如果你认为那些喜欢嘲弄自己的人通常能意识到这些话的全部意义，那你就错了。其他坦率的评论可能不那么恶毒，可能确实机智和幽默。正如我之前所说的，这些评论更难做出评价。它们可能是从单调乏味的自负中获得更多自由的表达，但它们可能仅仅是无意识地保全面子的手段。更明确的说法是：它们可以保护自负，并避免自己屈服于自卑。

　　我们很容易观察到自我怀疑的态度，虽然这种态度可能会被其他人称赞为"谦虚"，并且他自己也这样想。因此，这种人在悉心照顾生病的亲人后，可能心里会想或者嘴上会说："我能做的只有照顾他了。"另外他可能会忽略别人称赞他是一个会讲故事的人，他会想："我这样做只是为了让人印象深刻。"医生或许将病人的痊愈归因于好运或病人的活力。相反，如果病人没有好转，他会认为这是自己的失败。此外，虽然有些人意识不到自卑，但对其他人来说，某些由自卑产生的恐惧往往十分明显。许多见多识广的人不会在讨论中发言，因为他们害怕自己的观点显得荒谬。当然，这种对才华和成就的否认或诋毁对于自信的发展或恢复是有害的。

　　最后，自卑以微妙而显而易见的方式在个体的整体行为中表现出来。人们可能会认为他们的时间，他们完成或者将要完成的工作，他们的愿望、意见、信念都没有足够的价值。与之相似的人则是那些看似丧失能力去认真对待他们所做、所说或所感的事情的人，并且他们对其他人这样做会感到惊讶。他们对自己持一种愤世嫉俗的态度，而这种态度又可能延伸到他的整个世界。更明显的是，自卑心理在卑鄙、奉承或者致歉的行为中十分明显。

就像其他形式的自恨一样，自我批评可能出现在梦中。它有时会出现在患者意识不清的时候。他有可能用污水池、一些令人讨厌的生物（蟑螂或大猩猩）、流氓、可笑的小丑来象征自己。他可能会梦见外观华丽的房子里面像猪圈一样杂乱；梦见破旧得无法修复的房屋；梦到与一些下流卑鄙的人发生性关系；梦到某人在公共场合愚弄自己；等等。

为了更全面地抓住问题的痛点，这里我们将讨论自卑的四个后果。

第一，某些神经症类型的患者强迫自己与他们接触的每个人进行比较，并把自己的缺点拿出来比较。他觉得别人相较自己更令人瞩目、更见多识广、更有趣、更有吸引力、穿着更好、更年轻、更有地位、更重要。即使这种比较可能会让神经症患者受到打击，心里变得不平衡，他也并不会对此仔细思考。就算他思考了，低下的感觉依然存在。所做的比较对他自己不公平，通常还没有任何意义。为什么一个本该为自己的成就感到自豪的年长男人要将自己与一个擅长跳舞的年轻人相提并论？或者为什么一个从未对音乐感兴趣的人觉得自己不如音乐家呢？

当我们想起在各方面都优于他人的潜意识需求时，这种做法就有意义了。在此我们必须补充一点，神经症患者的自负要求他应该优于任何人和任何事。那么当然，其他人的任何"优越"的技巧或品质必定令他不安，并且必定会引发他对自己毁灭性的斥责。有时候，这种联系是相反的：处于自我打击的心理状态的神经症患者，会利用其他人的"光辉"特质来加强和支持他谴责性的自我批评。用两个人的例子来说明：它好像一位激进和残酷的母亲，利用儿子朋友的成绩更好或指甲更干净来让儿子感到羞愧。但用从竞争中退缩来简单描述这些过程是不够的。在这些情况下，竞争中的退缩就是自卑的结果。

自卑的第二个后果是人际关系中的脆弱性。自卑使得神经症患者对别人的批评和拒绝过度敏感。在稍微被冒犯或根本没有被冒犯的情况下，他就觉得别人看不起他，不把他当回事，不在意他的陪伴，实际上轻视他。他的自卑大大增加了他对自己的怀疑，因此对于别人对自己的态度，他就更难以确定了。由于不能接受真实的自己，他不可能相信那些了解他全部缺点的人能够以友好或欣赏的态度接受他。

他内心深处的感受更为强烈，这种感受能让他坚定不移地相信其他人明显蔑视他。尽管他没有意识到丝毫的自卑，但这样的信念或许根植在他心中。他盲目地假设别人蔑视他，以及他相对或完全意识到了自卑，这两种因素有力地表明了自卑被投射的事实。这可能会破坏他所有的人际关系，他可能无法正面理解别人的好意。在他看来，赞美可能是讽刺性的评论；同情则是居高临下的怜悯。有人想见他是因为这个人想要他的东西；别人说喜欢他是因为不了解他，因为他们自己没有什么价值或有"神经病"，或者因为他现在或将来可能对他们有用。同样，有些事情事实上并没有敌意却被解释为有轻蔑意味。如果有人没有在街上或在剧院里跟他打招呼、没有接受他的邀请或者没有立即回复他消息，那么只可能是出于轻蔑。如果有人跟他开了一个善意的玩笑，那么他会觉得这显然是为了羞辱他。若别人对他的某些建议或活动进行批评或表示反对，那么他不会把它们看成对特定活动的诚实的批评，反而会认为这些是对方鄙视他的证据。

正如我们在分析中说到的那样，患者自身要么没有意识到他与别人以这样的方式相处，要么不了解这种关系所涉及的扭曲现象。在后一种情况下，他可能认为别人对他的态度理所当然，甚至为自己能"面对现实"而感到自豪。在患者与分析师的关系中，我们可以观察到患者可以在多大程度上认为其他人轻视他是理所当然的。在做了大量的分析治疗之后，在患者显然与他的精神分析师建立了友好关系以后，他可能会不经意坦白地说出那个不言而喻的事实：他觉得分析师看不起他，而且他觉得没有必要提它或不用进一步去想它。

在人际关系中所有这些扭曲的想法都是可以理解的，因为其他人的态度的确可以有多种解释，尤其是投射的自卑，在脱离情境的情况下患者确实认为它是正确的。这种责任转移的自我保护特征也是很明显的。你很可能无法容忍与这种始终清醒又极度自卑的人生活在一起。神经症患者在潜意识中有意将他人视为犯罪者。尽管被轻视和拒绝对他来说很痛苦，但对其他人来说也是一样的，但这比面对自己的自卑要好一点。对于任何人来说，能够明白别人既不能伤害我们的自尊也不能帮助我们建立自尊，这是一个漫长而艰难的学习过程。

由自卑造成的人际关系的脆弱性与神经症的自负相伴而生。通常很难说一个人是因为自负受到伤害还是因自卑投射而感到羞耻。两者相互交织、不可分离，因此我们必须从两个角度来处理这种反应。当然，在特定时间，其中一个方面或许比另一个方面更容易被观察到，也更容易被接近。如果一个人对别人的轻视采取报复性的傲慢态度，那在这种情况下，受伤的自负便是最重要的原因。如果由于同样的挑衅，他变得卑鄙并且试图讨好自己，那么自卑就会更清楚地展现出来。但请记住，在任何一种情况下，相反的方面也在起作用。

第三，一个处于自卑状态的人往往会从其他人那里"得到"虐待。他甚至可能不知道这种不能容忍的虐待对他来说是一种羞辱还是利用。即使愤怒的朋友提醒他对此引起注意，他也会倾向于为冒犯者说情或证明冒犯者的行为是正确的。这只发生在特定条件下，例如在病态依赖中。它是一种复杂的内在心理活动。但是这些因素中的关键还是患者相信他不值得得到更好的对待从而产生"无法防卫"的感觉。例如，有一个女人的丈夫炫耀他与其他女人的风流韵事，这个女人可能无法抱怨，甚至无法感受到有意识的怨恨，因为她觉得自己并不惹人爱，而认为大多数其他女人更具吸引力。

我们要提到的最后一个后果是需要通过关心、尊重、赞赏、崇拜或爱其他人来减轻或平衡患者的自卑。对这种关心的追求是强制性的，因为这种强制性的追求并不会受到自卑的支配。它也取决于对胜利的要求，这种追求可能是一种耗费一切的人生目标。最后，患者完全依赖他人进行自我评价：随着他人对自己态度的变化而变化。按照更广泛的理论思考，类似这样的观察有助于我们更好地理解为什么神经症患者如此顽固地依附自己的荣耀化身。他必须保持这种形象，因为他只有一种选择：屈服于自卑的恐惧。因此，在自负和自卑之间存在一个恶性循环，两者相互强化。这只能改变他对真实的自己感兴趣的程度。但是自卑使得他很难找到自己。只要对他来说被贬低的自我形象是真实的，那么他的真实自我就显得很卑鄙。

那神经症患者究竟鄙视自己什么呢？有时候他们鄙视自己的一

切：他作为人的局限性，他的身体、外貌、功能、思维推理能力、记忆力、批判性思维能力、计划能力、特殊技能或天赋等。任何活动，从简单的个人行为到集体表现，他都很鄙视。尽管贬低倾向可能或多或少是普遍存在的，但它通常集中在某些特定的领域，这取决于特定态度、能力或素质对治疗神经症的重要性。举例来说，攻击性的报复型患者对自己所认为的"弱点"深深地鄙视。这可能包括他对其他人的积极感受、对他人报复的失败、任何顺从（包括合理的让步）、对自己或他人的失控。本书的篇幅不可能对所有可能性进行全面调查。这也是没有必要的，因为工作原理是一样的。为了说清楚，我只讨论两种更为常见的自卑表现，即那些关于吸引力和智力的表现。

关于外貌和长相，我们发现有很多的类型，从觉得自己没有吸引力到觉得自己令人讨厌。乍一看，那些吸引力超过常人的女性也会有这种认知让我们觉得十分震惊。但我们不要忘记，重要的不是客观的事实或其他人的观点，而是这个女人对她的理想化形象与她的实际自我之间的差异的认知。因此，尽管大家都赞誉她是一个美人，但她仍然觉得自己不那么美，比如她觉得自己以前不是美人，将来也不会是。她可能会专注于她的不完美之处，比如有一处疤痕，手腕不够纤细，或者头发不是自然的波浪形，并且在这方面贬低自己，有时甚至会憎恨照镜子，或者害怕受到别人的排斥，很小的事情也可能会引发这种情绪，例如在电影院，坐在她旁边的某个人换了座位，这会让她觉得别人讨厌她。

对外貌的轻视往往依赖于性格中的其他因素，这可能导致抑制强烈自责的过分努力或引发"无所谓"的态度。在第一种情况下，患者会将过多的时间、金钱和思考花费在头发、皮肤、衣服等方面。如果她关注自己的特殊方面，如鼻子不够挺、胸部不够理想或身体超重，那么她可能会采取手术或者节食这些极端的"治疗"方式。在第二种情况下，自负情绪会引发她对皮肤、身材或穿着的过度关注。此后，这个女人可能深信自己很丑陋或令人厌恶，任何改善她外表的尝试对她来说都是荒谬的。当患者意识到这种想法具有更深层次的原因时，对外表的自责会变得更加尖锐。"我是否有吸引力？"这个问题与另一个问题"我惹人爱吗？"是分不开的。此处我们触及了心理学中一个至关重要的问题，先不详细谈论，因为在另一个情景下讨论惹人爱这个问题会更好。这两个问题在很多方面相互联系，但它们并不完全相同。第一个问题的意思是：我的外表是否很美，足以吸引异性？第二个问题的意思是：我有惹人爱的品质吗？虽然第一个问题很重要，尤其是在年轻的时候，但是第二个问题是我们存在的核心，并且与在爱情生活中获得幸福有关。惹人爱的品质与个性有关，只要神经症患者远离自己，他的性格就会显得非常模糊而无法引起自己的兴趣。此外，尽管吸引力不足通常对于所有实际目的而言可忽略不计，但出于多种原因，在所有神经症患者中，他们惹人爱的品质实际上受到了损害。奇怪的是，分析师听到与第一个问题有关的言论很多，与第二个问题有关的却很少。神经症患者注意力的转移方向通常不都是从核心问题到次要问题，从自我满足到表面光鲜吗？这个过程不也是与追求魅力相一致的吗？"拥有"和"培养"可爱品质是没有魅力的，只有得体的身材或合身的服装才会有魅力。在这种情况下，所有外表问题都不可避免地具有重要意义。因此他将自我贬低集中在这些问题上也就可以理解了。

对智力的自我贬低以及由此产生的愚蠢感觉，与认为自己在理性方面无所不能而产生的自负感是一样的。就这点来说，一个人是自负还是自卑取决于整体情况。实际上，在大多数神经症患者身上，存在很多干扰因素导致他们对自己的智力产生不满。他们害怕自己的好胜心，这可能会妨碍自己的批判性思维。他们通常不愿意承担责任，这可能会导致他们难以对某事形成自己的意见。他们迫切需要表现自己无所不知，这可能会影响他们的学习能力。他们掩盖个人问题的普遍倾向也可能影响他们思维的清晰度。就像人们看不清自己的内心冲突一样，他们可能会忽视其他类型的矛盾。他们或许会沉迷于已获得的荣耀，而对目前做的工作丧失兴趣。

记得有一次我说自己认为这种实际困难完全能说明为什么人

会有这种认为自己愚蠢的感觉，并且我希望说这样的话对有这种感觉的人有所帮助。比如我会说："你的智力完全是正常的，但你的兴趣、你的勇气、你投入工作的能力呢？"当然，对所有这些因素的研究都是必要的。但是患者对于在生活中充分发挥自己的智力并不感兴趣，他所感兴趣的是拥有"大师"般的绝对智慧。当时我还没有认识到自我贬低的力量，有时它的力量非常大。即使是取得真正伟大成就的人，也可能宁愿坚持认为自己愚蠢，也不愿意承认自己拥有智慧，因为他们必须不惜一切代价避免受到嘲笑。在绝望的内心深处，他们接受这一"判决"，拒绝所有与之相反的证据或保证。自我贬低过程在不同程度上扰乱了对兴趣的积极追求。这种影响可能会出现在活动之前、活动期间或活动之后。一个屈从于自卑感的神经症患者可能会感到非常沮丧，因此他不认为自己可以换轮胎、说外语或者在公共场合演讲。或者当他开始一些活动后，一遇到困难他就会放弃。他可能会在公开演出之前或当时怯场（舞台恐惧）。同样，就脆弱性而言，自负和自卑都会产生这些压抑和恐惧。总而言之，它们源自这样的两难境地：一方面希望别人对自己大加赞赏，另一方面主动自我羞辱或者自我贬低。

除了这些困难之外，即使当一项工作被出色地完成并且受到好评后，自我贬低也并未结束。他会觉得"任何人都可以付出同样的努力来实现同样的目标"。如果他在钢琴演奏会上有一段并没有演奏得很完美，他会想："这次我侥幸逃过了，但下一次一定会失败。"这时，失败从别的方面唤起了自我蔑视的全部力量，这与该事情的实际意义相比更令人沮丧。

在讨论自恨的下一个方面即自我挫败之前，我们必须首先将主题缩小到合适的范围之内，并将其与看起来相似的表象或相似的效果区分开来。我们必须首先区分健康的自律。一个健全的人会放弃某些活动或一些让人满意的事情。但是他这样做是因为其他目标对他来说更重要，所以他需要在价值层次中对此优先考虑。因此，年轻的已婚夫妇可能会放弃享受快乐，因为他们更愿意为自己的家庭考虑。一个专心工作的学者或艺术家会限制自己的社交生活，因为安静和专注对他来说具有更大的价值。这样的自律以承认时间、精力和金钱有限为先决条件（很可惜神经症患者缺乏这种意识）。这需要人们先知道自己的真实愿望，并有能力为了更重要的事情而放弃那个相对不重要的事情。对于神经症患者来说这很难，因为他的"愿望"大多是强迫性的要求。它们在本质上同样重要，因此没有一种是可以放弃的。在分析治疗中，健康的自律更像是一个接近的目标而非一个事实。如果根据经验我们并不清楚神经症患者不懂得自愿放弃和挫折之间的区别，我就不会在这里提到这一点。

我们还必须考虑到，在某种程度上，神经症患者实际上是一个受过挫折的人，尽管他可能没有意识到这一点。他那种强迫的驱力，内心的冲突，他对这些冲突不切实际的解决方案，以及他对自我的疏远都阻碍了他发现自己的潜力。此外，他常常感到挫败，因为他对无限权力的要求没有得到满足。

然而，这些挫折不管是真实的还是想象的，都不是由自我挫败的意图导致的。例如，对情感和认同的需求实际上造成了对真实自我或者自发情感的挫败感。神经症患者之所以会产生这样的需求，是因为他不仅要克服基本的焦虑，还必须应对其他问题。自我剥夺至关重要，在这种情况下是这一过程的不幸副产品。就自恨而言，我们这里感兴趣的是迄今为止我们讨论的由自恨表现所产生的主动的自我挫败。"应该"的暴政实际上阻碍了选择的自由。自责和自卑则阻碍了自尊的形成。此外，还有其他一些方面，其中自恨主动的挫败性被更加突出地表现出来，即对享乐的禁忌和对希望与志向的压制。

享乐的禁忌破坏了我们真实自我感兴趣的事、希望做的事，而这些可以让我们的生活变得充实。一般来说，病人越是了解自己，越是能清楚地感受到这些内在的禁忌。他想去旅行、购物，这时内心的声音说："你不配去旅行。"或者说："你没有权利休息、看电影、买衣服。"或者说："好东西不适合你。"他想要自己分析一下那种不理性的愤怒，他感觉"好像用手去关一扇沉重的铁门"，因此他感到疲倦并停止了去做他认为对自己有益的分析工作。关于这个问题有时他会产生一些内心独白。比如他干了一天的工作后很累，想休息，内心就会有一个声音说："你太懒了！""不，我真的很累。""哦，不，那纯粹是自我的放纵，这样子你永远不会取得任何成就。"经过这样的矛盾独白之后，他要么昧着良心去休息，要么强迫自己继续工作，但是不管选择哪一种都对他没有益处。

当一个人急切追求的享乐经常出现在梦中时，他又如何打消这个念头呢？比如，一个女人梦见自己在一个结满甜美水果的花园里，只要她想去摘一个水果，或者成功摘到一个水果，就有人将水果从她手中拿走；绝望的做梦人试图打开沉重的门，但他无法打开；一个人奔跑着去赶一列火车，但它刚刚离站；一个男人想吻一个女孩，女孩却消失了，然后他听到嘲弄的笑声。

享乐的禁忌可能隐藏在一种社会意识中："只要其他人住在贫民窟里，我就不应该住在漂亮的公寓里。只要有人还在饥饿当中，我就不应该买食物……"当然，在这些情况下，我们必须搞清楚这些禁忌是否源于真正深刻的社会责任感，或者它们是否只是一种对享乐禁忌的掩盖。

我们也可以从抑制的结果中推断出这些禁忌的存在。例如，一种类型的人认为只有当他与别人分享时他才能真正享用此物。的确，对很多人来说，分享喜悦可以让快乐加倍。但是神经症患者可能会强制性地坚持让其他人一起听唱片，不管别人喜欢与否。当他一个人时，他无法享受任何东西。其他一些人可能对自己的支出过分吝啬，甚至他们自己再也无法对其进行合理分配。这一点在以下情形尤其引人注目：他们为了增加自己的声望花了大量的金钱，比如以明显的方式做慈善、举办派对或购买对他们毫无意义的古董。他们的行为好像受法律的支配，让他们成了荣耀的奴隶，但禁止任何"一点点"增加自己的舒适度、幸福感或对其成长有益的东西。

和其他禁忌一样，打破这些禁忌而受到的惩罚就是让患者感到焦虑或与之相似的感受。比如一位患者并没有大口喝下为那顿美味的早餐而准备的咖啡，当我大声赞同这是一个好现象时，她感到很震惊，因为她原以为我会责怪她这种"自私"。又如搬到一个更好的公寓，虽然在各方面这都很明智，但总会引起他很大的恐惧。享受完聚会后可能会伴随恐慌，在这种情况下，有一个内心的声音可能会说："你要为此付出代价。"有位患者买了一些新家具，她发现自己心里在说："你不会活着享受这一切。"在这种特殊情况下，她对癌症的恐惧可能会时不时地在她心里翻涌。

在进行精神分析时，我们可以清楚地看到对希望的压制。"绝不"这个词具有强大的终结性，可能会一再出现。尽管境况有实际的改善，但总有一个声音对他说："你永远不会克服你的依赖或你的恐慌；你永远不会获得自由。"病人可能会感到恐惧，并疯狂地寻求分析师的安慰，安慰他病能治好，其他人已经有所好转等。即使患者有时不得不承认自己有所改善，他也可能会说："是的，分析对我有很大的帮助，但它已经无法继续帮助我了，那这种分析还有什么意义呢？"当希望的破灭无处不在时，就会给人一种末日来临的感受。患者有时会想起但丁的《地狱》中写的话：所有进入这里的人，放弃希望吧。如我们所预见的那样，对明显的改善所产生的反应往往经常发生。病人感觉比以前好了，能够忘记恐惧了，看到了一个重要的契机可以帮助他找到出路，然后他却回到原点，并深感灰心和沮丧。另一位把所有生活必需品都排除在外的患者，每次当他意识到自己现有的才华时，都会产生严重的恐慌并且处在自杀边缘。这种自我落败的潜意识一旦扎根，患者就可能会以尖刻的言辞拒绝任何治疗。在某些情况下，我们可以复盘神经症复发的过程。当患者发现自己的某种态度是人们所期望的，比如放弃不合理的主张，患者就会感觉到自己已经改变了，而且在他的想象中，他登上了绝对自由的高度。然后，他会因为不能这样做而恨自己，并告诉自己："你什么也不是，你永远不会取得任何成就。"

最后一项也是最为隐秘的自我挫败就是对任何抱负的禁忌，不仅仅是对任何宏大的幻想，还有为使自己的资源变得更多所做出的任何努力。在此，自我挫败和自我贬低之间的边界线特别模糊。"你以为自己是谁？你想表演、唱歌、结婚吗？你永远什么也不是。"

这些因素在一个后来变得很上进并在自己的领域有卓越成就的人身上可以看到。他换了一份更好的工作，而大概在一年之前，外部因素没有发生任何的变化，他与一位年长的女士进行了一次谈话，她问他想要在这一生得到些什么，他希望或渴望实现什么。他的回答只是："噢，我相信我总是能谋生的。"事实证明，尽管他有智慧、有思想，也很勤奋，但他从未考虑过未来。虽然别人一直认为他是有前途的，但他的成就已经被他抹去了。后来在外部刺激和自我分析的帮助下，他变得越来越杰出。但是他并没有意识到在研究中的发现有何意义。他甚至没有觉得自己有任何成就。因此，这没有增加他的自信心。他可能会忘记他曾发现的事情，并意外地重新发现了它们。最后当他分析自己在工作中存在的障碍时，有些禁忌还是难以被克服：比如发现自己所寻求的事物或想要的事物，或者了解自己的特殊才能。显然他现有的才能和促使他朝着成就迈进的雄心壮志过于强大而无法被全部阻止。即使遭受很多折磨，他还是把事情完成了。但他会努力避免承认这一事实，并且无法享受它。对其他人而言，结果同样不是很顺利。他们退却，不敢冒险去尝试新的事物，对生活中的任何东西没有期望，将自己的目标设定得过低，因此在生活中，他们没有把自己的能力和精神的财富完全发挥出来。

正如自恨的其他方面一样，自我挫败可能以外在的形式表现出来。一个人抱怨说，如果不是他的妻子、老板，如果不是受到金钱、天气或政治状况的影响，他会成为世界上最幸福的人。毋庸置疑，我们不应该走向另一个极端，将所有这些因素视为无关紧要。当然，这些因素可能会影响我们的幸福。但是，在对它们进行评估时，我们应该仔细评估它们的实际影响力有多大，以及内心的思考有多少转化成了这些因素。通常，一个人若能平和对待自己，他会感到安详和满足，尽管外部困难并没有发生变化。

自我折磨在一定程度上是自恨不可避免的副产品。无论神经症患者是试图鞭挞自己去寻求无法达到的完美状态，还是指责自己、贬低或挫败自己，他实际上都是在折磨自己。在自恨的表现中我们将自我折磨作为一个单独的范畴来讨论，即个体存在或可能存在一种自我折磨的意图。当然，在所有的神经症痛苦的案例中，我们必须考虑到所有的可能性。比如自我怀疑，它可能是由内部冲突造成的，却可能表现为没有止境的内心对话，在这种内心对话中，患者试图保护自己以抵抗自责。它可能是一种自恨的表现，旨在破坏患者的立场。其实它可能是最折磨人的，就像哈姆雷特一样，遭到自我怀疑的吞噬，甚至比这更糟。当然，我们必须分析发生这种情况的所有原因，但这些因素是否也构成了潜意识中的自我折磨呢？

还有另一个例子与此相似：拖延症。正如我们所知，许多因素都可能造成决策或行动的推迟，例如普遍的惰性或无法做决定。拖延者本人知道被推迟的事情只会堆积得越来越多，事实上他自己也会遭受相当大的痛苦。在这里，我们有时会从不确定的问题上看出一些端倪。由于他的推迟，他确实陷入了一个不愉快的或有威胁性的状况，他可能会用明显的欢呼声对自己说："因为你活该。"虽然这并不意味着他拖延是因为他被迫折磨自己，但他确实表现出一种幸灾乐祸，即对自己遭受困扰的报复性的满足感。到目前为止，没有证据表明这是一种主动的折磨，但我们确实发现旁观者在看到受害者的不安和苦恼后愉快的表现。

如果没有其他观察结果的推动证明患者存在主动自我折磨的倾向，所有这些现象将无法得出结论。例如，在某些对自我表现出吝啬的行为中，患者发现自己的节俭不仅仅是一种"抑制"，而且令他感到特别满意。有一些患有抑郁症的患者似乎在以一种相当残忍的方式吓唬自己：一阵喉咙痛会变成肺结核，胃部不适会变成癌症，肌肉疼痛会变成麻痹症，头痛会变成脑部肿瘤，片刻的焦虑会变成精神病。有一位这样的病人经历了她所谓的"有毒的过程"。早期出现轻微不安或失眠迹象时，她会告诉自己，现在她正处于一个新的恐慌循环中。此后每晚，情况都会变得越来越糟，直到她无法忍受。若将她最初的恐惧比作一个小雪球，就好像她一直在滚动它，直到雪崩，最终将她埋葬。她在当时写的一首诗中提到"甜蜜的自我折磨就是我的全部喜悦"。在这些抑郁症病例中，我们可以把引发自虐行为的因素分开来看。他们觉得自己应该绝对的健康、平静和无畏。任何轻微的与此相反的现象都会使他们无情地攻击自己。

此外，在分析患者的虐待性幻想和冲动时，我们发现这些有可能来自自虐性的冲动。某些患者有时会有折磨他人的强迫性冲动或幻想。这些冲动和幻想似乎主要集中在儿童或无助的人身上。在一个案例中，患者想到了驼背的安妮，她在患者居住的公寓当服务员。让这位患者感到焦虑的一部分原因是自己有强烈的冲动，另一部分原因是他对这些冲动感到迷惑。安妮十分友好，从未伤害过他的感情。在患者施虐狂的幻想开始之前，他对她的身体畸形感到厌恶和同情。他意识到这两种感觉源于他认为这个女孩跟自己很相似。他身强力壮，但当他对自己的精神纠葛感到无望和轻蔑时，他觉得自己就像跛子一样。当他第一次注意到安妮工作过度卖力，并认为她是在作践自己时，他开始有了虐待的冲动和幻想。很可能安妮一直都是这样工作。当他的自谦倾向更进一步，并且自负的声音在他耳边喃喃低语时，他才意识到这种想法。因此患者强迫性地想对安妮施加酷刑的冲动被解释为想对自己施以酷刑的冲动的主动投射。此外，这让他产生一种欺凌弱者的刺激感。这种强烈的欲望逐渐减弱，变成了虐待的幻想，同时，随着他自谦的倾向以及对此的厌恶变得更加清晰，这些幻想消失了。

我不认为所有虐待性的冲动或行为都仅仅来源于患者的自恨。但我认为自我折磨驱力的投射一直是促成这种情形的原因。无论如何，这种联系经常会让我们警惕其可能性的存在。

在其他患者中，就算没有任何外部挑衅也会出现对折磨的恐惧。恐惧也会在自恨加剧时出现。他会对自我折磨倾向的被动投射表现出恐惧的反应。

最后，还存在一些受虐性的性行为和幻想。我们来谈谈陷入堕落、残忍地折磨自己的手淫幻想。这种手淫行为常伴随抓挠或拍打自己、抓头发、穿太紧的鞋子走路、假装痛苦的扭曲姿势；在与他人的性行为中，这种人在达到性满足之前必须受到责骂、殴打、捆绑、被迫扮演仆人或做厌恶的动作。这些做法的结构相当复杂。我相信我们必须区分至少两种不同的类型。一种是患者从折磨自己的体验中获得了一种报复性的快感；另外一种是患者被认定为堕落的自我，并只能以这种方式获得性满足（理由我们将在后面讨论）。我们有理由相信，这种区别只对有意识的经验有效，事实上，患者既是折磨者又是受折磨者，他既可以从让自己堕落也可以从让别人堕落中获得满足。

分析治疗的意义之一就是在所有自我折磨的病例中寻找它隐藏的意图。另一个意义则是要警惕自我折磨倾向投射的可能性。每当自我折磨的目的看起来相当明显时，我们必须仔细检查患者的心理状况，并自问当时患者的自恨是否（由于何种原因）增加了。

自恨最终会表现为纯粹和直接的自毁性冲动和行为。这些表现可能是急性的或慢性的，公然而暴力的，或者隐秘、缓慢而痛苦的，可能是有意识或无意识的，存在于行动中或仅在想象中的。自毁性冲动和行为可能涉及或小或大的问题。其最终的目的是身体、心灵和精神上的自我毁灭。当我们考虑到所有这些可能性时，自杀就不再是一个谜团。我们有许多方法可以毁灭生活中至关重要的东西；自杀只是自我毁灭行为中最极端和最后的表现形式。

针对身体的自我毁灭倾向是最容易被观察到的。这种对自己身体的实质性暴力行为或多或少局限于精神病患者。在神经症患者中，我们可以发现轻微的自我毁灭行为，这些行为大多数出现在"坏习惯"中，例如咬指甲、抓挠皮肤、抓皮疹、抓头发。但也有突发的暴力冲动，与精神病患者相反，这种冲动只停留在想象中。它们似乎只发生在那些生活在想象中的人身上，这类人蔑视现实，当然也包括他们的真实自我。这些表现常常在一闪而过的想法之后出现，整个过程如闪电般快速进行着，因此我们只能在分析情境中捕捉其顺序：他们会突然发现一些缺点（突然爆发并迅速传播），紧随其后会产生一种猛烈的冲动，如撕扯眼睛，刺伤喉咙，或者用刀刺肚子，把一个人的内脏切成碎片。这种类型的人有时也会有自杀冲动，例如有从阳台或悬崖跳下去的冲动，这种在类似情况下产生的冲动似乎来得非常出人意料。它们可能会很快消失，几乎没有机会被实现。从高处跃下去的冲动可能是突发而强烈的，因此患者必须将此控制住以免自己付诸行动。这种冲动也可能导致实际的自杀企图。即便如此，这种类型的人也没有真要去死的决心。他更希望自己从二十楼跳下去，然后还能自己回家。这种尝试能否成功通常取决于意外因素。如果可以被允许表现得不正常，那么没有人会比他自己更惊讶地发现他实际上已经死了。

对于许多更为严重的自杀企图，我们必须牢记病入膏肓时的自我疏离现象。然而，那些不是真正想死的人的自杀冲动比那些有真正自杀计划和真正企图的人表现得更为明显。当然，导致这些行为的原因总是有很多，自毁倾向只是其中最常见的因素。

自我毁灭性的冲动可能仍然是无意识的，会在鲁莽的驾驶、游泳、攀登或对身体残疾的忽视中表现出来。我们知道这些活动可能对这个人自己来说不会显得鲁莽，因为他怀着不可被侵犯的想法（"什么都不会发生在我身上"）。在许多情况下，这都是主要的因素。但我们应该始终认识到还有其他产生自毁冲动的可能性，特别是当无视实际危险占据了极大的比例时。最后，有些人不自觉地通过饮酒或药物对自身健康进行系统性的破坏，尽管这里也有其他因素，例如需要不断服用麻醉药。我们可以在斯蒂芬·茨威格的巴尔扎克画像中看到一位天才的悲剧，这位天才因为受到荣耀的驱使，显得很悲惨。他过度工作、忽视睡眠、滥用咖啡而损害了健康。可以肯定的是，巴尔扎克对荣耀的追求使他拥有了沉重的债务，因此他的过度劳累在某种程度上可以说是由错误的生活方式所导致的。但是，就像在类似的例子中一样，我们确实应当证明自毁驱力是否也对此起作用且最终导致作者英年早逝。

如上文所提及的例子，在其他情况下，人也会意外受伤。我们都知道，心情不好的时候，我们更有可能伤到自己，比如从楼梯上摔下来，弄伤手指。如果我们在过马路时不注意，或驾驶时不遵守交通法规，这可能是致命的。

最后，对身体内部器官的疾病而言，自我毁灭驱力的潜在作用仍然是一个悬而未决的问题。虽然到目前为止，人们对心身关系知之甚多，但要准确地分辨出自我毁灭趋势的具体作用是很困难的。当然，每位优秀的医生都知道，在严重的疾病中，患者恢复、生存或死亡的"愿望"是至关重要的。但是，精神能量的有效性在一些方面或另一些方面可以由许多因素决定。现在我们只能说，考虑到身体和灵魂的统一性，无论是在疾病的恢复期、发展期还是恶化期，我们都必须认真考虑自毁的潜在作用。

针对生活中其他价值的自我毁灭可能会在突发事件中表现出来。在《海达·高布乐》一书中，艾勒特·洛夫博格遗失了其珍贵的手稿就是一个例子。易卜生在洛夫博格身上向我们展示了自我毁灭的反应和行为的高潮。起初，他毫无根据地怀疑他忠实的朋友埃尔斯塔特夫人之后，试图通过放纵来破坏他们这种关系。他喝醉后，丢失了手稿，然后开枪自杀了，而且是在妓院里。这类似于一个人在考试中忘记了某些知识点，或者在一次重要的面试中迟到或迷迷糊糊地应付。

通常，精神价值观的毁灭通过其重复性让我们受到冲击。一个人在他似乎快要成功时却放弃了努力。我们或许承认这种追求并不是他"真正"想要的，但是当类似的过程发生三次、四次、五次时，我们开始寻找更深层次的决定因素。自我毁灭往往是这些原因中最突出的，并且隐藏得更深。如果他没有意识到这一点，他只会破坏自己的每一次机会，比如他失去或者放弃一个接一个的工作，或者与别人的关系相继出现问题，就是因为这个原因。在后两种情况中，他通常认为自己总是无辜的牺牲品，遭受粗鲁又忘恩负义的对待。实际上他所做的一切，都是在通过对人际关系持续不断地发牢骚，来招惹他所惧怕的结局。简而言之，他经常将他的老板或朋友逼到实在不能忍受他的地步。

当我们看到他在精神分析关系中的表现时，我们可能会理解这种重复事件的原因了。出于礼节他或许会进行合作；他可能经常试图给精神分析师各种好处（后者并不期望这些）。尽管如此，他的行为往往非常具有挑衅性，因此精神分析师也可能会对那些先前抵制病人的人产生强烈的同情。简而言之，患者表面上已经试图并持续试图使别人成为他自我毁灭意图的刽子手。

主动的自我毁灭趋势究竟会将一个人人格的深度和完整性破坏到什么程度呢？无论程度大还是小，方式粗放还是微妙，随着神经症的发展，人格的整体性都会受到损害。自我的疏远、不可避免的潜意识的虚假、由于冲突未解决而导致无法避免的潜意识的妥协、自卑等所有这些因素导致的道德品质的弱化，都会降低个体真诚对待自己的能力。问题是，除此之外，一个人是否可以默默而主动地与自身道德的沦丧相协调呢？某些观察会迫使我们以肯定的方式回答这个问题。

我们可以观察到慢性或急性地损害自己的情况。他忽视了自己的外表，让自己变得邋遢、肥胖；他喝酒太多，睡得太少；他不注意自己的身体健康，不去看牙医；他吃得太多或太少，也不散步；他忽视自己的工作或者任何他感兴趣的事，并且变得懒惰；他可能过得很混乱，或者至少偏爱与那些肤浅或败坏的人在一起；他可能在金钱方面并不值得信赖；他殴打他的妻子和孩子，开始撒谎或偷窃。这一过程在酗酒中表现得最为明显，正如《迷失的周末》中所描述的那样。这个过程也可以以非常隐蔽和微妙的方式发生。在明显的情况下，即使是一个未经训练的观察者也可以看出这些人在

"粉碎自己"。在分析中，我们认识到这种描述是不充分的。这些情况在人们充满自我蔑视和无望，而他们的建设性力量又不能抑制自我毁灭性驱力的影响时才会发生。这种自我毁灭的驱力具有自由的支配力，并以一种几乎潜意识的决心表达自己，主动让人变得堕落。乔治·奥威尔在其《一九八四》中描述了主动的、有计划的投射意图；每位经验丰富的分析师都会在他的介绍中认识到一个神经症患者是如何对待自己的。他们的梦境也表明患者会主动把自己扔进阴沟。

神经症患者的这种内心反应各不相同。它可能是欢乐的，可能是自怜的，也可能是惊心动魄的。这些反应通常在他的意识中与自我挫败的过程分离开来。

有一位患者在梦境中的自怜反应特别强烈。做梦的这位患者过去一直漂泊，浪费了很多时间；她背弃了理想而变得愤世嫉俗。尽管在她做梦的时候，她正在努力工作，但她还没有能够认真对待自己，也没有对自己的生活做出任何建设性的事情。她梦见一位女士（代表所有美好和可爱的事物）即将入教，却被指控犯有某种罪行。她在游行中受到众人的谴责和侮辱。虽然做梦者深信她是无辜的，但她也参加了游行。她试图恳求牧师的帮助。牧师虽然对此表示同情，但也无能为力。后来，这位女士待在农场里，不仅穷困潦倒，而且枯燥乏味。做梦者仍然在自己的梦里，她对这位受害者十分怜悯，感到很心碎，醒来后还哭了好几个小时。除开细节不说，做梦者此时对自己说："在我身上也存在美好和可爱的东西，因为自我谴责和自我毁灭，我可能确实会毁掉我的个性。尽管我想拯救自己，但我对这种倾向的抵抗是没有用的。我虽避免了一场真正的战斗，但在某种程度上我也不得不与我的破坏性驱力相协调。"

在梦中，我们更接近自己的真实自我，特别是当这个梦来源于深层，并且对做梦者自我毁灭的危险性提出了深刻而正确的见解时。自我怜悯的反应与其他情况一样在当时并不具有建设性：它并没有促使她去做任何对自己有益的事情。只有当无望和自我蔑视的强度减轻时，非建设性的自怜才会变成对自我的一种建设性同情。对于任何处于自恨控制中的人来说，这确实是一个具有重大意义的进步。他开始感受到他的真实自我，并开始渴望获得内心的救赎。

对恶化过程的反应也可能是明显的恐惧。考虑到自毁的巨大危险，只要一个人依然感到自己是这些无情力量的无助的牺牲品，产生这种反应也就合乎情理了。在梦境和联想中，他可能以许多简洁的符号形式出现，例如杀人狂、吸血鬼、怪物、白鲸或鬼魂。这种恐惧是许多恐惧的核心，否则是很难说清楚的，比如对未知的恐惧、对海洋深度的恐惧、对鬼魂的恐惧、对任何神秘事物的恐惧、对体内任何破坏性过程的恐惧（如毒素、蠕虫、癌症）。这仅仅是许多患者在无意识中对任何事物感到的恐惧的一部分，因此是神秘的。它可能是恐慌的核心，没有任何明显的原因。

如果这些恐惧一直存在，那么没有人能与之共存。他必须找到缓解的方法。其中一些我们之前已经提到过；其他的我们将在接下来的章节中讨论。

在谈论完自恨及其破坏力后，我们不禁认为它是一场伟大的悲剧，也许是人类心灵中最大的悲剧。人类急切寻求无限和绝对时也开始摧毁自己。当他与魔鬼达成协议时，魔鬼承诺给他荣耀，他就必须下地狱，下到自己内心深处的地狱。

第六章

脱离自我

本书的开篇明确强调了真我的重要性。我们说，真正的自我是鲜活而独一无二的个体的中心；也是唯一"能够"并且"希望"成长的部分。我们发现不利的条件从一开始就阻碍了真我的成长。因此，我们的兴趣点便集中在个体的力量上，这些力量掠夺个体的能量，形成自负系统，这种自负系统会自主化并滋生残暴的毁灭性力量。

本书的关注点从真我转向理想化的自我及其发展，这一转变正如神经症患者兴趣点的转变一样。不过和他们不同的是，我们仍清晰地认识到真我的重要性。因此我们应该重新关注真我，用比以往更系统化的方式思考真我遭遗弃的原因及这种情况对人格的影响。

就像与恶魔签约一样，遗弃自我相当于出卖灵魂。在精神病学领域我们称之为"脱离自我"。这一概念主要被应用在当人们失去自我认同感的极端情况中，如遗忘症、人格解体等。这些情况一直引起人们的普遍好奇：一个不在沉睡也没有大脑器质性病变的人竟不知道他是谁、在哪里、要做什么或是做过什么，这是奇怪的甚至是令人惊奇的。

如果我们不将这些情况视为独立事件而将其中的联系认为是

脱离自我的隐蔽方式，那它们就没有那么让人困惑了。在这些形式里，身份和方向没有严重缺失，一般的意识体验能力却受到损害。比如许多神经症患者仿佛活在云雾中，所有的一切都迷雾重重：他们不仅是对自己的想法和感受感到迷惑，而且对他人以及事件的含义都感到迷惑。在不那么极端的情况下，这种迷茫仅存在于心理活动中。我想到一些人，他们是很敏锐的观察者，能清晰地厘清现状和想法，但是他们无法对经历的一切（与他人、自然的联系等等）渗入情感，内心的经历也无法被传达到意识层面。这些意识状态反过来又和那些表面上健康但是对自己内在体验或外在经历茫然不知的人不无关系。

这些脱离自我的形式与"物质自我"——身体及财产——相关。神经症患者也许几乎感受不到自己的身体，甚至其身体感官有可能是麻木的。例如，当被问及是否脚冷时，病人会思考一下才意识到这种感觉；当病人突然面对全身镜时，他会认不出自己。类似的，他会感受不到家的温暖——对他而言家只是一个公共的酒店房间；有些人不认为他的钱是自己的，尽管钱是他辛苦挣来的。

以上只是被我们称为脱离自我的一些表现。一个人是谁，他拥有什么，甚至包括其现在与过去生活的联系，其对生活延续性的感知，都有可能遭到遗忘或模糊化。有些过程对每位神经症患者来说都是内在固有的。有时神经症患者可以意识到这种错乱，曾经就有一位神经症患者描述自己像一个路灯杆，脑袋在最顶上，和身体分离。不过更多时候他们意识不到这一点，哪怕这种症状已经很严重了。这只能在分析中逐渐变得清晰明了。

脱离实际自我的核心很关键却不易被察觉。这是神经症患者与自己的情感、愿望、信念、精力的疏远；这是失去人生中做出积极决定的感知；是无法感受到自己是一个有机整体。这些都暗示着脱离我们最鲜活的生命核心——真实自我。威廉·詹姆斯的说法展示了这一核心的倾向：它是生命内心悸动的动力；它产生自发的情感，不管是开心、渴望、爱、气愤、恐惧还是绝望；它是人自发产生兴趣和活力的源头，"努力与专心的源泉，意志的命令由此而发"；真实自我是愿望的源头；真实自我是我们想要成长并完善自我的那部分。这个核心对我们的情绪和想法产生"自主反应"——接纳或反对，承认或否认，同仇敌忾或短兵相接，赞同或反对。这些暗示了真实自我若强大而积极，便能使我们做出决定并为其负责。它也因此引向真正的整合和完整意义上的一个个体。不仅仅是身体和头脑、行为和想法或情绪协调一致，而是他们能正常运行不受内心冲突的干扰。与那些使我们自身协调一致的人为方法比（这种方法只有当真实自我被削弱时才体现出其重要性），上述协调很少或根本不具有任何伴随而来的压力。

哲学史告诉我们，在许多情况下人都可以处理好与自我的问题。然而似乎每位与自我斗争的人都发现超越自身的经历和兴趣是困难的。从临床应用价值来看，我将一方面区分现实自我（经验自我）和理想自我，另一方面区分不同的真我。现实自我是一个全面的概念，包含一个人在一段时间里的全部属性：身体和灵魂，健康或神经症。当我们说要了解自己的时候就是想了解自己是谁，这一点要牢记于心。理想自我是我们在非理性幻想中的模样，或是在神经症的自负支配下应该有的样子。而真我，我已经定义过很多次了，是通向个体成长与完善的"源"动力，当我们摆脱神经症的镣铐时，也许能重新获得完整的身份。因此当个体说到想要找到自我时便指的是真我。在这种意义上，（对所有神经症患者来说）真我便是可能自我——相比理想自我是不可能达到的自我。从这一角度看，真我是三种自我类型中最捉摸不透的。当面对一位神经症患者时，谁可以甄别出并且说出他的可能自我呢。虽然神经症患者的真我或是可能自我在某种程度上是抽象的，却是可以被感知的。我们也可以说，对于真我，我们每看一次就会感到其更真实、更确定、更确切。当我们从强制性的需求中跳脱出来以后，通过敏锐的观察，我们便能从自己或病人身上发现这一点。

尽管脱离现实自我和脱离真实自我不是总能被区分清楚，但我们接下来的关注点主要还是后者。克尔凯郭尔认为，失去自我是"病入膏肓"，是绝望——对没有自我意识的绝望或不愿成为现在的自己的绝望。不过他还说，这种绝望不是大吼大叫，人们仍旧会若无其事地生活，好像他们仍和真我有直接联系。其他的丧失，例如失业，或缺胳膊少腿，都比这更引起担忧。克尔凯郭尔的这一观点与临床观察一致。除了之前提到的明显的病理情况，真实自我的丧失并不直接或直观可见。来接受分析的病人会抱怨头疼，有性功能障碍，工作不顺心或有其他症状；就像一条规则一样，他们不会抱怨与自己心灵深处失去了联系。

现在，让我们简单地列举导致个体脱离自我的综合驱力。一部分驱力来自神经症的发展，尤其是神经症的强制性。这些都暗示着"我被动者而不是主动者"。本文中，是什么强制性不重要——是与他人相关（顺从、报复、冷漠等）还是与自己相关。这些驱力的强制性无可避免地剥夺了个体的完整自主性。例如，一旦一个人受所有人喜爱的需要变成强制性的，他的真实情感就会消失，其辨别能力也是如此；一旦他为了荣耀而完成自己的工作，其对工作由衷的热情便会减退。另外，冲突的强制性驱力会损害个体的完整性和其决定以及判断方向的能力。最后但同样重要的是神经症的伪解。尽管有达到整合的意图，却仍会剥夺人的自主性，因为这又成了一种强制性的生活方式。

其次，脱离自我和强制性一样会在过程中被促进，我们称其为远离自我的主动行为。为荣耀而工作便属于这种行为，尤其是神经症患者决定将自己塑造成其本没有的模样。他感受其应该感受的，期望其所应当期望的，喜欢其理应喜欢的。换句话说，"应该"的暴行驱使他不受控制地变成与其本身不同的或不能达到的样子。在其想象中，他是不一样的——如此的不同以至于他的真实自我消失而去，日渐苍白。神经症患者坦言：就自我而言，神经症要求意味着对自发精力储备的舍弃。比如，在人际关系上，神经症患者坚信自己不用做任何的努力，别人应该来适应他；在工作上，他不去埋头工作，他觉得自己有资格叫别人为其做事；他自己不做决定，坚持别人应为其负责。因此其建设性的能量处于休眠状态，其本身也确实渐渐无法成为自己人生的决定者。

神经症的自尊使其逐渐远离自我。因为他对自己的实际自我（情绪、才智、行为）感到羞耻，所以他会撤回对自己的兴趣。整个投射过程是另一种积极远离自我的行为，不论是实际自我还是真我。顺便提一句，这一过程与克尔凯郭尔的"对不想成为的自我的绝望"惊人地相似。

最后，积极脱离真实自我的行为表现出来的是自我厌弃。真我在流放，也就是说其变成被判刑的囚犯，受人鄙视，濒临毁灭。自我存在的想法甚至变得可憎、可怕。这种恐惧有时会显现出来：一位神经症患者在意识到"这就是我"时就感受到这一情绪，就在该患者对"我"和"我的神经症"的清晰界限开始崩塌的时候。作为对这种恐慌的保护措施，神经症患者会"让自我消失"，其无意识地让自己不能清晰感知——装作听不见、痴呆或者看不见。神经症患者不仅使真实的自我模糊不清，并且本能地让其对自身内部或外部的真假反应迟钝。尽管饱受折磨，神经症患者仍会倾向于保持模糊的状态。比如，一位患者经常用贝尔武甫传说中的妖怪来象征其自我厌恶的情绪，这个妖怪会在夜晚从湖中出现。患者说："如果有迷雾，妖怪就看不见我了"。

以上这些行为的结果便是脱离自我。在使用这一概念时，我们要认识到它只关注了其中的一面。准确来说，其表达的是神经症患者对脱离自我的主观感受。经过分析，神经症患者就会认识到他说的关于自己很聪明的事情，在现实中与其个人和生活都毫无关系；他说的是关于一个与其毫无关系的人的事情，他发现的事情都很有趣却不是他的人生。

事实上，这种分析的体验直击问题的核心。我们必须牢记，神经症患者不会谈论天气或电视节目：他会讨论与自己关系最密切的个人生活。而且神经症患者会像个局外人一样说起自己，他也会这样工作、交朋友、去散步或毫不上心的性爱。他与自我的关系变得冷漠；与他整个人生的关系也是如此。也许"人格解体"一词没有具体的精神病学含义，但可以很好地解释脱离自我到底是什么：是一种人格解体的过程，也是失去生命力的过程。

我已经说过，脱离自我不会像其重要性一样被公然地表现出来，除了（仅限神经症病人）在人格解体，感到不真实或失忆的情况下。这些情况是暂时的，它们只会发生在脱离自我的人身上。通常，自尊心受到伤害并伴随着严峻的自贬情绪会加剧不真实感，这些超出了一个人的承受范围。反之，当这些严峻的情况减弱，病人的脱离自我状况又会稳定下来。只有在一定范围内的变化才能使其维持正常生活而没有明显的不适。否则，分析师就能察觉到指向脱离自我的一般症状，如双眼中的死寂、冷漠的状态或像机器人一样的举止。加缪、马昆德、萨特等笔者都出色地描述过这些症状。一个看起来完好无缺的人竟可以苟活而没有其核心自我的参与，这一直是让分析师们感到震惊的事情。

那么，脱离自我究竟会对个体的人格和生活造成什么影响呢？为了清晰而全面地认识这些影响，我们应该接着讨论其与神经症患者的情感生活、精力、掌握人生方向、对自己负责以及整合作用之间的关系。

一般来说，很难说所有神经症患者的感受能力和感知能力都是有根据的。有些人情感泛滥，表现出过度的愉快、热情或痛苦；有些人表现得冷漠或在泰然自若的假面下掩盖所有情绪；还有的人情绪迟钝甚至变得麻木。无论病情多严重，每位神经症患者似乎都有一个共性：他们的意识、力量和情感由自负系统决定。自身的真情实感受到抑制或消失，有时甚至灰飞烟灭。简而言之，自负控制情绪。

神经症患者可能会淡化与之自负相悖的情绪，而强化与之一致的情绪。如果他的傲慢让他觉得自己高人一等，那么他便不允许自己有嫉妒心理。如果有一个人奉行禁欲那么他就会禁止享乐。如果他自豪于自己的报复心，那么他将强烈地感受到复仇的怒火；若这种报复心被理想化——美其名曰为了"正义"，那他便不会感受到这种报复，尽管没有人怀疑这就是复仇。在绝对忍耐下，自负也许能阻挡任何痛苦，但如果痛苦在自负中扮演重要角色——正如表达憎恶的工具或神经症的基础，痛苦就不仅在人前得到放大，事实上也会更为深刻地造成伤害。若把同情视为柔弱，恻隐之心则会遭扼杀；若把同情视为怜悯，则会被认为是在润泽人心。要是自负仅是自我满足，不需要指向任何事或人，那对个体而言，任何情绪或需求就像是"艰难地弯下腰去钻低矮的门……如果我喜欢某个人，我就会被他影响……如果我喜欢某个事物，我就会对其产生依赖"。

有时候，在分析中，我们可以直观地看到自负是如何干扰真实感受的。当乙向甲表示友好时，尽管甲出于受伤的自尊心讨厌乙，但他也许会用友好的方式靠近乙。不过一会儿后，甲内心有一个声音说，"让友善占据你真的是太蠢了"。于是友好的感受就惨遭忽视。又或者，甲看到一幅画，他内心唤起了温暖阳光般的热情。但他想，"没有人像你这样欣赏画作。"自负又损毁了这种热情。

到目前为止，自负像审查官一样，支持或阻碍个体去感知和感受，它在更基础的层面掌控着感受：自负控制得越多，个体越会根据自负产生情绪化的反应。就像把真我关在一个隔音的房间里，只能听见自负的声音。这样，一个人的满意或失望，丧气或欢欣，喜欢或讨厌就都是自负的回应。同样，其意识到的痛苦也是自负的痛苦。但这从表面上看不出来：他真真切切地感受到失败、内疚、孤独、爱而不得的苦痛，他也确实经历了这些事。但问题是：谁痛苦？分析表明，主要是其自负的那部分。他痛苦，因为他发现自己无法获得无上的成功，无法做到极致的完美，无法令人着迷而在人群中脱颖而出，无法得到所有人的喜爱，无法得到自己"应得"的功与名。

只有在自负系统完全被破坏时，病人才能真正感到痛苦，那时他才能对处在水深火热中的自己产生同情心，真正的感受能促使其改造自己。在这之前的自怜只不过是脆弱的自负受到侮辱而作祟的结果。没有经历过这两者的人会认为这其中的区别无关紧要，但自负作祟就会让人感到痛苦。但是经历真正的痛苦才能让我们的情感范围扩大和加深，才能打开我们的心扉去接受别的痛苦。在《深渊书简》中，奥斯卡·王尔德表示当他开始经历真正的痛苦，他所感受到的是自由，而当他虚荣心受到损害时的痛苦并不是真正的痛苦。

有时，即便个体的自负是通过他人才表现出来的，但神经症患者也能感受得到。他也许不觉得对朋友傲慢和忽视是耻辱，但如果其兄弟或同事对此感到耻辱，他会觉得羞愧。

当然，自负对情感的影响程度也有很多差异。即便是感觉严重受损的神经症患者也有可能对自然或音乐有强烈而真挚的情感，这些情感并未受到其神经症的危及。有人说真实自我有这种自由，即使其喜欢和不喜欢的事物主要由其自负决定，但也有真实的部分。神经症的发展趋势表明，神经症患者因情感的真实性、自发性和深度的减弱，他们的情感生活总体贫乏，至少也是被限制在几种可能的情感内。

不同人对这种情感的紊乱有不同的认识。有人并不认为这种情感缺失是困扰，甚至还引以为傲。有人则会对情感的逐渐消退而深感忧虑。比如有人会意识到其情感逐渐地只具有一种"反应"特性。当无须面对友善或敌意时，他的情感归于沉寂。他的心不会时常因树木和图画的美丽而雀跃，因这些于他毫无意义。他也许会在朋友抱怨窘况时伸手安慰，但他不能设身处地为对方的情况着想。抑或他沮丧地发现这种回应性的情绪也很迟钝。"至少他能发现自己某个微不足道的情感真实存在，细小却鲜活……"让-保罗·萨特在其著作《理智之年》中为其中一个角色写道。最终他或许都没有感受到任何的情感匮乏。只有在梦中他才表现得像一个傻瓜、一个大理石雕像、一个二维的纸片人，或是一具在微笑的尸体。这些例子中的自我欺骗都可以理解，因为从表面上看，真实的情感贫乏会在以下三种情况下得到伪装。

第一种患者会展现出生机勃勃的样子和虚假的情感。他们很容易热情高涨或心灰意冷，易在煽动下去爱、去恨。但这些情绪没有任何深度，他们并没有真正参与进去。他们活在自己想象的世界里，肤浅地回应着吸引其注意力或是伤害其自负的事物。他们经常把让他人对其印象深刻的需求放在重要位置。而脱离自我的状态使其随情况需要而转变人格成为可能。他们像变色龙一样总是在人生中扮演一些自己都不认识的角色，仿佛一位优秀的演员释放出符合角色的情感。因此，他们不管是假扮成一个可笑的人、一个热爱音乐或政治的人，还是假扮成一个乐于助人的伙伴，都看起来更真实。这对分析师也会有误导，因为在分析中，这样的人仍会扮演好一个病人的角色，渴望了解自己、改变现状。分析师要面对的难题是，病人能轻而易举地不断地变化角色——就像把自己套进裙子里换装一样。

第二种人错误地去追求情感的力量并且参与其中。例如鲁莽地开车，搞阴谋诡计或是性发泄。但是，这种对刺激和兴奋的需求正是内心空虚和痛苦的征兆——只有强烈的意外刺激才能引出这类人内心深处的情感。

第三种人似乎对自己的情绪很确信。他们似乎知道自己的感受，情感也很充沛。同样，他们不仅情感受限，而且很低调，就像逐渐销声匿迹了一样。更深入地了解这些人后，我们发现他们会不由自主地跟随内心的指令感受他们"应该"感受的或只会表现出别人要求他们展现的情感。当个人的内在需求和文化的要求一致时这种现象更容易误导人。不过，不管怎样我们都可以考虑其所有情感来避免错误结论。我们从内心深处产生的情感应该是自发的、深沉的、真挚的；若少了其中之一，我们最好要注意其潜在的变化。

神经症患者精力的可利用性根据其症状的严重程度而有所不同。本质上说，神经症并不能使患者比健康的人有更多或更少的精力，但也仅限于我们将其与动力和目标分开，定量地进行研究。比如前文阐释的，神经症患者的一个主要特点就是精力的转移：从发展潜在的真我到发展虚假的理想自我。随着对这一过程的深入理解，我们更清晰地认识到这种精力输出的不协调性。下面我将列举其中两种含义。

一种含义是，提供给自负系统的精力越多，可用于自我实现的精力就越少。举一个简单的例子来说明：一个雄心勃勃的人为了获得显赫的地位、权力以及财富，会展现出惊人的能量，他却没有时间、兴趣或精力来进行个人生活和个人成长。事实上，问题不仅仅在于"没有剩余精力"进行生活及成长，哪怕他有剩余精力，他也会不由自主地帮真我拒绝掉这些精力，因为这样做与其自我厌弃的意图——压制真我——相反。

另一种含义是，神经症患者实际上并不拥有他们的精力（即他们感到精力不属于自己）。他感觉自己不能成为其前进的动力。不同的神经症人格里，有导致这种缺陷的不同原因。比如，当一个人觉得他必须做别人期望他做的事情时，他做一切事情的动力都来自别人，等做自己想做的事情时他就像耗尽汽油的汽车，无法前进。如果一个人禁止自己存在野心，他就必须否认他努力的一切作为。即便他已闯出了一番天地，他也不觉得是自己的努力，占据他内心的是"这已经发生了"的想法。他无法成为自己前进动力的感受是更为深刻的事实。他的确没有依自身意愿做事，只是听从于其自负系统的需求。

正常情况下，我们人生的进程在某种程度上不是由我们来决定的。但我们能感知人生的方向，知道自己想要追寻东西；能有理想，会为之努力奋斗并且在此基础上做出道德抉择。但许多神经症患者明显缺少这种方向感，其对方向的感知力随脱离自我程度的加深而减弱。这些人被幻想控制，计划变化很快且无目的。他们无意义的白日梦代替了有目的的行为；他们是纯粹的机会主义者；他们的愤世嫉俗会扼杀他们的理想；他们优柔寡断的程度严重到会阻止任何有目的的正常机能。

更难以辨别的是其隐藏在表象下的紊乱。病人看起来条理清楚，事实上这是一种合理化机制的表象，因为他受到了力求完美和胜利的神经症目标的驱动。在这种情况下，强制性的标准获得了控制权。只有当其发现自己被矛盾的"应该"指令所操控时才会发现这种虚假的指令。这时病人会十分焦虑，因为他没有别的指令可以去服从，其真我像受困于地牢一般，他无法与之沟通，他仿佛一个无助的牺牲者被两股矛盾的力拉扯着。其他神经症的冲突也如此，其无助和恐惧的程度不仅显示出冲突的大小，也显示其脱离自我的程度。

内在方向感的缺失不一定会通过这种形式表现出来，因为如果一个人的人生进入传统轨道，那么他就可能会避免自己去做计划和决策。拖延症会掩盖犹豫不决。只有当一个人独自做决定并且不得不做决定时他才会意识到自己的不果断，这种情况就可能成为最坏的考验。即便如此，神经症患者通常也不会意识到这种困扰的本质，而认为困难仅源于该决定本身。

最后，缺乏方向感这一事实也许会掩藏在顺从的态度背后。神经症患者对别人的需求和期望相当敏锐，他们会做别人希望他们做的事情，会成为别人希望他们成为的人。他们甚至会把这种理解能力提高到完全认同他人的高度，但当他们认识到这种顺从无法被避免并试图去分析它时，他们则把重点放在人际关系上，比如取悦他人的需要或是直面他人的敌意。即使没有这些因素，他们也会"顺从"。就像在分析中的个案一样，他们把主动权交给分析师，想知道或猜测分析师会期望他们做什么，这与分析师明确地鼓励他们跟随自己喜好的倡议正相反。这里，"顺从行为"的背景变得清晰了：在毫不知情的情况下，病人不受控制地把人生方向交给别人而不是紧握在自己手中。当他们丢弃自己的勇气时他们会怅然若失。在梦中，这种感受会被转化成失去船桨、丢掉了指南针的一叶扁舟，或是在一片陌生而危险的领地。之后，当其开始争取内心的自主权时，这种缺乏方向感的"顺从"行为对其仍有重要影响：这一过程中产生的焦虑与其抛弃习惯性的帮助而还没有开始信任自己有关。

尽管方向感的缺失不易被察觉，但我们（至少是对有经验的分析师来说）总能明显地发现另一种缺陷：对自我负责的能力。"责任"一词可以引申出三种含义。在本文中，我并不是指履行义务、信守承诺或是对他人负责任，不同的人针对这些的态度各不相同，无法总结出所有神经症患者的一般特征。神经症患者也许会十分可靠，但这可能是因为他们承担了过多或过少的责任。

这里我们也不关注关于道德责任的哲学难题。神经症患者内心的强制因素如此普遍，以至选择的自由变得微不足道。我们理所当然地认为神经症患者是不会有所发展的，除非他真的做了一些事情，尤其是他情不自禁地做其真实所做，悟其真实所悟，想其真实所想。然而病人并不认同这种观点。他对所有法律法规的漠视也延伸到了自己身上。事实上，即使他只能朝仅有的几个方向发展他也无所谓，这一动力或态度是有意识的还是无意识的都不重要。无论其反抗的概率有多小，他都"应该"用一样的力量、勇气和沉着直面它们。如果他没有这样做，就说明他"不够好"。反之，在自我保护的状态下他会固执地拒绝所有愧疚感，宣告自己不可战胜，而将过去或现在的困境全都怪罪于他人。

　　和其他功能一样，当病人没有完成不可能事件时，自尊心取代了责任感，并用谴责来折磨他。这让一个人几乎不能去承担仅有的责任。这就是他对自己和对自己生活的诚实。这种诚实有三种方式：对自己有公正的认知，不偏不倚；有意愿为自己的行为、决定等负责，而不是去"逃避"或怪罪他人；意识到只有自己才能解决困难，而不是坚持让别人、命运或时间替他解决。这不是阻止其接收帮助，相反地，这意味着其可以得到任何帮助。但外界的帮助哪怕再好也无用，只有自己努力才能产生建设性的改变。

　　我将用一个案例来解释这一点，这个例子是许多案例的综合：一位年轻的已婚男子的花费持续超支，尽管其父亲会定期给他补助，他依然入不敷出。他给自己和别人找了各种借口：是他父母的错，从不教他理财；是他父亲的错，给的零花钱太少，这种状况持续存在是因为他太害怕了不敢向父亲多要钱；他缺钱是因为妻子不节省或孩子要买玩具；他还要缴税和看病；他还会觉得谁还不能享受一下呢？

这些理由都是分析师要分析的相关资料，它们表明病人宣称感到被虐待。对病人而言，他不仅完全沾沾自喜地把其困境归因于此，直观地说，他还把这些借口当作魔法棒驱散了他不管出于什么原因花了大笔钱的事实。这种直言不讳的论述，让其在自负和自我谴责的推拉作用下无法认清自己。后果当然不会缺席：他的银行账户透支，负债累累。他将怒火撒在礼貌地通知其账户状态的银行职员身上，撒在不肯借钱的朋友身上。当其窘境过于严峻时，他就把烂摊子丢给父亲或朋友，逼着他们给自己帮助。他看不到这种困境是挥霍钱财的自己造成的。他对未来做出的行动微不足道，因为他忙着将自己的困境归咎于他人而无法执行自己的计划。他唯一没有深刻而清醒地认识到的是，挥霍无度是他自己的问题，这会让他的人生困难重重，最终还是需要他自己做出改变。

这里还有一个例子可以展示神经症患者对其问题或行为的后果有多固执地视而不见：一个人认为他的自大和报复心不会产生任何后果。他没发现他的自大和报复心会让别人讨厌他。如果他人背弃他，那对他来说简直是意外的打击——他感觉自己受到了不公正的对待，还经常会敏锐地指出（别人身上的）神经症因素，并认为是它让别人讨厌自己的行为。他轻松地忽略了所有的证据，认为这些都是别人在为他们自己的内疚和责任而开脱。

这些例子尽管典型，却不能覆盖神经症患者逃避为自己的行为负责的所有方式。之前我们讨论了大多数方式，如挽回面子的方法，面对自我厌弃的猛烈攻击时的保护措施。我们看到神经症患者把责任心放在每个人、每件事上，除了他自己；他像是自己的一个旁观者，他清晰地区分自己和神经症患者。这一状况的后果便是其真我愈发弱势或更疏远。要是他否认这种不由自主的力量是其全部人格的一部分，那这种力量便会成为一股神秘力量把他吓得魂不守舍。同时，在如此的潜意识逃避下，他与真我的联系越弱，就越会成为潜意识的无助囚犯，也会有越来越多害怕它们的理由。另一方面，只要他为对自己负责做出一丁点儿努力，都能让他明显地强大起来。

另外，对为自我负责的逃避使神经症患者更难面对并解决其问题。如果我们在分析的开始就处理这个问题，就能大大减少解决这个问题的时间和精力。然而，只要病人依然是他理想化的形象，他就不会去怀疑自己的正确性。如果自责的压力很明显，他就会很恐惧"对自我负责"的想法从而一无所获。我们还要记住，无法对自我负责只是脱离自我的一种表现。在病人还没找到某种自我的感觉或"对自己"的感觉之前，想要解决这一问题是无效的。

最后，当真我被"关在门外"或放逐时，一个人的整合力也将处于低潮中。健康的整合是成为自己的结果，也只能通过成为自己来获得。如果我们能充分地成为自己，拥有自发的情绪，独立做决定，并为之负责，我们才会在牢固的基础上有自我同一性。一位诗人在谈到她发现自我时的感觉，喜悦之情溢于言表：

> 此时一切融合，汇于一处，
>
> 从愿望到行动，从语言到沉默，
>
> 我的工作，我的爱情，
>
> 我的时间，我的面孔，
>
> 聚成一种强烈的姿态，
>
> 一如幼苗在发育成长。

我们通常把缺乏自发的整合力视为神经症冲突的直接后果。这是对的，但我们只有考虑它造成的恶性循环才能真正理解分散力的力量。如果出于许多原因，我们失去了自我，那我们就会失去厘清内心冲突的牢固基础。我们任由其摆布，成为分散力的无助囚徒，只能抓住所有机会解决它们。这就是我们所谓的为求解决的神经症式的尝试。从这个高度来看，神经症就是一系列这样的尝试。在这样的尝试中，我们越来越失去自我，分散力在冲突中的影响增强。因此我们需要用药物让自己整合。"应该做的事"是自负的工具，也是自恨的工具，它还产生了一种新的作用——保护自己免于混乱。它们用铁腕统治人，但是就像政治暴君一样，它们确实保持了某种表面的秩序。对意志力和推理能力的严格控制是企图把支离破碎的人格重新整合在一起的另一种费力手段。我们将在下一章，与其他缓和内心紧张的方式一起讨论。

这些干扰对病人生活的普遍影响是很明显的。不管强制性的严厉如何被遮掩，他也不再是自己人生的积极决定者，他的人生产生了一种不确定性。不管他表面上看起来多么的高兴，他都无法感受到自己的情绪，这使他如行尸走肉一般。他无法对自己负责，这剥夺了他内心真正的独立感。此外，真我的迟钝性对于神经症的过程有着重要的影响。这一事实清晰地反应了脱离自我所造成的恶性循环，它本身就是神经症的产物，也是其恶化的原因。越脱离自我，神经症患者就会越成为自负系统阴谋的受害者，而他可以用来抵抗脱离自我这一行为的能力也越来越少。

这一最活跃的能源是否会枯竭或是永远静止不动？有时人们会产生这样严肃的疑问。以我的经验看，不应过早定论。如果分析者有足够的耐心和技巧，真我就会回来或者"活过来"。比如，虽然他无法将精力投入到自己的个人生活中，但是他可以将其投入到为别人做的建设性努力中，这也是一个好兆头。不用多说，这种努力只有健康的人才能做到。但是这里吸引我们注意力的是这样一种惊人的矛盾：表面上精力无限地为人民服务和对自己个人生活缺少建设性兴趣之间的矛盾。在分析中，他们的亲戚、朋友或者学生总是比其自身受益更多。不过，作为治疗者，我们仍坚持这样一个事实：尽管神经症患者给人以僵硬的印象但是其对成长的兴趣是存在的。然而想要使他们的兴趣回到自己身上就没这么容易了。在他们身上不仅存在着破坏建设性改变的难以战胜的力量，而且他们本人也不太想要考虑发生这些改变的可能性——因为他们对外部做出的努力产生了一种平衡，并且这给予他们价值感。

当我们将真我与弗洛伊德的"自我"相比较时，它们的区别就显而易见了。尽管我和弗洛伊德理论的前提和论证发展都完全不同，但我们看到的结果是一样的：自我是虚弱的。不过我们在理论上仍然存在差异，这是千真万确的。在弗洛伊德眼里，"自我"就像一个员工，没有自发性也没有执行力。于我，真我则是情感力量、建设性能量以及引导权和审判权的源泉。但是，就算真我具有这些潜能，它也只在一个健康的人身上运作，就神经症患者来说，我和弗洛伊德的立场到底有什么不同呢？一方面，自我被神经症过程削弱、变得僵化或"逐出视线"；另一方面，自我本来就不是一种建设性力量。就临床目的来说，无论哪方面结果不都是一样吗？

我们在大部分分析的初级阶段，就需要肯定地回答这一问题。那时，真我几乎没有明显地发生作用，但我们能看到情感或信念存在的可能性。除了比较明显的做作因素之外，我们猜测病人发展自我的驱力还包含了一些真正的原因，我们还猜测他对自己的实际情况也很感兴趣。但这些仍旧是猜想。

然而，在分析过程中，这幅图景完全变了。由于自负系统逐渐受损，病人不再自主地采取防御措施，而是对自己的真相开始感兴趣。他确实在这样的情况下开始对自己负责：做决定、感受自己的感受、发展自己的信仰。正如我们看到的，所有被自负系统占据的功能逐渐回到真我的权力体系中。接下来出现了诸多因素的再分配。在这一过程中，具有建设力的真我是强大的一方。

以后我们将讨论这种治疗过程所需的各个步骤。这里我仅表明它发生的事实；否则，这种脱离自我的讨论会给我们留下一张对真我过于消极的印象：一个幽魂，想要重回巅峰却永远难以捉摸。只有对分析的后期阶段熟悉以后我们才能认识到，关于真我潜在力量的争论不是一个纯理论的争论。在有利条件下，比如进行建设性分析工作时，真我可以重新成为一种活力。

正因为这是一种现实的可能性，所以我们的治疗工作除了减缓症状以外，还可以期待它能帮助个人的人格成长。正如之前章节里假设的，只有在这样的现实可能性下，我们才能理解假我和真我的关系是两种对抗力之间的冲突。只有当真我再次积极主动、勇于冒险时，这种冲突才会变成公开的对抗。在此之前，一个人只有一件事情可以做：通过寻找虚假的解决办法来保护自己免受冲突的破坏。这一点我们将在接下来的章节中讨论。

第七章

缓解紧张之法

迄今为止，我们描述过的所有过程已经引发了一种内在情势，这种情势充满了内心的冲突性、无法容忍的紧张感和潜在的恐慌。在这种条件下，没有人能正常生活甚至存活。个体必须有自主解决这些问题的意愿，即企图解决冲突、减缓紧张感、阻止恐慌，并将之付诸实践。就如同自我理想化的过程一样，是整合力在起作用，自我理想化本身就是最明显、最根本的神经症式的企图。企图超越所有冲突和由此带来的困难，将自身凌驾于其上。但是这种努力和目前描述的是不一样的。我们不能准确地定义这种区别，因为这不是质的区别而是"多"或"少"的量的区别。对荣耀的追求是更有创造力的过程，但它同样也受内心强迫的驱使。尽管它的后果是毁灭性的，但它从人最美好的欲望中诞生——拓展自我，突破狭窄的限制。在分析中，正是其庞大的自我将其与健康的努力区分开来。至于这一方法和其他的区别，不是由于想象力的枯竭而导致的。想象力仍然在运作，却对"内在情势"造成了损害。这种情势在一个人最初为了荣耀而奋斗时就已经岌岌可危了，而此时，（在上文所述的冲突和紧张的严重影响下）人精神崩溃的危机也迫在眉睫了。

　　在介绍新的解决方法之前，我们必须熟悉一下缓解紧张的一贯方法。下面我将会简要地介绍一下，因为我在本书前半部分以及其他出版物中已经讨论论过这些，我也将在接下来的章节里重新总结。

从这一角度看，脱离自我就是缓解紧张的一种方法，可能还是最重要的方法。我们前面已经讨论过导致并强化脱离自我行为的原因。这里再重述一下。一方面，脱离自我就是神经症患者受强迫力驱使的后果；另一方面，在某种程度上，脱离自我是远离和对抗真我的结果。这里我们还要加上一点，病人为了避免内心的冲突并将内心的紧张感降到最小，会有断然否认它的倾向，这一机制和运用意念解决内心冲突是一样的。不管是内在还是外在的冲突，如果一方受到压制而另一方占主导地位，两方都会消失不见或者会被（人为地）减弱。两个需求和兴趣冲突的人或组织，当其中一方受到压制时，外在的冲突就消失了；暴力的父亲和服软的孩子之间没有可见的冲突；同样的道理也适用于内在冲突。我们在面对对他人的敌意和受人喜爱的需要时会产生激烈的冲突，但是假设我们压制敌意或是被人喜爱的需要，我们的人际关系就会趋于缓和。类似的，如果我们"流放"真我，那真我和假我之间的冲突不仅会消失，且势力分布也会改变。当然，这种紧张的释放仅能用增加自负系统的自主性换来。

在上一阶段的分析中，有一个事实逐渐水落石出：对真我的否认受自我保护意识的支配。正如我所展示的，我们可以观察到，真我强大时的内心斗争是十分剧烈的。任何一个感受过这种猛烈的斗争的人——不管是与自身的还是与他人的——都能理解越早把真实自我从实际行动中撤出越能说明我们有强烈的求生欲和保持完整的渴望。

这种自我保护措施主要表现在病人喜欢隐藏事实上。无论他表面上看起来多么统一，他归根结底是困惑的。他不仅有让事情蒙上迷雾的惊人能力，还很难听劝。他们的这种喜欢要得到实践，事实上也得到了实践，就像是那些骗子在意识层面的行为一样：一个间谍必须隐藏身份；一个伪君子必须装作诚实；一个罪犯必须掩盖他在场的事实。过着双重生活的病人在不知情的情况下，和他们一样，无意识地掩盖他所要、所感、所相信的东西，其所有的自我欺骗都基于这种形式。让这种变化更清晰明了：他不仅仅在意识上对自由、独立、爱、善良、力量的意义感到困惑；只要他还没准备好理解并着手处理这一难题，他就有保持这种困惑的强烈主观意愿——在这种困惑下，其错误的自负会掩盖其所有智慧。

下一个重要的方法是内在感受的投射。它指的是（重申一遍）心里内部的过程并不能如实地得到体验，却能被感受到是发生在自我和外部世界之间的。这是缓解内心紧张的一个相当极端的方式，总是以内心贫乏或者人际关系愈发失调为代价的。最初我将投射作用描述为病人将其与理想化形象不符的缺点都怪罪于他人，并以此来维持理想形象。接着我又认为这是一种否认自我摧毁力量的内心冲突的存在；我还区分了积极投射和消极投射："我不是为自己做事而是为他人——也确实应该如此"和"我对他人没有敌意，他们都为我做事"。现在，我终于对投射作用有了更深的理解。我之前所描述的所有内在过程几乎都是投射。例如，神经症患者会对他人产生恻隐之心，却很难对自己有同情心。他对内在救赎的渴望遭到拒绝以后，会敏锐地感知到其他人在成长中的受阻，甚至展现出帮助他人的惊人能力。他对内在高强度规则控制的反抗会外在地表现在对传统、法律、影响力的挑战上。他意识不到自己无法承受的自负，却会痛恨或者喜欢别人身上的自负；在他自负系统的独裁下他或许会轻视其他人。他意识不到自己在和残忍的自我痛恨做斗争，却会对生活抱有盲目乐观的态度，好像忘掉了生活中的艰难、残忍甚至是死亡。

另一个对神经症倾向的一般测量指标是病人有感受自己的支离破碎的倾向，好像自己是毫不相干的碎片的总和。这在心理学文献上被称为"分离化"或"精神分裂"。这似乎只是重申了这样一个事实：病人感受不到自己作为一个有机整体，其中每一个部分都和总体相互关联，相互作用。这是当然的，只有分离的和分裂的人才会缺失这种整体感。在此我想强调的是，神经症患者对分离有着积极的兴趣：当一种联系展现在其面前时，他能在意识上掌握。但对他来说这只是一种意外，其观察力是很肤浅的，且转瞬即逝。

举个例子，在病人的无意识中，他看不到因果：看不到一种心理因素由另外一种心理因素产生，或一种心理因素强化了另一种心理因素；看不到一种态度的存是因为它保护了某种重要的幻想；也看不到某种强制性的倾向会影响到他的人际关系或是整个生活。他甚至看不到最简单的因果关系。他的不满实际上与自身需求有关，他太需要别人——不管出于什么病态的原因，这使得他依赖别人。也许他会十分惊讶地发现他睡得晚其实和他上床晚有关。

神经症患者还有一个特点是意识不到自身存在的矛盾性。相当确定的，他可能看不到自己容忍了甚至是珍视自身的两套标准，两种标准都是有意识的，却相互对立。比如，他对圣洁的过高评价与他要求他人臣服的行为相矛盾；他的诚实和他想要侥幸的需求相悖。但这些事情都不会困扰他。甚至当他审视自己时，也几乎不会看到一个静止的形象，就像他看到七巧板上分裂的板块一样：有怯懦、对他人的藐视、雄心壮志、受虐待的幻想，还有受人喜爱的需要等等。这些个人的碎片也许会得到正确对待，但也不能改变什么，因为它们脱离了实际，他感受不到它们的内在联系、过程或是变化。

精神分裂本质上是一个分类的过程，它的作用是维持现状，保持病态的平衡不崩溃。病人用拒绝受内心矛盾迷惑的方式来防止自己面对潜在的冲突，这会使其内心保持低水平的紧张感。病人甚至对它们没有一点兴趣，所以他的意识远离了这种矛盾。

拒绝看到因果关系也可以得到相同结果。剪断因果关系的链条会阻断一个人对某些内在力量的强度和关联的知觉。举一个重要又简单的例子：一个人有时会感受到自己有很强的报复心，但他很难理解这一事实，即他受挫的自尊和重建自尊的需要是这种报复心的驱力，即便他清楚地意识到了这些，这种联系对他来说，也是没有意义的，而且他可能对自己相当严厉的自我批评有清晰的印象。在众多细节丰富的例子中，他也许能看到这种自我蔑视是由其无法满足自负的完美要求所致，其意识又微妙地阻断了这种联系。因此，其自负的紧迫感与其对自我蔑视的忍受充其量也不过是不明确的理论推断罢了，这就让他感到无须应对自己的自负。这种关联仍具有强大影响力，却因为紧张感受到压制所以没有表现出冲突，病人也可以维持这种虚假的统一感。

迄今为止我们描述的三种维持内心平静假象的方式有一个共性：即消除那些潜在的破坏神经症结构的元素的倾向——消除真我，去除所有内心感受，远离会破坏平衡的所有联系（如果存在的话）。还有一种方式是自主控制，它和以上三种方式存在部分共性，其主要功效是压制情感。在分离结构的边缘，情感是危险的，因为它们是我们内心无法被驯服的元素。这里我不是说拥有反思机制的有意识的自我控制，而是指对冲动下的行为或是爆发的怒火、热情的控制等。自主控制系统不仅控制冲动下的行为或是情感的表达，也控制冲动和情感本身。就像一个自动防火防盗警报器，当不想要的情感出现时，它会自动（用害怕）拉响警报。

不过，和其他方式相比，这种方式正如其名是一种控制系统。如果个体脱离自我或存在精神分裂症状而导致缺乏机体上的统一感，则需要某种人为系统来聚合其矛盾的各部分。

这种自主的控制包括所有冲动和害怕、受伤、愤怒、愉悦等情绪。广泛的控制在身体上表现在肌肉的紧张感上，这种感觉体现在便秘、步行、做动作、面部僵硬和呼吸困难时。意识对这种控制的态度因人而异，有些人能够充分地意识到受制于自主控制系统的烦恼，至少是时不时地，他们不顾一切地想摆脱它，想发自内心地开怀大笑，想坠入爱河，想因热情而专注于一件事上；而有些人会用各种方式释放自负并或多或少地加强控制。他们会认为这代表着尊严、沉着、坚忍，或称之为戴着假面、摆臭脸，而他们认为自己是"很现实""不感性"还有"含蓄"的。

在其他类型的神经症患者中，这种控制更具有选择性，某些情感不受限制甚至得到鼓励。比如说，有强烈自谦倾向的病人会夸大爱情或者悲苦的情绪。此处的抑制作用主要针对一些敌对的情感：怀疑、愤怒、轻蔑以及报复心。

　　情感当然可以受到许多其他因素的压制，如脱离自我、自负、自我挫折等。但是超越了这些控制因素的警觉控制系统表明，病人有可能因为控制作用的削弱而产生惊觉反应，如害怕睡着，害怕麻醉，害怕醉酒，害怕躺在沙发上自由联想，害怕滑下雪坡等。渗透进控制系统的情感，不管是同情、恐惧还是愤怒，都会引起恐慌。这种恐慌也许由病人害怕或拒绝这种情绪导致，因为它加剧了神经症结构中某种东西的增长。但是他产生这种恐慌也可能只是因为其意识到自己的控制系统不起作用了。如果对这种情形加以分析，恐慌就会消失，只有这时，这些特有的情绪和病人对这些情感的态度才能正常地表现出来。

　　此处要讨论的最后一个普遍的方式是神经症患者对思想至上的信念。情绪——因为难以驾驭——就如同罪犯一样需要被管理，思想——想象与理智——可以伸展自如，就像神话故事中从瓶子里出来的魔鬼一样。因此，事实上已经产生另一种"二元论"：不再是理智与情感，而是理智对抗情感；不再是心灵与身体，而是心灵对抗身体；不再是思想与自我，而是思想对抗自我。但是正如其他分裂作用一样，这也是为了缓解紧张，粉饰太平，打造统一的假象。对思想至上的信念可以通过三种方式得以实现。

　　思想是自我的旁观者。思想是旁观者，当它产生作用时，无论作用好坏，都是受差使的。而在神经症患者中，思想从来不是友好的、关切的旁观者；神经症患者的思想或多或少会对他们有些虐待性，但是它总是与个体分离的，就像看着一个恰好被命运丢到一旁的陌生人一样。有时这种自我观察十分机械且浮于表面。病人对事件、活动、症状的报告或多或少是准确的，但他没有涉及这些事件的意义或其本人对它们的回应。在分析中，他也许会对其心理过程尤为感兴趣，但这些兴趣更准确地说是对自己机敏的观察力，或是对这些精神过程的作用和技巧感到愉悦，就像昆虫学家会被昆虫的生理机制所吸引一样。分析师也会因此高兴，错误地认为病人对自己产生了兴趣。只有过一段时间他才能发现病人对其找到的自身生活的意义并不感兴趣。

这种分裂的兴趣也有可能表现为公然找碴、欣喜或虐待，在这些例子中，它经常以积极或消极的方式投射出来。他可能会背弃自己，成为他人最敏锐的观察者——用同样分离的、毫不相干的方式。或者，他也许会感觉到自己在被别人憎恨地或是欣喜地观察着。这是一种很明显的妄想状态，不过其表现并不限于此。

不管作为一个旁观者是否合格，他已不再是其内心挣扎的参与者，并已从其内心的困扰中脱身。"他"是观察自己的思想，这样他就有了一种统一感：其大脑是他身上唯一能让他感到自己有活力的部分。

思想也起到"协调者"的作用，这一功能我们已经很熟悉了。

并且，我们已经看到了想象力的作用：创造理想形象，使自负不停地去掩盖这一点、凸显那一点，把需求变成美德，将可能变成现实。同样地，理性会在理想化过程中成为自负的附庸：任何事都显得合情合理，而事实上这是神经症患者从潜意识的角度观察到的。

协调者也在摒除自我怀疑上起作用。越是需要协调，说明整个结构越摇摇欲坠，于是就有了"盲目相信的逻辑"（引用一位病人的话），这种逻辑通常伴随着不可被动摇的信念。"我的逻辑胜过一切，因为它是唯一的……如果别人不满意，那他们是愚蠢的。"在人际关系中，这种态度表现为一种傲慢的"自以为是"。在处理内在问题时，它关上了通往建设性调查的大门，也通过建立毫无结果的确定性来缓解紧张。正如在其他神经症症状中一样，相对的极端——普遍的自我怀疑——可以减轻紧张感。如果任何事都不是看起来那样，那还担心什么？许多病人的这种全方位的怀疑主义会被隐藏得很深：他们表面上看大方地接受一切，暗地里却有所保留，这样会导致他们自己的发现和分析师的建议都如消失在流沙中一般不见踪迹。

最后，思想是可以让一切成为可能的神奇主宰者。对内在问题的认识不再是导致改变的一个步骤，认识本身就是变化。以此为前提而行动，却又不知晓这个前提的病人，会对这样或那样的困扰不消失而感到迷惑，因为他们已经对其动力了如指掌了。分析师指出一定还有他们不清楚的关键因素——的确如此，但是通常情况下，就算他们对其他相关因素了如指掌也无济于事。因此病人会通过无止境地探寻来认识自己、认清自身价值，但是只要病人认为"认识之光"会驱散其生命中的"乌云"，他自己不用做任何事情，那么一切将注定会是徒劳。

病人越是尝试用纯粹的理性管理其生活，就越不能忍受承认无意识因素的出现。如果这些因素不可避免地打扰到了他，就会引起过度的恐慌，而别的人会否认或者是通过其他方式去除这种恐慌。这种情况在病人初次较为清楚地在其身上看到神经症冲突时尤为突出。在那个时刻，他立即认识到即便靠理性和想象的力量，他也无法使矛盾转变为和谐，他感到自己困于陷阱，并可能会奋力反抗；接着他会动用所有的精神力量避免直面冲突。他怎么可能躲得过？怎么可能逃过一劫？陷阱内哪里有孔可以钻？单纯与奸诈无法并存。他能在某些时候表现得单纯而有的时候却显得奸诈吗？或者如果他实施报复并为此自豪，同时想息事宁人，那么他就会受控于另一种观念：追求一种沉稳的报复、风平浪静的生活，却像拨开灌木丛一样歼灭违抗其自负的人。一切"逃避"的需求都获得真正的热情，所有减缓冲突的积极努力都成为徒劳，内心的"平和"却重新被建立起来了。

所有这些措施都在不同程度上缓解了紧张。在某种程度上，我们可以称之为"紧张的尝试"，因为在这些方法中，整合力均起到了作用。比如，在分离化中，病人分隔了冲突，因此不再感受到冲突。如果他感受到自己是自己的观察者，那么他便建立了一种整体感，但我们不可能说他是自己的旁观者。这取决于他观察自己时看到了什么，以及观察时的心境。同样地，即便我们了解到其投射了什么和如何投射，投射机制也只作用在其神经症结构的一个方面。换句话说，所有这些措施都只是部分的解决办法，除非这些方法具有我们第一章描述过的特性，否则不会被称为神经症的解决方法。它们决定了神经症患者人格的构成和方向；决定了哪种满足是可获得的、哪些因素是需要避免的；决定了价值层级以及与他人的关系；还决定着神经症患者大致使用了哪种整合方法。简而言之，缓解紧张的方法是一种权宜之计，是一种生活方式。

第八章

扩张型解决法——掌控的诱惑

在所有的神经症发展中，脱离自我都是核心问题；而且在所有的神经症发展中，我们发现追求荣耀以及自我厌弃都是缓解紧张的措施。但我们还不清楚这些因素在某一特定的神经症结构中是如何运行的。这依赖于神经症患者选择用什么方式来解决内心的冲突。在对这些措施进行细致描述之前，我们必须搞清楚自负系统所产生的内在群体及其引发的各种冲突。我们了解到自负系统和真实自我之间存在冲突，但是就像我已经描述过的，自负系统内部本身也会产生主要矛盾。自我美化和自卑不会构成冲突。但事实上，只要我们直接从这两个对立的方面思考，就能发现客观存在既矛盾又互补的自我评价。但我们仍不知晓其矛盾的驱力是什么。当我们从不同角度观察并关注这一问题时，情况就会发生改变：我们如何感受自我？

内在群体常常会导致一种对身份认同的不确定感。我是谁？我是否是一个自豪的超人？或者我是不是那个弱小的、愧疚的、粗鄙的生命体？除非是诗人或哲学家，一般人不会有意识地提出这些问题，但是这些固有的疑问会在梦中出现。身份的遗失会在那里以不同的方式言简意赅地被呈现出来。他们会梦到自己丢了护照，或者当被要求证明自己的身份时却做不到；或者梦到一位记忆中的老朋友完全变了模样；或者他看着一幅自画像，画像却嵌在一块空白的画布上。

通常，做梦的人不会明确地对自己的身份问题感到迷惑，而是用不同的象征物描述自己：不同的人物、动物、植物或者无生命的物体。在同一个梦里，他可能既是圣者加拉哈德又是凶狠的怪物；既是遭绑架的受害者又是帮派混混；既是囚犯又是狱警；既是法官又是罪犯；既是拷问者又是被拷问者；既是受惊的小孩又是可怕的响尾蛇。这种自我戏剧化体现出了一个人身上存在着分裂的力量，其戏剧化的解释会对这一力量的认识大有帮助。例如，若做梦者有顺从的倾向，其在梦里就会扮演一个顺从者的角色；自卑也许会表现为梦见自己成了地板上的蟑螂。但这并非自我戏剧化的全部意义。这种情况发生的事实同样显示出了我们有通过不一样的自我感受自身的能力；这种能力同样表现在一个人矛盾的状态上：他在清醒时感受一种自己，在梦中却感受另一种自己。在其意识层面，他也许有掌控一切的头脑，是人类的救世主，没有什么成就是他无法获得的；而在梦中，他也许是一个怪人、一个气急败坏的蠢货或是一个躺在贫民窟中的乞丐。最后，哪怕是在其有意识的感受里，病人也会在高傲的全能者和世界的渣滓之间频繁转换。这一现象在酗酒者中尤为明显（但不全是），他们上一秒还在飘飘欲仙、指点江山、做出不切实际的承诺，下一秒就惨遭抛弃、卑躬屈膝。

　　这些感受自我的方式与既存的内在形象相一致。不考虑那些更为复杂的可能性，神经症患者可以感受到被美化的自我、受鄙视的自我，有时候则可以感受到（尽管基本上不可能）真实的自我。因此他肯定对自己的身份感到不确定，只要内在群体存在，"我是谁？"这一问题就会一直得不到解答。更吸引我们的是一个事实：自我的这些不同感受是不可避免地互相冲突的。具体来说，因为神经症患者完全以优越、骄傲的自我和受人唾弃的自我来看待自己，所以冲突必然产生。如果他视自己为一个优越者，那他会夸大其智慧和无所不能的信念；他或多或少会释放更多的傲慢、雄心壮志、攻击性和优越感；他自我满足；他看不起别人；他需要夸奖或盲目的顺从。相反的，如果病人内心是自卑的，他会感到无助，他是顺从的、需要安抚的；他依赖于别人并渴望别人在自己身上投入感情。换句话说，他完全以两种相反的自我来看待自己，这会引发截然相反的自我评价，也会产生对他人截然相反的态度、行为方式、价值观、驱力以及相反的满足感。

　　如果这两种感受同时运作，那他一定会感到有两个人在朝相反的方向拉扯他。而这正是用两种相反的既存自我来看待自己的意义，不仅会有冲突，而且这一冲突有足够的影响力将其撕裂。若其不能减缓紧张，则他注定会产生焦虑情绪——也许他会在其他原因的驱动下，靠酗酒来减轻焦虑。

　　和其他激烈的冲突一样，通常情况下寻求解决办法的各种企图都是自动产生的，其中有三种主要解决措施。第一种就是像吉科尔医生所讲述的故事那样。吉科尔医生认识到自己具有两个面相（大致可以被分为有罪者和圣贤者，这两者都不是其本人），他们之间常年斗争。"我告诉自己，要是他们能安分地待在不同的身份里，生活中所有不可容忍的事情都会消失了。"于是他通过合成一种药物来将这两种自我分离。倘若剥去这个故事的荒诞外表，它便代表了一种借助"分离化"来解决冲突的企图。许多病人在这种方向中迷失了自我，他们感觉到自己成功变成极度自卑或者极度自大的人，却没有因为这种矛盾而不安，因为在其脑海中，这两种自我是毫无联系的。但是这种企图不会成功，我们在上一章提到过，作为一种解决措施，这种自我分离化太片面了。另一种措施更为彻底，它是许多神经症患者共同具备的特点——效率化。这种方法永久地、僵化地压制自我，使自己完全变成别人。第三种解决冲突的方式是将自己从内心的战斗中抽离出来，退出积极的精神生活。

　　简而言之，自负系统产生了两大内心冲突：核心的内心冲突是自负与受鄙自我的冲突。在受过分析的人中，这两种冲突并不会分开出现。一部分原因是真我还是一种潜在力量，不是实际力量；另一部分原因在于病人轻视自己身上未被自负所覆盖的一切，也包括真我。在这些因素的促使下，这两种冲突合二为一，变成浮夸与自谦之间的冲突。只有在经过大量分析之后，主要的内在核心冲突才会表现为分离的冲突。

据我们目前所知，解决内心精神冲突的主要方法似乎是建立神经症分类的最佳依据。但我们必须牢记这一点：我们对一个清晰分类的需要是服务于我们对秩序和指导的需求，而不是去公正地评判人生百态。谈论人类的类型——或是在这里所说的神经症的类型——只不过是从一个角度探索人格特性。而我们所使用的标准，将是某种心理体系的关键因素。在这一限制条件下，建立任何分类的方法都有其优点也必然有其局限性。在我的神经科学理论框架中，处在核心的是神经症患者的人格结构，因此我的标准并非哪种外显症状或是哪种个人倾向，而只能是整个神经症结构的各种特点，这些特点又主要取决于一个人为自己找到的处理内心冲突的解决方法。

尽管这一分类的标准比其他的分类方法要复杂得多，但其使用范围也是有限的，因为我们必须有所保留并且注重质量。首先，尽管倾向于用同一种解决方法的人有相似的特性，他们在人性、天赋或成就等方面却天差地别。其次，我们认为的"类型"在个人性格上会交叉，神经症过程只会在显著特性上向极端发展。但是总有一些中间特性所构成的不确定范畴，我们无法对其进行任何精确地分类。这一复杂性又由这一事实强化：精神分裂的进程——即便是最极端的例子——通常不止有一个主要发展方式。威廉·詹姆斯说："大多数案例都是混合案例，我们不能太依赖于分类。"只说发展的方向而不说发展的类型可能更加准确。

记住了这些条件后，我们就可以从本书所阐述的问题中区分三种主要的解决方法：扩张法、自谦法和退却法。在扩张法中，个体不断用夸大的自我来鉴定自己。当谈及自己时——正如培尔·金特①说的，他指的是美化后的自己。或者像一位病人所说的，"我生而为王。"与这种方法相伴的至高无上感——不管是不是有意识的——在很大程度上决定着其对生活的行动、奋斗和态度。生活的乐趣在于主宰一切，这一想法主要会导致一个人有意识或潜意识地克服所有障碍，并使他相信自己有能力也确实能够做到这一点。这种掌握一切的必要性的反面是其对任何无助的恐惧，这是其最痛苦的恐惧。

从表面上分析这种扩张法，我们可以看到病人高效地投入自我标榜、雄心壮志以及复仇般的胜利中，他们用智慧和意愿掌握人生，并将理想自我现实化。去除所有个人概念上以及术语上的不同，这就是弗洛伊德和阿德勒对这些人（受自恋般的自我夸大和想要位居巅峰的需求驱使的人）的观察方法。当我们足够深入地分析

---

① 挪威文学家易卜生作品《培尔·金特》中的主人公。

这类病人时，我们在每个人身上都发现了自谦的倾向——他们不仅压抑而且十分痛恨这一倾向。我们首先看到的只不过是他的一个方面，病人假装这就是他的全部以营造出整体感的假象。他固执地坚持扩张倾向，这不仅是因为这种倾向有强迫性，而且因为他觉得有必要去除所有自谦的倾向，以及所有自我谴责、自我怀疑、自我鄙视的倾向。只有用这种方法才能维持其主观上的至高无上。

这一方法的危险之处是对未能实现的"应该"的意识，因为它会诱发罪恶感和无价值感。事实上没有人能真正达到其"应该"的标准，如此他们就会用一切手段否认其"失败"，这是不可避免的。通过想象、强调优点、屏蔽他人、投射等方式，他必须在其脑海中维持一个令其自豪的形象。他必须像真的一样下意识地吹嘘自己，自命不凡地假装自己无所不知、慷慨大方、公平公正。在任何条件下，他都不能意识到自己夸大的自我有品格上的缺陷。在与他人的关系中，这两种情感会占据他：他会对自己愚弄所有人的能力感到极度自负，不管是有意识的还是潜意识的。相反地，他最害怕受到愚弄，如果遭到愚弄，他会觉得这是最严重的羞辱。或者，相比其他神经症类型的人，他对做一个虚张声势的人有更严重且持续的潜在恐惧。例如，尽管病人通过诚实工作获得成功或荣耀，他仍会觉得这是自己欺骗他人的结果。这让他对批评和失败，或对失败和被指责为虚张声势的可能性都极为敏感。

　　这一群体还包括许多不同类型。一个简单的调查表明，任何人都能理解病人、朋友、文学人物。在个体差异中，最关键的是享受生活和用积极情绪对待他人的能力的差异。例如，培尔·金特和海达·加布勒①都是会自我夸大的人物，但是他们在情感方面是多么不同！其他相关的差异取决于各类型人认识意识中的"缺陷"的方式。他们所提出的要求、做出的判断和提要求的方式也各不相同。我们必须至少考虑三种"扩张型"的子类别：自恋型、完美主义型以及自负－报复型。我将简要介绍前两种，因为它们在精神医学文献中已经有了详细的描述，并将更详细地介绍最后一种。

　　在用自恋型这一概念的时候我有些犹豫，因为在弗洛伊德的经典著作中，自恋型近乎偏见地包括所有自我膨胀、以自我为中心、对个人福祉的焦虑以及对他人的远离。这里我用了其描述性的本源义："迷恋自己的理想形象"。更准确地说，一个人表现为其理想自我并似乎陶醉其中。这一基本态度具备了其他群体的人完全缺乏的轻松与开朗。这似乎给了他足够的自信，以至于他会被那些饱受自我怀疑焦虑的人嫉妒。他（有意识地）从不怀疑自己：他就是天选之人，是命运的主宰者，是预言家，是伟大的给予者，是人类的福音。但这一切都只有一点点真实性。他往往有超人的天赋，小小年纪就能赢得殊荣，有时还是受眷顾的小孩。

---

　　① 电影《海达·加布勒》中的主人公。

自恋型个体这种对其伟大和独特性的信念是我们理解他的关键：其乐观和常年的年轻态都来自于此，他那感人的魅力也是如此。但是很明显，尽管他天赋异禀，却处于危机之中。他会不断地讲述其光荣事迹和完美无缺，靠着赞美和奉献的形式评估自己来获得自我确认；他掌控一切的感觉来自其信念，坚信自己无所不能、战无不胜；他确实很迷人，特别是有陌生人闯入其生活范围内时，不管出于何原因，他就要让他人印象深刻。他给自己和他人的印象是他"热爱"人民。他会慷慨大方、妙语连珠、赞不绝口、乐于助人——以求他人的崇拜，或得到同等的回报；他诚心地帮助家人和朋友，将自己投身于工作和计划；他会极为宽容，不勉强他人做到完美；他甚至能忍受别人对自己的玩笑，只要这些玩笑是针对他友善的特质就好。但他不能受到严肃的质疑。

分析表明，比起其他神经症形式来说，自恋型个体的"应该"同样残酷，但他的特点就是用"魔杖"来对付它们，其忽略缺点，甚至美化缺点为美德的能力似乎是无限的。一个清醒的旁观者经常称此为不择手段，或者至少是不可靠的。他似乎不介意自己背信弃义、负债累累或者是欺诈他人。他并不是一个诡计多端的掠夺者。他只是觉得其需求或任务是那么的重要以至于他有权享受优待；他不质疑自己的权利，也不管自己侵犯了多少他人的权利，且依然期望别人都"无条件地爱戴"他。

病人的困境出现在其人际关系和工作中。在亲密关系中，他不关心他人的本质会被表现出来。在人际关系中，对方有他们自己的愿望和观点，他们会批判性地看待他，会反对他的缺点，也会期待从他身上得到什么。这些显而易见的事实在病人这里却是奇耻大辱，会点燃他的怒火。他会大发脾气，从而转向更"理解"他的人。又因为这种情况经常发生在他的人际交往中，所以他经常感到孤独。

他在工作中的困难是多方面的，他的计划往往过于庞大。他高估自己的能力，不正视自己的局限；他的追求太多样化以至于总是走向失败。在一定程度上，他的弹性给予他回弹的能力，但是另一方面，工作上和人际关系上的反复失败——比如遭到拒绝——也会同时击垮他。原本得到成功控制的自恨和自卑这时就会全力发挥作用。他会陷入沮丧、产生神经症症状，甚至自杀，或者（这更为常见）通过自我毁灭的冲动，招致一场意外或得病而死。

最后再说一下他对人生的整体感觉。表面上看他很乐观外向，渴望快乐和幸福，但他的内心隐藏着沮丧和悲观。他用虚幻的快乐来衡量一切，这会让他不受控制地对生活感到失望。只要他处在风口浪尖，他就不可能承认自己搞砸了任何事，尤其不可能失去对生活的掌控。矛盾并不在于他，而是生活本身。这样他便会看到生活的悲剧性，这种悲剧性不是生活本身存在的，而是他自己带来的。

　　第二种更细化的类型以完美主义为行动方向，认为自己就是标准。这类人因其道德和智力上的高标准认为自己高人一等，看不起别人。但是，他对别人高傲的鄙视隐藏在其虚假的友善背后——他自己都不知道，因为他的标准不允许这种"不道德"的情绪出现。

　　他掩饰无法实现的"应该"的方式有双重性。和自恋型相反，他确实努力达到其"应该"达到的标准，他履行职责和义务，待人有礼貌、守规矩，不撒显而易见的谎等。一说起完美型的人，我们往往只会想起这些人，他们固守规则，一丝不苟的呆板，必须说最准确的词、戴最搭配的领带或帽子，但这些只是他们为达到完美做的最表层的功夫。真正重要的不是那些花里胡哨的细节，而是对整个人生完美无瑕的要求。但是，他能达到的只是行为主义上的完美，所以就需要另一种方式：即在心中把事实与标准等同起来——"知道"道德价值，"做"个好人。他更加看不到其中所包含的自我欺骗，因为他会要求所有人都真正达到完美的标准，要是他们做不到，他就会鄙视他们。这样，他的自我谴责也就外移了。

　　为了肯定自己的观点，他需要别人的尊敬而不是更多赞美。因此，他的需求更基于他与生活所定的秘密"约定"，而不是基于对自己伟大性的"天真"信念（我在第二章中已经描述过）。因为他公正无私、恪守职责，他就应当享受他人和生活对其的优待。生活中的这种公正的信念给了他主宰的感觉，因此，他的完美不仅意味着高人一等，还意味着他可以掌控生活。他从来不会期待天上掉馅饼；其自身的成功、发展、健康甚至比不上证明其美德让人高兴。相反地，任何降临到他头上的不幸——比如失去一个孩子、遭遇事故、妻子的不忠、丢掉工作——都会将这个看起来四平八稳的人推向崩溃的边缘。他不仅会痛恨命运的不公，甚至还会动摇其精神基石。这些不幸使其整个"计数系统"失灵了，让他想起孤立无援的恐怖场景。

当讨论到"应该"的暴行时，我们还提到了他的其他崩溃点：他认识到自己造成的错误或失败、发现自己处于矛盾的"应该"当中。就像不幸会摧毁他的立足之地一样，其对自身失败的预感也会如此。在此之前都成功得到遏制的自卑和浓烈的自恨倾向这时会凸显出来。

第三种类型以自负性的报复为发展方向，这和病人的自负是统一的。他获得的主要动力就是其报复性胜利的需要。就如哈罗德·克尔曼在提及创伤性神经症时所说，报复在此成了一种生活方式。

在任何追求荣耀的过程中，报复性胜利的需要是一种正常的成分。我们的主要兴趣不在于这种需要是否存在，而在于其压倒性的强度。这种对胜利的渴望如何牢牢抓住一个人，使其终其一生去追逐？这肯定是由大量因素造成的。但仅了解哪些因素还不能解释它那强大的力量。为了对其有全面的理解，我们必须从另一个角度思考问题。在其他人身上，尽管这种对报复性胜利的需要也十分迫切，却总能被限制在三种要素中：爱、恐惧和自卫。只有当这些抑制因素暂时或永久地失效时，复仇心理才会占据整个人格因而变成一股凝聚力，就如发生在美狄亚①身上的那样，并朝着报复和胜利这一方向发展。我们所讨论的这一类型就是这两者进程——强有力的冲动和不充分的抑制的结合，这导致复仇心理坚不可摧。伟大的作家捕捉到了这种结合并将其描述出来，这些描述比心理学家能做的生动多了。比如《白鲸》中的阿哈巴船长、《呼啸山庄》里的希斯科里夫以及《红与黑》中的于连等。

我们首先要描述一下报复心理是如何体现在人际关系中的。对胜利强迫性的需求让这种类型的个体极度有竞争力。事实上，病人不能容忍有任何人比他知道更多、成就更大、权力更高，或者在任何程度上质疑其至高无上的地位。他不得不强迫性地打倒对手，击败他。即使是为了事业而不得不低声下气，他也密谋着最后的胜利。他不受忠诚的束缚，很容易变得虚伪奸诈。他不知疲倦地工作，但实际上所得的成就还是来自其天赋。尽管他总是不停地计划，却经常一无所获，不仅是因为他没有效率，也因为他有太多的

---

① 希腊神话中著名的女巫，因伊阿宋王子辜负自己、移情别恋而不得不做出复仇的举动。

自卑心理。我们很快就可以发现这一点。

病人的复仇心理最明显的表现就是暴怒。这种报复性的怒火爆发时十分可怕，病人自己都害怕会在失控时做出无法挽回的事情。比如，病人本身很害怕杀人，但在酒精作用下，在原本的控制力无法作用的情况下，他做出了这一举动。复仇的冲动会很强，以至于超越了他的慎重，而这种慎重就是其平时控制行为的关键。一旦他陷入报复的怒火，就会搞砸自己的生活、工作、社会地位。司汤达的《红与黑》中就有一个例子，于连看完诽谤他的信后，当即开枪杀死了德瑞纳夫人。稍后我们便可知道这种行为的鲁莽性。

比这更重要的是，报复性情感虽然很少爆发，却是永久的，它渗透在这类人对待他人的态度中。他坚信任何人在本质上都是邪恶的、不正当的，别人友善的举动都是惺惺作态，用怀疑对待每个人是他唯一的信条。即使是被他验证过的诚实的人，只要对他有任何一点刺激，也马上会遭到其怀疑。在对待他人时，他公然地冒犯他人，尽管有时会用微弱的文明礼貌来掩饰这些行为。他会有意或者无意地以一种微妙或粗俗的方式羞辱他人、剥削他人。他会完全不顾女人的情感，利用她们解决生理需求。他有一种表面天真的自我中心心理，利用他人达到目的。基于为其胜利的需要而服务的目的，他频繁地利用并维持和他人的关系：那些成为其事业垫脚石的人、他能征服的有影响力的女人、盲目支持并给予其权力的追随者等。

他是摧毁别人的高手——摧毁别人大大小小的希望，别人对关怀、安慰、陪伴、快乐的渴望。当别人抗议这种对待时，他便会觉得这种反应是别人神经过于敏感了。

在分析过程中，当这些趋势明显减弱后，他就会将其视为一切对抗的正当武器。如果他不再警惕，不再为自卫战斗集中精力，他就会变成一个傻瓜。因此，他必须为奋起反抗做准备，必须在任何情况下都是大局的无形掌控者。

他对他人的报复心最重要的表现体现在他表达要求的类型和方式上。他不会公然提出要求，也不会意识到自己提出了或正在提出什么要求，但是事实上，他认为其神经症的需求应当得到他人的完全尊重，也应当得到可以完全不顾他人需求和意愿的许可。比如，他觉得自己有权畅谈自己不喜欢的事情，可以随意批评指责他人，但也同样觉得他自己不能受到批评。他有权决定见一个朋友的频率以及见朋友的时候做什么，同时他有权不让他人对此表达任何期望和反对。

无论是什么导致了这种内心需求的必然性，它们绝对表达了对他人的轻蔑和不尊重。当这些需求不能得到满足时，他就会产生惩罚性的报复心理，这种心理会从易怒转变成生闷气、让他人感到愧疚和公然发怒。这种愤怒一部分是病人对受挫的回应，同时这种纯粹的表达也是他提出需求的方法，他以此恐吓别人去顺从。一旦未能坚持自己的"权利"，他就会生自己的气，斥责自己"软弱"。在分析中，他会抱怨自己的局限性或"顺从"，一方面是他在无意识的情况下，表达自己对没有完美掌握这些技巧的不满，另一方面是他暗地里希望通过分析改善这些技巧。换言之，他不想克服自己的攻击性，而是希望自己更加不受限制，或者更有技巧地表达需求。这样他就会变得令人敬畏，能让每个人都忙着去帮助自己实现需求。这些因素诱发了他的不满，而他确实也是个经常不满的人。在他心里，他有理由这么做，他肯定也乐于让人知晓——知晓一切，包括其不满，也许这都是无意识的。

他会用自己"高人一等"这一说法为自己的要求辩护，在他心里，他更博学、更有"智慧"、更有前瞻能力。更具体地说，他因为受到了伤害，所以可以要求补偿。为了增强这些需求的正当性，不管是以前的还是现在的，他都必须"珍藏"这些自己曾受到的伤害并使其保持鲜活。他会把自己比作永不失忆的大象。而他没有意识到自己的主要兴趣只是铭记各种轻视和冷落，因为在其想象中，这是这个世界应付的账单。为自己的要求辩护的需要与其因为需求受挫而做出的反应形成了恶性循环，为其报复心提供源源不断的燃料。

在分析的过程中，报复心理往往会自然地渗透进来，并以多种形式表现出来。这种现象是所谓的"逆向治疗反应"的一部分，指的是在建设性进展之后出现的急性损伤状态。对于个体而言，任何针对其行为的批评都可能威胁到其需求，并激发其报复心理。在分析过程中，个体可能会主观地认为某些防御机制是必要的，而这些防御机制中，只有少数是明显且直接的。例如，病人可能会直白地宣称他们不会放弃报复心理，认为这是他们的力量和活力的来源。

大多数的防御机制则更为隐蔽和间接。分析师必须识别这些防御形式，这在临床上极为关键，因为它们不仅会延长治疗过程，还可能破坏治疗的进展。这种防御机制可以通过两种主要方式影响治疗：一是深刻影响（甚至支配）治疗关系，使得战胜分析师变得比治疗过程本身更为重要；二是决定病人对解决特定问题的兴趣。举例来说，病人可能对那些能够立即带来报复满足且不会对其造成损失的问题表现出浓厚的兴趣。这种选择性并非出于有意识的决策，而是受到直觉的引导。

例如，病人可能乐于克服怨气和无力感，因为这些情绪削弱了他们与世界对抗的力量。相反，他们可能拒绝放弃自负或被虐待的感觉，并坚持自己的外移作用，拒绝分析人际关系，强调不希望在这些方面受到干扰。这种复杂的过程可能会使分析师感到困惑，除非他们能够理解其背后的逻辑。

报复心理的根源通常可以追溯到童年时期，个体在成长过程中遭受了不人道的对待，且很少得到补偿。经历过严重虐待、羞辱、嘲笑、忽视以及虚伪对待的孩子，会特别敏感并发展出坚硬的内心，以保护自己免受进一步的伤害。他们可能会尝试寻求同情和认可，但最终可能会放弃所有对温柔的需求，认为真挚的情感既不可得也不存在。这种心态的后果是严重的，因为对真情和亲密关系的需求是人类发展可爱品质的强大动力。感到被爱，或至少觉得自己值得被爱，是人生中极其宝贵的体验。反之，感到不值得被爱则可能成为深度痛苦的根源。

报复型人格可能会通过一种简单而彻底的方式来克服这种痛苦：他们让自己相信自己是不可爱的，并且对此漠不关心。这样，他们就不再急于取悦他人，而是在内心自由地释放自己的愤怒和不满。

随着治疗的深入，我们将看到报复心理的完整发展轨迹。报复心理的表达可能会受到审慎考虑的抑制，但很少会与同情、喜爱或感激等积极情感相抵消。当病人渴望友谊或爱情时，这种过程可能会抑制积极情感的表达。为了理解其中的原因，我们需要了解病人对未来的想象和憧憬。他们幻想自己将变得强大，让曾经误解或错怪他们的人感到羞愧，并成为超级英雄、惩罚者、领导者或科学家，永垂不朽。这种对报复和胜利的需求并非无聊的幻想，而是决定了他们的人生轨迹。

这种对胜利的需求和对积极情感的否认都源自童年的不幸遭遇，因此从一开始就紧密相联，并相互强化。情感的硬化最初是为了生存，但它也使得对生活的掌控得以无阻碍地发展。然而，这种动力及其伴随的未满足的自负最终可能变成一种恶魔，逐渐吞噬所有的情感：爱、热情、同情心。这些人类的情感联系都成了通往孤独荣耀的锁链。这样的人可能会保持冷漠和疏离。

在西蒙·芬尼摩尔（Simon Fennimore）这一角色中，毛姆描述了这种故意遏制人性的行为，将其视为一种有意识的过程。为了在一个极权政体中成为独裁的"法官"，西蒙强迫自己拒绝并摧毁爱、友谊以及所有使生活更加愉悦的事物。他为了报复性的胜利牺牲了真我，这是对自负报复型人格身上缓慢而无意识发生的事情的精准描述。承认自己有人性的需求成了一种耻辱的象征。在经过大量心理分析后，这种情感可能会显露出来，使病人感到厌恶和恐惧；他们可能会觉得自己变得"软弱"，并可能加剧自虐态度或产生自杀冲动。

到目前为止，我们主要观察了自负报复型人格的人际关系发展，这有助于我们理解他们的报复心和冷漠。但我们仍有许多问题需要解答，包括报复的主观价值和强度，以及他们残忍要求的本质等。如果我们关注病人的内心精神因素，并考虑它们对人际关系特点的影响，我们的了解将更加全面。

在这种类型的人中，主要的动力是报复的需要，他们感到自己是社会的弃儿，必须向自己证明自己的价值。他们通过夸大自己的贡献来证明自己的价值，这种特质根据其独特的需要而定。他们认为自己足够重要，不需要任何人，因此发展了一种自负。他们过于高傲，从不请求帮助，也不能感激地接受任何东西。对他们而言，成为接受方是极其耻辱的，这扼杀了所有感激的情绪。在抑制积极情绪的同时，他们依靠自己的智力来掌控生活，因此他们的智力自负达到了非同寻常的程度。他们对自己的警觉性、预见能力和规划能力感到自豪，并认为生活从一开始就是一场无情的斗争。他们觉得拥有不可战胜的力量和成为不可侵犯的人不仅是他们想要的，而且是必要的。就像他们的自负是全方位的，他们的脆弱也覆盖了所有维度，但他们从不允许自己"感到"受伤，因为自负禁止这种情绪。因此，原本用来保护真实情感的硬化内心的过程，现在必须为了保护自负而继续奋力向前。他的自负凌驾于受伤和煎熬之上，使他相信自己不会受任何事、任何人的伤害。这种方式是一把双刃剑：他对伤害没有意识，这使他在生活中无法感受到痛苦。但令人怀疑的是，钝化对痛苦的意识是否真的会削弱其报复性冲动，或者如果这一意识没有钝化，他是否会变得更加暴力、更具毁灭性？在他们心中，他们可能会将报复转化为对做错事的正常愤怒，以及对犯错者的惩罚权力。如果伤害穿透了其伪装坚强的保护层，这种疼痛就变得不可饶恕。他的骄傲使他不能忍受诸如得不到他人承认这类的事情，他也同样会因为自己"允许"别的事物或人伤害自己而感到耻辱。在这种情况下，即使是清心寡欲的人也会激发情感危机。

神经症患者中的这一类型个体坚信自己不可侵犯，也深信自己免疫于伤害和惩罚。这种无意识的信念源自一种内在要求，即他们认为自己有权对他人做任何事，而无须担心他人的反对或反抗。换句话说，他们认为自己可以伤害他人而不受惩罚，而他人则不能伤害他们。

为了理解这种内在要求的根源，我们需要重新审视他们对他人的态度。我们已经注意到，由于他们激进的正义感、自大的惩罚性，以及公然利用这些特质作为达成目的的手段，他们很容易冒犯他人。他们并未表现出所有的敌意。实际上，他们刻意减少了敌意的表达。因此，他们给人的印象是，在与人交往时既鲁莽又谨慎，而这正是他们内心冲突的真实写照。他们需要在表达愤怒和抑制愤怒之间找到平衡点，因为促使他们表达愤怒的不仅是强烈的报复心理，还有恐吓他人、让他人在自己的权威下屈服的需求。这至关重要，因为他们知道自己无法与他人和睦相处，这是他们表达需求的方式。总的来说，在充满对抗的战斗中，攻击常常是最好的防御。

恐惧驱使他们抑制攻击性冲动。尽管他们自负地否认任何人能威慑他们或以任何方式影响他们的情感，但实际上他们害怕他人。多种因素共同导致了这种恐惧：他们害怕因自己的冒犯而遭到报复；害怕如果"过分"行事，他人会干涉自己为他人安排的计划；害怕他人，因为他们确实有能力伤害自己的自负；害怕他人，因为如果他们需要为自己的敌意辩护，就必须夸大别人的敌意。仅仅否认这些恐惧并不能消除它们，他们需要更有力的保证。他们通过不表达报复性的敌意来面对这些恐惧，而对免疫的要求变成了一种虚幻的信念，以此来解决问题。

最后，神经症患者还自负地认为自己诚实、公平和正义。不言而喻，他们并不具备这些品质，也不可能拥有。相反，如果有人在潜意识中不顾事实地夸大生活，那只能是他们自己。但如果我们考虑他们的处境，我们就会理解为什么他们相信自己拥有这些品质。对他们来说，回击，或者更准确地说，先发制人，是对抗这个充满敌意的世界的必要武器。在他们看来，这不过是明智而合法的自我保护。他们对自己的要求、愤怒以及表达的合理性毫不怀疑，认为这些都是完全正当且"坦诚"的。

他们相信自己特别诚实的一个重要原因，也是相对于其他原因更重要的一点，是他们观察到周围那些爱抱怨的人假装比实际上更有爱心、更有同情心、更慷慨。在这一点上，他们确实更加诚实，他们不会假装友好；事实上，他们对此不屑一顾。如果他们停留在

"至少我不会假装"的层面上，他们的处境还是安全的。但是，为自己冷漠辩护的需求迫使他们继续前进：他们倾向于否认任何真心帮助他人、对他人友善的行为。他们不会在抽象意义上争辩友善的存在，但如果是具体的人身上，他们就会偏见地倾向于认为这是一种伪善。这种行为再次使他们凌驾于众人之上，让他们认为自己不是那些普遍伪善的人。

与自我辩护的需求相比，这种对伪装的爱的无法容忍有更深的根源。只有在经过大量的分析工作后，他们才会表现出自谦的情感，类似于扩张型人格。由于他们利用自己作为获取最终胜利的工具，与其他扩张型相比，掩盖这种趋势的必要性更为迫切。他们感到自己既可鄙又无助，渴望被爱而去屈服。现在我们明白了，他们不仅鄙视他人的伪装之爱，还鄙视他人的顺从、自我贬低以及对爱的无助渴求。简而言之，他们鄙视和痛恨的就是自己身上的这种自谦倾向。

现在，他们身上的自恨和自卑心理已经达到了惊人的程度。自恨心理总是残酷无情的，但其强度或效力取决于两个因素：一是个体受自负支配的程度；二是建设性力量与自恨抵消的程度——这种力量可以是对生命中积极价值的信念，是对生活建设性目标的追求，是对自己温暖或赞美的情感。对于攻击报复型人格来说，因为这些因素都是不利的，其自恨情绪比一般病例更加严重。即使在没有分析的情况下，我们也可以看到他们是自己的无情奴役者，给自己施加压力——他们将挫折自豪地比作自律。这种自恨需要严格的自我保护措施。其投射似乎完全是一种自我防卫。在所有扩张型解决法中，这基本上也是一种积极方式。所有那些他们对自己压制和痛恨的，也是他们讨厌和痛恨别人身上的：自主性、对生活的喜悦、抚慰人心的努力、顺从、虚伪甚至"愚蠢"。他们将自己的标准强加于他人，当他人没有达到这些标准时还会惩罚对方。他们对他人的为难一部分是自挫冲动的投射，因此其对他人的惩罚态度看起来完全是报复，却一直是一个混乱的状态。他们对他人的为难另一部分是报复心理的表达，也是病人对自己谴责性惩罚的投射。最后，它同样是用来为达到自己的需求而威胁别人的工具。在分析中，这三个来源都必须相继地加以处理。

同样，为了保护自己不受自恨心理的伤害，最重要的一点是要消除这种意识：按照自负的指令行事，做自己应该做的。除去其投射作用，他们主要的防御是用厚重的不可穿透的盔甲保护自以为是的正义，这也使他们失去了理性。在任何可能产生的争辩中，他们将许多话理解为恶意的攻击，而毫不在意真相是什么，只知道机械地反击——就像被触碰的刺猬一样。对于任何可能质疑其正义的事情，他们根本不会考虑哪怕一点点。

病人保护自己而没有意识到自身缺陷的第三种方式体现在他

对他人的要求上。他声称自己拥有一切权利，却否认他人的权利，这种报复性的成分我们已经强调过。尽管他怀有强烈的报复心理，但如果不是出于在自恨情绪的猛烈攻击下保护自己的必要，他本可以提出更有说服力的理由来命令他人。从这个角度来看，他的要求是别人要安分守己，不能激发他的内疚感或任何自我怀疑的情绪。如果他能说服自己，他有权剥削他人或为他人制造挫折，而不受他们的抱怨、批评或憎恨，那么他就不会意识到自己有剥削他人或制造挫折的倾向；如果他有权不让别人期待得到温柔、感激或关心，那么他们的失望只能归咎于自己的运气不好，而不能责怪他没有公平对待。别人有理由讨厌他的态度，这会让他怀疑自己在人际关系中的失败，这些怀疑像是排水沟的缝隙，自我谴责的洪流会冲破它们，并扫除其全部虚假的自我安慰。

当我们认识到这种类型中自负和自恨所扮演的角色后，我们不仅对作用于其内心的力量有了更准确的认识，也改变了对他的整体观察方法。如果只关注他在人际关系中的行为，我们可以将他描述为高傲、无情、自我中心、虐待狂，或任何表示敌意和攻击的词汇。这些描述都是准确的。但当我们意识到他受困于自负系统的程度有多深，看到他为了不受自恨情绪的打压必须做出多大的努力，我们就会视他为一个饱受困扰、挣扎求生的人。这一形象同样准确。

在不同角度观察到的两个不同方面中，哪一个更为重要？这是一个难以回答的问题，甚至可能是无解的。但只有在他内心挣扎，不愿审视自己与人相处的困难，而这些困难又确实很遥远时，我们才能对他进行分析。在某种程度上，这时病人更容易接近，因为他的人际关系如此不稳定，以至于他不得不焦虑地逃避。但在治疗中首先处理内心精神的因素还有一个更客观的原因：我们看到这些因素在许多方面都为其自负和高傲的报复心理做出了贡献。事实上，我们无法脱离其自负和脆弱来理解他的高傲程度；也无法脱离他对抗自恨以保护自己的需求来理解其报复心理的强度。更进一步说，这些因素不仅是强化因素，而且还使其敌意倾向更具有强迫性。直截了当地处理这种敌意不仅注定无效，实际上也是无能为力的，这是其决定性原因。只要这些因素一直强迫性地存在（简单来说，他无论如何都无能为力），病人就不可能对认识到这一点感兴趣，也很少去审视它。

他对报复性胜利的需求当然是有敌意的攻击性倾向，但在他看来，为自己辩解的需要使其变成强迫性的。这种渴望一开始并不是神经症性的。他处于人类价值的低层次上，他只是必须为自己的存在辩护，以求证明自己的价值，但随后需求又变成恢复骄傲，防御潜伏的自卑，这使他的愿望变得紧迫。同样，他对正直的需求和因此而产生的自负需求（都具有战斗性和攻击性）都会因为阻止自我怀疑和自责情绪的产生而变得具有强迫性。最后，他对别人的所有吹毛求疵、惩罚谴责的态度都源于将其投射成自恨的急迫需求。

我们之前也提到，如果通常用来抑制报复心理的力量不起作用，报复心理就会增长；这些力量不起作用的原因主要在于内心的因素。始于儿童期的抑制温情行为被称为硬化过程，这一过程因别人的行为或态度而成为个体的必需，目的是保护他不受别人的伤害。他的自负不堪一击，大大加强了他对痛苦的需求，他坚不可摧的自负又会使其对痛苦的需求达到顶点。他对人间温情和情感的渴望（既有给予也有接受）一开始受环境阻挠，接着因其胜利的需要而牺牲，最后自恨情绪强加在他身上的爱因无能而冻结。因此，与他人相比，他没有什么珍贵的东西可以失去。无意中，他采纳了一位古罗马皇帝的箴言："毫无疑问，他们应该爱戴我，他们却恨我，至少他们应该害怕我。"健康的利己心理可以抑制报复冲动，但由于他自己对其个人利益毫不在意，这种利己心理被控制在最小值。即使是对他人的害怕，也被那强大且不会受到伤害的自负压制了。

在这种缺乏监控的情况下，有一种因素值得一提：病人几乎从不或很少同情他人。这种同情心的缺失有很多原因：他对别人抱有敌意，他对自己也缺乏同情心，但最有可能导致这种冷酷无情的是他对别人的嫉妒。这种苦涩的嫉妒——不是因为某件财产，而是因为普遍的嫉妒——来源于他排斥在整体生活之外。确实，因为处在困境中，他的确被排斥在一切让生活值得的事物之外——喜悦、幸福、爱、创造力，以及成长。如果遵循简单的逻辑线，我们可以说：难道不是他自己背弃了自己的生活吗？难道不是他自己对其禁欲般的不渴望也不需要任何事而自豪吗？难道不是他自己挡住了所有情绪的吗？那他凭什么嫉妒别人？但事实上，他就是嫉妒。自然，不经过分析，他的骄傲不允许自己苦涩地承认这些，但随着分析进程的深入，他也许会提到嫉妒的影响，嫉妒所有人都比他好。或者他会意识到，自己对别人大发雷霆只不过是因为他们总是快乐的、对某样东西表现出极其感兴趣的样子。他自己间接地做了解释，他觉得这种人当面炫耀自己的幸福就像是在恶意羞辱他。用这种方式感受事物不仅会导致例如想要扼杀快乐的报复冲动，还会通过遏制其对他人苦难的同情心，产生令人费解的冷漠。（易卜生笔下的海达·高布乐便是这种报复性冷漠的极好例子。）现在他的嫉妒让我们想起了损人不利己的态度。如果别人得到了他所不能得到的东西，不管他想不想要这个，都会刺激他的自负心。

但是这种解释还不够深入。在分析中会逐渐显露出来，尽管吃不到葡萄说葡萄酸，但他还是想要葡萄的。有一点不能忘记：其对生活的背弃不是主动的行为，他对生活的替代品也不是很满意。换言之，他对生活的热情受到遏制，但并未消散。在分析的开头，这可能只是充满希望的信念，但这在更多病例中得到证实。治疗的成功关键就在于有效性。如果他心中没有要更完整地生活的愿望，我们怎么能帮助他？这种意识与分析者对这种病人的态度也有关系。大多数人对这种类型不是吓得服服帖帖就是直接拒绝，这两种态度都不是分析者应该有的。自然，当分析者接受他成为病人时，分析师是想帮助他的，但是如果分析者自己怯懦了，他就不敢有效地直击问题。如果分析者打心底里拒绝他，那就不能在分析中卓有成效地工作；当分析者明白尽管病人总是和他反着来，但他也是一个正在受苦挣扎的普通人时，分析师会同情病人，尊重他、理解他。

现在回头看这三种扩张型解决法，我们发现神经症病人都旨在掌控生活。这是他们征服恐惧和焦虑的方式，这给他们带来生活的意义和生活的热情。他们尝试着通过不同方式掌控生活：自我欣赏与运用魅力、以其高标准强制命运的发展、做到不可战胜、以报复性胜利的精神去征服生活。

相应的，其情感表达也有惊人差异：从偶发的热情和愉悦到冷淡，最后彻底冷漠。这种特殊的表达主要取决于他们对其积极情绪的态度。在情感奔放的时候，自恋型在某种情况下友善而慷慨，尽管其产生的基础是虚伪的；完美型会表现得友善因为他应该这么做；自负报复型倾向于碾压友善的情绪并嗤之以鼻。三者都有很强的敌意，但自恋型的敌意会受到慷慨的压制；完美型因为自认为不应该有攻击性，所以表现得顺从；自负报复型的敌意更为公开、更具潜在破坏性。他们对他人期望的范围也不同：从对忠诚与容忍的需要，到对尊重的需要，再到对服从的需要。这些对生活要求的潜意识基础，一种在于对其伟大的天真信念，一种是谨小慎微地"对付"生活，还有一种是有权因受伤而得到补偿的想法。

可以预料，治疗的效果会因为上述情况的程度加深而减弱。但是这里我们还是要记住，这些分类仅仅表明神经症发展的方向，事实上治疗的成功率还依赖于其他的因素。在这点上，最相关的问题就是：这些倾向有多深多牢固，能抑制这些倾向的刺激或潜在刺激需要有多大？

第九章

自谦型解决法——爱之渴求

在探讨自谦型解决法时，我们面对的是处理内心冲突的另一种主要方法。这种方法在行为表现上与扩张型解决法截然不同。为了清晰理解自谦型解决法的特征，让我们简要回顾扩张型解决法的显著特点：他们倾向于强调自身的哪些特质，又对哪些特质感到厌恶和鄙视？他们发展了哪些个性，同时抑制了哪些？

扩张型个体美化并强化所有与掌控相关的特质。他们追求对他人的控制，享受支配并使他人依赖自己。这种态度也反映在他们期望他人如何对待自己上：无论是爱戴、尊重还是认可，他们渴望被他人服从和崇拜；他们厌恶被怜悯、安慰或依赖他人的感觉。

此外，扩张型患者对自己的能力感到自豪，坚信自己能够应对任何突发状况，他们是命运的主人。无助感可能令他们感到恐慌，但他们痛恨自己表现出这种情绪。

自我控制意味着他们塑造了一个理想的自我形象：通过意志和理性的力量，成为自己灵魂的领航者。他们不情愿承认潜意识中有力量在作用，即那些不受他们意志控制的力量。他们难以接受内心的冲突，或承认任何他们无法立即解决的困难，这让他们感到不安。他们认为痛苦应该被隐藏，否则就是一种耻辱。在治疗中，患者容易承认自己的自负，却难以面对自己的"应该"，或承认这些"应该"在某种程度上控制了他们。他们无法忍受任何形式的无助，更倾向于维持这样的幻觉：他们可以自行制定并实现规则。与因外部因素感到无助相比，他们更痛恨对自己的无助感。

转向自谦型解决法，我们发现了一个完全相反的侧重点。神经症患者不会自认为优于他人，也不会在行为上表现出这种态度。相反，他们倾向于顺从、依赖和取悦他人。面对无助和痛苦，自谦型的反应与扩张型截然不同：他们不会厌恶这些感受，反而会培养甚至无意中夸大它们。因此，任何将他们置于高位的言论，如赞美或认同，都会令他们感到不适。他们渴望的是帮助、保护和宠爱。

这些特点也体现在他们对自身的态度上。与扩张型形成鲜明对比的是，他们的生活充满了一种弥散性的失败感，因此他们倾向于感到内疚、卑下和可耻。这种自恨和自我贬低以一种消极的方式被投射出去：他们感觉别人在责备或鄙视他们。同时，他们倾向于否认并消除自身的任何夸大情绪，如自负、骄傲和傲慢。骄傲，无论是对任何方面的骄傲，都被视为禁忌。因此，患者不会意识到骄傲的存在，这种情绪被否认或无法感知。他们是温顺的自我，是没有权利的偷渡者。与这种态度一致的是，他们倾向于抑制所有代表野心、报复心、胜利和自私的特质。简言之，他们抑制所有扩张的态度和驱力，让自我牺牲成为主导倾向，以此解决内心冲突。只有在治疗中，这些冲突才显现出来。

此类患者对骄傲、胜利或优越感的焦虑在多个方面表现出来。他们害怕在比赛中获胜，这是极具特征且容易察觉的。例如，一位依赖型的神经症患者，在网球或下棋比赛中可能表现优异。只要她没有注意到自己的明显优势，一切就相安无事。但当她意识到自己领先许多时，就会失误或错过明显的获胜机会。即使在治疗前，她也知道自己失败的原因不是因为太在意胜负，而是根本不敢争取胜利。尽管她对被自己打败感到愤怒，但这一过程是无意识的，她无法阻止。

在其他情况下，类似的态度也会发生作用。这类态度的特点是，无法意识到自己处于优势地位，因此无法利用这一点。在这类人心中，特权变成了阻碍。他们总是无法认识到自己拥有知识，在关键时刻也无法利用它。在任何情况下，例如在面对用人或秘书的帮助时，如果没有明确的权利界定，他们就会感到迷茫。即使在提出完全合理的要求时，他们也觉得自己在占别人的便宜。他们要么不提要求，要么带着歉意和"内疚"的情绪。对于那些实际上依赖他们的人，他们可能会束手无策；当别人羞辱他们时，他们甚至无法为自己辩护。难怪别人觉得他们容易上钩，总是占他们便宜。他们总是很久之后才意识到自己没有为自己辩护，这时他们又会对自己大发脾气，同时气那些剥削他们的人。

他们对胜利的恐惧还体现在比竞赛更严肃的事情上，如成功、赞美和引起他人注意。他们不仅害怕公众行为，而且当他们努力获得成功后，也不觉得这是自己应得的。他们会惊惧不安、忽视这些成就，或将自己的成功归因于运气。他们不会觉得自己"做到了"，而是"它就是发生了"。成功与内心的安全感往往成反比。在自己的领域里不断成功不仅不能带给他们安全感，反而会带来更多焦虑。有时这种焦虑的程度会很惊人，比如一位音乐家或演员可能会因为焦虑而放弃有前景的机会。

此外，他们还必须避免任何"非分"的想法、感受和行为。在无意识但系统化的自贬过程中，他们总是退缩，避开任何他们觉得高傲、自负或自以为是的事情。他们忘记了自己的知识、成就和有用的行为。认为自己能处理好自己的事情，认为自己的邀请会被别人接受，认为自己欣赏的女孩会喜欢自己，这些想法都会被他们定义为"太自负"了。"我想做的任何事情都太狂妄了。"若他们真的有什么成就，那也是好运或欺骗得来的。有自己的想法和信念已经是狂妄的了，他们会很容易屈服于任何强烈的建议，甚至不考虑自己要什么，因此，他们会因受到对立面的影响而屈服。对他们而言，大多数合理合法的自我需求也是自以为是的、不合理的，例如遭受不公正的谴责时为自己辩护、点菜、要求加薪、签合同时为自身利益着想，或是对可爱的异性进一步追求等。

既存资产和成就可能会间接地被意识到，却不会在情感上被体验到。"我的病人觉得我似乎是一个好医生""我的朋友说我讲故事讲得很好"或"男人都告诉我我很有吸引力"。有时候即便是他人真诚的夸赞也会被视为过誉："老师觉得我很聪明，但是他们错了。"同样的态度甚至渗透进了他们的财产上。这类人不会觉得自己工作赚来的钱是自己的。即使他们在经济上很富裕，他们也会说我很穷。任何寻常的观察或自我观察都会显露出这种过度自谦下的恐惧。他们一抬头，这些恐惧就会出现。无论是什么让自贬发生作用，它一直是受其给自己设定的狭窄局限所维持的，这些局限有强大的禁忌不能跨越。他们应该易于满足，而不能要求更多。对他们而言，任何愿望、任何奋斗、任何伸手索要更多的行为都是对命运危险地或狂妄地挑战。他们不能通过节食或运动塑形；不能穿得耀眼以提高颜值；最后但同样重要的是，他们不能通过分析自我来提高自己。也许他们可以在胁迫下做这些事情，否则他们肯定是没有时间做这些的。这里我指的不是个体害怕解决具体问题，而是超出这些困难之外有一种力量根本不让他们做这些。与其在意识层面上认为自我分析有价值而形成鲜明对比的是，他们潜意识里往往觉得这太"自私"，在自己身上"浪费太多时间"。

他们表示鄙视的"自私"在综合性上和"非分"一样。于他们，自私意味着只做"为自己"的事情。他们有享受许多事情的能力但是一个人独享就是"自私";他们往往察觉不到自己的行为受这种思想的禁锢,而认为与人分享快乐只不过是自然而然的事情。事实上,分享快乐成了一种绝对的必须。不管是食物、音乐还是自然,如果不与他人分享,事物本身就失去了其韵味。他们不能为自己花钱,这种对个人开销的小气会达到荒唐的地步,尤其是在与他们为别人花钱的大手大脚的对比下,这种小气显得格外惊人。当他们越过禁忌为自己消费时,即使这类消费在客观上是合理的,他们也会惊慌不安。对时间和精力的利用也是如此。他们总是不能在闲暇时间读一本书,除非这本书有利于工作;他们不能给自己写一封书信的时间,但是会偷偷摸摸地在两个会面间挤出时间写;对于自己的物品,他们总是不能收拾得整整齐齐,除非是为了让某人夸赞才会去整理。类似的,他们会忽略自己的外表,除非有约会(职业上或是社交上的聚会),除非是为了别人。相反地,他们会在为别人争取什么的时候,比如帮对方认识喜欢的人或找份工作,而动用所有的精力和能力,但为自己做同样的事情时,他们就会束手束脚。

尽管他们心里也有敌意,但只会在情绪混乱的时候表达出来;否则他们会害怕纷争,甚至摩擦。原因有几个,一个原因是像他们这样剪去翅膀的人不是也不可能是好的战士;另一个是他们非常害怕有人对他们抱有敌意,他们会倾向于屈服、"投降"、原谅。当讨论他们的人际关系时我们会更好理解这一点。但是同时，与其他禁忌一致且是隐含的，这是一种对于"攻击"的禁忌。他们不能容忍自己对个体、想法、目标的不喜欢——必要时还会与之对抗。他们不能保持敌意，也不能有意识地背负着怨恨。因此，报复力始终处于无意识的状态，仅会用间接的、隐晦的方式表达出来。他们不能公然提要求，也不能公然怨恨。最困难的是，即便完全正当他们也不能批评、责备、控诉。他们甚至也不能说尖锐、诙谐、讽刺的话。

总而言之，所有非分、自私、攻击性的东西都是禁忌。如果我们详细了解这些禁忌覆盖的范围，就会知道它们严重抑制了任何有助于其成长和自尊的东西——个人拓展、为个人和个人利益战斗及辩护的能力。这些禁忌和自贬所构成的"畏缩过程"会人为地削弱其才干，让他们觉得自己像一位病人所做的梦一样，在无情的惩罚下，一个人将其身体缩小了一半，完全陷入贫穷和痴呆的状况。

这样，自谦型的人一旦有任何武断性、攻击性、扩张性的举动，就会触犯其内在禁忌，会引发其进行自我谴责和自我贬低。他们要么是产生整体上的惊慌感，这种惊慌没有指向实质性内容，要么就是产生内疚感。如果自卑较为显著，他们的反应会是害怕被嘲笑——他们觉得自己渺小而且不重要，任何跨越自己狭窄范围的行为都会被嘲笑。如果这种害怕是能够被意识到的，那它就会被投射出去。他们会认为如果在讨论中侃侃而谈，展露自己的野心，那么自己在别人眼中会是可笑的。然而，大多数害怕都是无意识的。无论如何，他们似乎永远也不知道这种害怕的巨大影响，但是这是让他们感觉自己低人一等的一个重要的相关因素。害怕被嘲笑是自谦型的典型表现，这和扩张型完全不同。扩张型人会十分狂妄自大，甚至认识不到自己会显得可笑或别人会觉得他可笑。

自谦型的人即便剥夺了自己追求任何事物的权利，也不会限制其他人做任何事。根据其内心指令，他们应该是让别人最终能得到帮助、照顾、理解、同情和爱的人。事实上，在其眼中，爱和牺牲是紧密相连的：他们应该为爱牺牲一切——爱即牺牲。

至此，禁忌和"应该"达成了惊人的一致，但迟早会产生矛盾。我们可以天真地期待这类人会憎恨别人身上的攻击性、傲慢或报复心。但是他们的态度是分裂的。他们确实憎恨它们，但偷偷地或公然地欣赏它们，而且不加以区别——不区别它们到底是真心的自信还是空洞的自负，是真实的能力还是自尊心作祟的吹嘘。这很容易理解，由于他们对自己强加给自己的屈辱感到烦躁，所以他们欣赏别人身上的攻击性品质，因为他们自己没有或很难拥有这种品质。但渐渐地，我们认识到这不是全部的原因。我们看到，他们身上还有一套隐藏得更深的价值观在起作用，这和我们之前描述的完全相反，他们羡慕攻击型人身上的扩张冲动，但为了自己的完整性，他们必须深深抑制住这种冲动。这种否认自己的自尊和攻击性，却羡慕别人的这种特性的想法，对其产生病态的依赖起了很大作用。这种可能性我们在下一章会提及。

当病人变得足够强大、能够面对与自己的冲突时，他们的扩张冲动便会比以前更明显。他们应该绝对的勇敢；他们也应该全面展示自己的长处；他们应该对所有冒犯他们的人给予还击。因此，如果有一丝的"胆怯"、无能以及顺从，他们就会对自己鄙视至极。因此他们便处于一种持续的两难之中，一件事他们做或不做都不对。如果他们拒绝借钱或给别人提供帮助，那么他们会觉得自己是可恶的。但若他们答应了这种要求，他们就会觉得自己是"蠢货"。若让他们设身处地为无理的人着想，他们又会觉得"可怕""完全不可能"。

只要他们还不能面对并解决这些内在冲突，他们就需要抑制自己的攻击性冲动。这种需求使得他们更加依赖于自谦的行为模式，因此变得故步自封。现在我脑海中浮现出这样一幅图景：一个人努力缩小自己的存在感，以避免做出任何可能被评价为扩张的行为。正如之前提到的，他感到自己正受到一种持续存在的控制力的驱使，这种力量不断地谴责和贬低他，这一点我们接下来还会讨论。我们也会看到，他同时感到自己极易受到惊吓，并且投入了大量精力来平复自己的情绪。在深入讨论其基本情况的细节和含义之前，让我们先通过了解导致其走上这条道路的因素，来理解这种类型人格的发展历程。

那些在成年后倾向于采用自谦型应对方式的人，在早期的人际冲突中，总是采取顺从他人的方式来解决冲突。在一些典型案例中，他们的成长环境与扩张型个体截然不同。扩张型个体在成长过程中可能过早地受到赞扬，或在严格的标准下成长，或遭受严厉的对待——被剥削或羞辱。而自谦型个体则总是在某人的"阴影下"成长：可能是一个得到偏爱的兄弟姐妹、受到外界崇拜的父母、美丽的母亲或极为专横的父亲。这种环境通常不稳定，容易引起恐惧。在这种环境中，孩子仍可以获得某种情感，但代价是他必须成为自甘居于下位的奉献者。例如，可能有这样一位长期受苦的母亲，如果她的孩子没有给予她特别的关心和照顾，她就会使孩子感到愧疚；也可能有这样一位父亲或母亲，在得到盲目的夸奖时，他（她）会表现得极为友善或慷慨；或者有一个占主导地位的兄弟姐妹，只要讨好他（她），就能获得喜爱和保护。因此，随着时间的推移，在孩子的心中，反抗的愿望和情感需求相互斗争，他抑制了自己的攻击性，放弃了斗志，对情感的需求也逐渐消失。他不再发脾气，变得温顺服从，学会了取悦每个人，学会了依赖无助和赞美来赢得他最害怕的人的喜爱。他对敌意极为敏感，必须谨慎地处理每件事。因为争取他人的接纳变得极其重要，他努力培养自己让人接受和令人喜爱的特质。尽管他有着炽热而强烈的雄心，但他会经历另一阶段的反抗。为了获得爱和自我保护，他最终放弃了这些扩张的行为。这种情况有时会出现在青春期，有时会出现在他初次坠入爱河时。之后的发展在很大程度上取决于他的雄心受到压制的程度，他的反抗行为可能会转变为顺从或喜爱。

与其他神经症患者一样，自谦型个体通过理想自我来解决早期发展中的需要，但他只能以一种特定的方式做到这一点。他的理想形象主要是由多种"可爱"的品质组合而成：无私、善良、慷慨、幽默、神圣、高贵以及富有同情心。无助、痛苦和殉难也被赋予了美好的意义。与自负报复型个体不同，对于自谦型个体来说，幸福和苦难不仅仅关乎个人的情感，还关乎整个人类、艺术、自然以及所有有价值的事物。深刻的感受力是他理想化自我形象的一部分。自我牺牲的倾向源自他解决与他人基本冲突的策略，只有通过强化自我牺牲的倾向，他才能完成内心的指令。因此，他对自负持有矛盾的态度。一方面，由于他虚构出的圣洁和可爱的品质是他全部的价值所在，所以他会不由自主地感到自豪。一位病人在康复期间这样描述自己："我谦逊地认为自己在道德上胜过别人。"尽管他不承认自己自负，也没有在其行为中表现出来，但他的神经症性自负通常以脆弱、自我辩护和逃避等间接方式表现出来。另一方面，他那神圣的、可爱的形象不允许任何"有意识的"自负感；他必须退缩，消除所有骄傲的迹象，从而开始了自我缩小的过程，使自己变得弱小和无助。他无法将自己骄傲的自我与内心等同起来，只能感受到受限、受伤的自我。他不仅感到自己绝对弱小无助，还感到愧疚、不被需要、缺乏爱、愚蠢、缺乏能力。他视自己为失败者，认为自己是被压迫的人。因此，将自负从意识中排除成了他解决内心冲突的方法。

到目前为止，我们发现这种解决内心冲突的方法存在两个问题。其一是畏缩的过程。其二是扩展的禁忌使他成为自恨的无助受害者。在分析初期，当许多自谦型病人对任何自责都有强烈恐惧时，我们就可以在他们身上看到这一点。这类人可能只感到恐慌，却往往意识不到自我谴责和恐慌之间的联系。

他还可能意识到自己过于容易接受别人的指责，随后又发现这些指责毫无根据，对他来说，承认自己的过错比指责他人来得容易。事实上，面对批评时，承认自己的过错是一种快速而自发的反应——他的理智尚未介入。但他没有意识到自己在"积极地"虐待自己，更不用说意识到虐待的程度了。他反复做着象征自贬和自我谴责的梦，自我谴责最典型的梦境是被执行死刑：他被判了死刑，尽管他自己也不清楚原因，但还是接受了，没有人表示怜悯或关心。或者他梦到或幻想自己遭受折磨，这种对折磨的恐惧可能表现为疑病症：头痛被误认为是脑瘤的症状，喉咙痛被怀疑为肺结核，消化不良则被担心是胃癌。

随着治疗的深入，患者自我谴责和自恨的强度逐渐变得清晰。讨论到他的任何困境都可能使他崩溃；当他意识到自己的敌意即将浮现时，便觉得自己是个潜在的凶手；当他发现自己对他人有许多期望时，便觉得自己可能会成为一个掠夺性的剥削者；当他意识到自己对时间或金钱的管理不善时，他会因自己的"堕落"而感到恐慌；焦虑的存在让他感觉自己处于精神错乱边缘，快要完全失衡。如果在治疗初期就暴露出这些反应，可能会加剧这种状况。

因此，我们最初可能会有这样的印象：相比于其他神经症患者，他的自恨或自我贬低似乎更为强烈和严重。但随着我们对他的了解加深，并将他与其他临床案例进行比较，我们放弃了这种看法，认识到他仅仅是对自身的自恨感到更加无助。扩张型患者所拥有的抵制自恨的有效手段他都不具备，尽管他确实尝试像其他神经症患者一样，遵循自己的规则和禁忌，听从自己的理智和想象，并通过这些手段来掩盖和修饰自己的自恨。

他无法通过伪善来消除自我谴责，因为这样做就会打破他对高傲和自负的禁忌。他也不能厌恶或鄙视他人身上那些被自己所摈弃的特质，因为他必须保持"通情达理"和宽容。指责他人或表现出任何敌意实际上都会吓到他自己（而不是让他感到安心），因为他对攻击行为有所禁忌。而且，我们很快发现，他非常需要他人，因此必须避免冲突。最终，由于这些因素，他在战斗中并不是一个出色的战士，这不仅体现在人际关系上，也体现在他对自己的攻击上。换句话说，他对于自我谴责、自贬、自虐等行为无力反击，也无力抵抗他人的攻击。他接受了一切。他接受了内心残暴的判决，这反而又加深了他对自己的负面情感。

尽管如此，他仍然需要自我防御，并发展出了自己的防御机制。只有当他的特殊防御机制出现故障时，他对侮辱性自恨的恐惧才会浮现。自我贬低的过程不仅是避免扩张的态度，让自己限制在规定的禁忌之中，也是缓解自恨的一种方式。自谦型人在受到他人攻击时的典型行为可以很好地解释这一点。他尽力通过过于急迫的认罪来缓和指控："你完全正确，都是我的错。"通过表达歉意、悔恨和自责，他试图获得同情和安慰。他也可能通过强调自己的无助来乞求怜悯。他以同样的方式减轻自责的痛苦：他扩大内心的愧疚感和无助感，认为自己把一切都搞砸了。简而言之，他强调自己的痛苦。

另一种不同的缓解内心紧张感的方式是消极投射，这体现在自谦型神经症患者的感受中：感到被他人指责、怀疑、忽视、鄙视或残酷对待。这种消极投射虽然可以减轻焦虑，但它不像积极投射那样是摆脱自我谴责的有效方法。此外，消极投射会干扰他的人际关系，而他对这种干扰极为敏感。

所有自我防御措施都让他处于不确定的内心状态中。他仍然需要更有力的安慰。即使在他的自恨保持在一定范围内时，他也感觉自己所做的或为自己所做的事情是没有意义的——比如他的自我贬低，这让他长期处于不安之中。因此，他按照以往的模式，向他人寻求帮助以加强他的内心地位：从他人那里获得被接受、得到同意、被需要、被爱以及受到表扬的感觉。他的救赎感来自他人。因此，他对他人的需求不仅大大增强，而且往往具有无法控制的特点。我们开始理解"爱"对这一类型的人的吸引力有多大。我用"爱"来指代所有积极的情感，无论是同情、温柔、情爱、感激、性爱还是被赞扬的需求。我们将在专门章节中详细讨论这种爱的吸引力是如何影响一个人的爱情生活的。这里我们总体上讨论一下这种吸引力是如何在他的人际关系中起作用的。

扩张型人需要他人来确认他的力量和他虚假的价值；他也需要他人作为其自恨的安全阀。他更倾向于依赖自己的资源，并能从自负中获得更大的帮助。他对他人的需求与自谦型人相比，既不强迫也不复杂。这些需求的性质和重要性揭示了自谦型人"对他人抱有期待"的基本特征。自负报复型的人期待不幸；真正超然的人（我们将在后续讨论）不期待任何好事或坏事；而自谦型人始终期待好事。表面上看，自谦型人对"人性本善"有着不可动摇的信念。事实上，他们对他人身上的这类品质也确实更为敏感。但由于他们的期待具有强制性，因此他们无法对此进行区分。他们通常无法区分真实与虚假的友善；他们太容易被别人的善意和关注所"收买"。此外，他们内心的指令告诉他们，"应该"喜欢每个人，"不应该"多疑。最终，他们对敌意和可能的斗争的恐惧使他们忽视、抛弃、缩小这类品质，并将其解释为撒谎、懦弱、剥削、残忍和背叛。

一旦发现关于这些事实的不容置疑的证据，他们就会感到非常震惊；尽管如此，他们仍然拒绝相信别人有任何欺骗、羞辱或剥削的意图。即使他们一直并仍在感受到被虐待，也不能改变他们的基本期待；在经历苦难之后，即使他们可能知道没有人或团体会对他们有任何善意，他们也坚持相信没有任何欺骗、羞辱或剥削。特别是当这种情况发生在一个在其他事情上特别精明的人身上时，他们的这种盲目性会让朋友或同事感到惊讶。但这仅仅表明这种情感非常强烈，以至于超越了客观事实。他们越对别人有期待，就会越将对方理想化。因此，他们并不是真正信任人类，而只是有一种盲目乐观，这种乐观不可避免地让他们对人更加失望、更加缺乏安全感。

这里有一个关于他们对别人期待的简单总结。首先，他们必须感到被接纳，他们需要任何形式的接纳：关注、赞同、感激、喜爱、同情、爱、性。正如当今社会上许多人觉得自己的价值取决于他们挣了多少钱，自谦型神经症患者用"爱"来衡量自己的价值。这里的"爱"是广义的，包括所有形式的接纳，他们的价值就在于被喜欢、被需要或被爱。

此外，他们需要与人接触和被人陪伴，因为他们无法忍受任何独处的时光。他们很容易感到迷失，好像失去了与生活的联系。尽管这种感觉很痛苦，但只要他们的自虐被限制在一定范围内，这种感觉就可以被忍受。一旦自责或自卑感变得强烈，这种迷失感就会变成一种不可名状的恐惧，也就是在这个时候，他们对他人的需要变得迫切。

因为独处对他们而言意味着自己不被需要、不受喜爱，所以独处是不光彩的，需要隐藏的，因此他们对陪伴的需求更加迫切。一个人去看电影或旅行是令人尴尬的；别人在社交而自己单独度过周末也是可耻的。这在一定程度上解释了他们的自信依赖于他人对自己的关心；他们同样需要他人对自己所做的任何事情赋予意义和兴趣。自谦型人需要一个对象，可以为这个对象缝纫、做饭、修建花园，需要一个可以为之弹钢琴的学生，需要一个依赖他的病人或客户。

除了这些情感支持，他们还需要帮助——大量的帮助。在他们心中，他们所需要的帮助处于一个完全合理的限度内，一部分是因为他们对大多数帮助的需求是潜意识的；另一部分是因为他们关注具体的请求，仿佛那些请求是独立的、唯一的：帮助他人找到工作，与房东协商，陪同他人购物或为他人购物，借钱给他人。他们认为自己意识到的任何求助意愿都是完全合理的，因为背后的需求是如此之大。但在治疗中我们看到了全貌：他们对帮助的需求实际上等同于期待别人为自己做任何事。别人应该主动提供帮助，完成他们的工作，承担他们的责任，赋予他们的生命意义，或者管理他们的生活，这样他们才能继续与他人共同生活。

认清这些需求和期待的全部范围后，爱的吸引力对自谦型人的力量变得尤为清晰。它不仅是缓解焦虑的一种方式：没有爱，他们的生命就没有价值，失去意义。因此，爱是自谦型解决法的固有组成部分。对这类人而言，个人情感中的爱情就像氧气一样不可或缺。

自然而然地，患者带着这种期待进入治疗关系中。与大多数扩张型患者不同，他并不觉得寻求帮助是羞耻的。相反，他可能会夸大自己的需求和无助，积极寻求帮助。他当然希望以自己的方式解决问题：他渴望通过"爱"得到根本的治愈。他愿意在治疗中努力做出改变，但很快我们就会发现，他急切地认为拯救和救赎必须来自外界（在这里是治疗师）——通过获得他人的认可和爱。他期待治疗师用爱来消除他的愧疚感；如果治疗师是异性，这可能指的是性爱，但更多时候，他期待的是以友谊、特殊关照或兴趣等更普遍的方式表达的爱。

正如经常发生在神经症患者身上的情况一样，需求转变为要求，也就是说，他开始认为这些好事应该自然而然地发生在他身上。对爱、喜爱、理解、同情或帮助的需求转变为一种权利："我有权得到爱、喜爱、理解、同情；我有权让别人为我做事；有权不追求幸福，而是等待幸福降临。"毫无疑问，与扩张型患者相比，自谦型患者的这些要求隐藏在更深层的潜意识中。

与这一方面相关的问题包括：自谦型神经症患者基于什么提出要求，以及他是如何提出这些要求的？最能体现在意识层面且有现实基础的是他努力让自己变得受欢迎和有用。由于他的气质、神经结构和客观条件的变化，他可能具有魅力、顺从、体贴，对他人的愿望非常敏感，乐于助人、有牺牲精神、善解人意。他可能会自然地高估自己为他人所做的事情，却没有意识到别人可能不喜欢他这种关心和慷慨；他没有认识到自己的帮助是有条件的；他从周到的照顾中删除了所有可能引起不快的特质。因此在他看来，友谊坚如磐石，他就可以期待得到回报。

他的要求的另一个基础对他来说更为不利，对他人也更具强制性。因为他害怕孤独，别人就应该陪伴他；因为他不能忍受噪声，家里的每个人就必须保持安静。这样，神经症的需要和痛苦似乎得到了补偿。在潜意识中，痛苦被用作提出要求的挡箭牌，这不仅抑制了他克服痛苦的动力，还导致他对痛苦的反应过于扩张。这不是说他的痛苦仅仅是为了吸引注意而伪装出来的，这种痛苦在更深层次上影响着他，因为他必须首先向自己证明，自己有权满足自己的需求。他必须感觉到自己的痛苦非常严重，以至于有权得到帮助。换句话说，这一过程使人更加痛苦，但如果没有潜意识中的战略价值，痛苦就不会这么强烈。

第三个基础更深层、更具破坏性，并且通常隐藏在潜意识中。患者感觉自己受到了虐待，因此有权要求补偿。他可能会梦到自己被摧毁到无法恢复的地步，因此有权实现所有要求。要理解这些报复成分，我们必须探究导致他感到被虐待的原因。

对于一个典型的自谦型神经症患者来说，感到被虐待几乎是他对生活的一种潜在且持续的态度。首先，正如已经提到的，别人总是利用他的毫无防备和对帮助及牺牲的过度渴望。由于他觉得自己毫无价值，无法为自己辩护，有时甚至没有意识到这种虐待。由于他的畏缩心理，即使别人没有敌意，他也不敢展现自己。即使在某些方面他比别人更幸运，他的禁忌也不允许他认识到自己的优势，他必须让自己觉得比别人差远了。

其次，当他潜意识中的许多要求没有得到满足时，比如，当他强迫性地努力取悦他人、帮助他人、为他们牺牲而对方并没有表现出感激之情时，他也会感到被虐待。这种感到被虐待是他要求受挫的特有反应，与遭遇不公正待遇时的自怜和愤怒不同。

也许比这些来源更核心的是他对自己的虐待：通过自责、自卑、自我折磨和自我谴责这些投射的方式。自我虐待更为强烈，良好的外部环境很难制止它。他总是讲述自己的悲惨经历，希望唤起别人的同情心，并期待得到更好的解决办法，但他很快就会发现自己仍处于困境之中。实际上，他可能并没有像自己认为的那样受到不公平对待；无论如何，这种感觉背后是他自我虐待的现实。突然产生的自责情绪和随之而来的情绪之间的关系不难发现，例如，在治疗中，只要他因看到自己的困难而感到自责，他就会立刻回想起以前真正受到虐待的事件或时刻——无论是在童年时期、之前的治疗过程中，还是在工作中。就像以前无数次一样，他会夸大对自己的不公，总是耿耿于怀。同样的模式也出现在其他人际关系中，比如，如果他隐约感觉到自己并不那么善解人意，他就会迅速转变为受害者的角色。简言之，即使他对不起别人或将自己的隐性要求强加于他人，他对犯错的恐惧也迫使他觉得自己是受害者。因此，感觉自己是受害者成了他自恨的保护伞，这是一种战略立场，是一种积极的防御。自责情绪越强烈，他就越疯狂地证明并夸大对自己的不公——他也就越深刻地感受到"虐待"。这种需求是如此强烈，以至于他当时无法接受帮助。因为接受帮助，甚至向自己承认有人在提供帮助，都会导致他作为受害者的防御地位崩溃。相反，一旦产生受虐感就去寻找可能的罪恶感，这在某种程度上是有利的。在治疗中经常看到，一旦他认识到自己对这种处境的责任，并且能够以一种实事求是的态度来看待它，也就是不再自我谴责，他感到被不公平对待的感觉就会回归到正常水平，或者不再感到被不公平对待。

自恨的消极投射可能不仅仅是感到被虐待，他也可能促使他人对他施虐，从而将内心的场景实现在外部。在这种方式下，他以自己的方式成了由于受到卑鄙残暴的外界影响而合情合理的受害者。

所有这些强大的力量结合在一起使他感到被虐待。但在进行更深入的观察后就会发现，他不仅因为各种原因感到被虐待，而且内心的某个角落甚至欢迎这种情绪，还会主动追寻它。这表明感到被虐待一定有重要的功能，这一功能使他得以发泄被压制的扩展欲望——这几乎是他唯一可以忍受的发泄方式——同时为他提供掩护。这一功能也让他暗地里觉得自己高人一等（苦难的王冠）；为他对别人的敌意和攻击提供了合理的基础；最后也掩盖了他的敌意和攻击，因为目前看来，大多数敌意都得到了压制，并通过痛苦展现出来。因此，感到被虐待成了自谦型神经症患者看到、感受到内心冲突的最大障碍。尽管对每个因素的分析都有助于减轻其顽固性，但只有当他直面这种冲突时，它才会消失。

只要受虐感一直存在——通常它不会静止不动，而是随着时间递增，它就会导致对他人愈发深重的报复性憎恨。这一报复心的敌意大部分是无意识的，它必须得到深深的抑制，因为其所依赖的主观价值都会因为它而受到威胁。它会破坏他完美强大的理想形象；会让他觉得自己不可爱，与他对他人的所有期待发生冲突；会违反他内心关于成为一个考虑周全、宽宏大量的人的指令。因此，当他感到愤恨时，他不仅对抗他人，也对抗自己。于是，这种憎恨成了这类人最初的破坏性因素。

尽管这种憎恨普遍受到压抑，有时指责还是会以缓和的形式表达出来。只有当他被逼到绝望时，锁住的大门才会敞开，让激烈的指责冲出内心。尽管这可能准确地表达了他沮丧的情绪，但他通常会因为表达自己的真实想法而感到不安，并因此放弃。但他表达报复性恨意的最典型方式还是通过受苦。愤怒可以转化为任何身心疾病的症状，屈服感、沮丧感所引起的不断加深的痛苦。如果治疗师在治疗中激起了病人的这种愤怒，他不会明显生气，但他的状况必然会恶化。他会不断抱怨，指出治疗没有帮助他好转，反而使他的病情更加严重。治疗师可能会意识到之前的治疗中是什么触发了病人，也试图让病人意识到这一点。但病人对寻找可能减轻其痛苦的线索没有兴趣，他只是不断重复自己的抱怨，好像他必须通过这种方式让治疗师确信这对自己产生了多么深远的影响。在无意识的情况下，病人试图让治疗师因为让自己受苦而感到愧疚。这往往是自谦型神经症患者内心体验的确切再现，痛苦因此获得了其他的功能：吸收愤怒并让他人感到愧疚——这是报复他们的唯一有效方式。

所有这些因素使他对别人的态度产生了奇怪的矛盾：表面上主要是"天真"的信任，内心却是不加区分的怀疑和憎恨。

报复心理所产生的紧张感可能是巨大的。关键问题不在于他体验到这样或那样的不安，而在于他如何努力维持一种合理的平衡。他能否做到这一点，以及能维持多久，一方面取决于其内心紧张的程度，另一方面依赖于外部环境。与其他类型的神经症患者相比，由于自谦型神经症患者的无助感和对他人的依赖性，环境因素对他们而言尤为重要。如果一个环境不要求他做出违背自身禁忌的行为，使他能在这样的环境中生存，并且根据其结构提供一种他所需的、且被允许的满足方式，那么这种环境对他而言就是有利的。假设他的神经症不是非常严重，他可能会过上一种为他人或某个事业奉献的、令自己满意的生活；只要他感到自己被需要、被喜爱，他就会不顾自己的需求去做有用的事情、帮助他人。即使内心和外部条件都达到理想状态，他的生活基础也是不稳定的，它仍然可能会受到外部情况变化的威胁：他照顾的人可能会去世或不再需要他；他所奉献的事业可能会失败，或者变得对他来说不再重要。尽管健康的人可以承受这些损失，但这些损失可能会将他推向"崩溃"的边缘，使他所有的焦虑和徒劳感都涌现出来。另一个威胁主要来自内心。他对自己的敌意或对他人的敌意可能非常强烈，导致其更强烈的内心紧张，以至于他无法承受。换句话说，他产生受虐感的可能性很大，以至于任何环境对他而言都是不安全的。

主导条件可能还没有包括我之前描述的一些有利因素。如果在内心紧张的同时，外部条件也非常困难，他不仅会变得特别悲惨，而且其内在平衡也会受到破坏。无论出现什么症状——恐惧、失眠、食欲不振，它们都是内心敌意"冲垮大坝""淹没系统"的表现。所有他对他人的苦涩指责都会浮现；他的要求变成了公然的报复，毫无理智；他的自恨变成了有意识的，并且达到了可怕的程度。他的状况是完全的绝望。他会处于极度的恐慌中，且有很大可能会自杀。这幅图景与那个过于懦弱、焦急地取悦他人的人有很大的不同。但是，初期与末期都是神经症发展过程中不可或缺的一部分，在末期出现的破坏性力量并非一直处于被压制的状态。当然，在完全理智的外表下，紧张情绪要比我们看到的多得多，但只有逐渐增多的沮丧和敌意才能导致末期状态。

由于自谦型解决法的其他方面将在病态依赖的讨论中被提及，所以我将仅从总体上概述这种结构的大致轮廓，并对这种神经症痛苦的问题进行简要评价。每一种神经症都包含了真正的痛苦，通常这种痛苦超出了人的意识。自谦型人因为阻止了自己的扩展而受苦，他自我虐待，对他人态度矛盾，从而被束缚。这些都是纯粹的痛苦，它们不服务于任何秘密的目的，也不是为了以某种方式吸引注意而上演的戏剧。但是除此之外，他的痛苦还承担了部分功能。我建议将因使用这种方式而遭受的痛苦称为神经症性或功能性痛苦。我之前已经提到过一些功能：痛苦成为他提出要求的基础；这不仅仅是寻求关注、关心和同情，还赋予了他得到这些的权利。它服务于维持其解决措施，因此具有整合的功能。痛苦还是患者表达报复心理的特殊方式。这种例子确实很常见，例如在夫妻关系中，如果有一方患有神经症，这种症状就成了对付对方的致命武器；或者父母因为孩子的一次擅自行动而给他们灌输负罪感，以此用来惩罚孩子。

给别人造成如此多的痛苦，他是如何心安理得的呢（尤其是他还是一个不想伤害他人感情的人）？他可能会隐约意识到自己是周围环境的负担，但他不会直面这一点，因为他的痛苦赦免了他。简单地说：他将痛苦归咎于他人，而宽恕了自己。在他心中，痛苦是所有事情的借口——他的需求、暴躁、使他人情绪低落的行为。痛苦不仅让他避免了自责，还让他避免了对他人的责备。而痛苦对原谅的需求也转变为了一种要求，他的痛苦使他有权得到"理解"。如果别人批评他，"他们"就是无情的。不管他做了什么，都应该唤起别人的同情，并得到他们的帮助。

痛苦还以另一种方式赦免了自谦型人。他没有让生活变得更好，也没有实现自己的雄心壮志，痛苦则为这提供了全面的托词。正如我们所看到的，尽管他急于避免雄心和胜利，但他对成就和胜利的需求仍然在运作。痛苦则保全了他的自尊——无论是有意的还是无意的。他会想，如果不是因为这种奇怪的疾病，自己一定能够取得巨大的成功。

最后，神经症痛苦可能会伴随着想要撕裂成碎片的想法。在危难时刻，这样做的吸引力会变得更大，并且这种吸引力可以被意识到。在这一阶段，更多时候只有反应性的恐惧是在意识层面的，例如内心的恐惧、身体上的恐惧、对道德堕落的恐惧、对徒劳的恐惧、对年老无力的恐惧等。这些恐惧表明，病人身上健康的部分想要一个完整的人生，而且对意识到的将要崩溃的那部分做出了反应。这一倾向同样会在无意识中运作。病人甚至不会认识到自己的状况已经到了不可修复的地步，例如，他无法做一些事，更害怕别人，更加沮丧消沉。直到有一天他突然醒悟，发现自己正处于走下坡路的危险之中，而这是由他自己内在的东西导致的。

在困难时期，"颓废"可能对他有很大的吸引力。它成为他打破困难的一种方式：放弃对无望的爱的追求；放弃实现矛盾的"应该"的疯狂尝试；摆脱因接受挫败而自责的恐慌。这也是一种吸引他的消极方式，它不像自杀倾向那样活跃，在这种情况下个体很少出现自杀倾向。他只是不再挣扎，任由自我毁灭的力量自行发展。

最后，对病人而言，在无情世界的攻击下裂成碎片是最终的胜利。这可能会表现为"死在冒犯者脚下"这一明显形式。但更多时候，这不是一种明显的痛苦，而是意图让他人蒙羞或是在此基础上提出要求。这是一种心灵上的胜利，甚至可能是潜意识层面上的。当我们在分析中揭开其面纱时，我们发现其混乱的内心世界所支持的是对软弱与痛苦的美化。痛苦本身成了高贵的证明。在一个卑鄙的世界里，一个敏感的人除了裂成碎片外还能做什么！难道他应该战斗、维护自己，任由自己沦落到这种粗俗、粗鄙的地步？他只能宽恕，然后带着殉难者的"皇冠"而消逝。

这些神经症痛苦的所有功能，解释了其顽固性和深刻性。它们都源自整个结构的可怕需求，并且只有在这种背景下才能被理解。就治疗方法而言：只有从根本上改变其性格结构，才能消除这些。

为了理解自谦型解决法，我们不能不考虑整体图景：历史发展的整体性和任一时段的整体进程。对这一理论进行简单的归纳后，其缺陷似乎来自对某些方面的片面关注。例如，可能有的方面过分聚焦在心理因素或人际关系因素上。我们不能单独理解任一方面的动力，而是要理解人际冲突导致的特殊心理结构的形成过程，这一过程又会反过来依赖并修正旧的人际关系，使其更具强迫性、更有毁灭性。

此外，有些理论，如弗洛伊德和卡尔·门宁格的理论，过于关注明显的病态现象，如"受虐"异常、沉溺于罪恶感、自我施加的痛苦。它们忽略了更正常的倾向，确切地说，是懦弱和恐惧决定了战胜别人、向他人靠近及和平共处的需要，这些也是健康个体态度的萌芽。与攻击报复型人的明显的傲慢态度相比，这种类型的谦卑及其臣服于自己的能力（虚假的基础）似乎更接近于正常人。这种品质使自谦型人比其他神经症患者更"正常"。这里我说的不是他的防御；正是刚刚提到的倾向使他开始脱离自我，引发进一步的病理状态。我只想说，如果我们不将这些需要视为整个解决措施的本质部分，那么我们就会不可避免地对整个过程产生误解。

最后，有些理论虽然关注于神经症痛苦——当然这是其核心问题，但与整个背景相去甚远。这必然导致对战略性策略的过分强调。因此，阿尔弗雷德·阿德勒将痛苦视为一种引起注意、减少责任、获取不正当地位的方式。西奥多·瑞克强调表现性痛苦是一种获得爱和表达报复心的手段。弗朗茨·亚历山大强调痛苦是为了减少内疚情绪。这些理论都基于合理的观察，但因为未能充分渗透神经症的整个结构，所以得到的图景也和主流观点差不多，认为自谦型人只是想要痛苦，或只有在苦难时才会快乐。

要看到自谦型神经症患者的完整图景，这不仅对于理解相关理论来说很重要，而且对于分析师对这类人形成恰当态度也同样重要。由于他们隐藏的要求及其神经症带来的说谎的特殊烙印，他们很容易引起别人的憎恨，但他们比其他人更需要同情和理解。

第十章

病态依赖

在自负系统内解决内心冲突的三种主要方式中，自谦型方式似乎是最不令人满意的。它不仅具备每种神经症解决措施共有的缺陷，还产生了比其他类型更强烈的主观不幸福感。自谦型人所经历的痛苦不一定比其他神经症患者多，但由于痛苦带给了他许多功能，他在主观上会更频繁、更强烈地感受到痛苦。此外，自谦型神经症患者对他人的需要和期待导致了他们的过度依赖。虽然任何形式的强加依赖都会造成痛苦，但这种依赖尤为不幸，因为它的人际关系是不可分割的。然而，爱（仍指广义的爱）是唯一能给予其生活积极内容的东西。爱，特别是性爱，在他们的生活中扮演了独一无二的重要角色。我们将在后续章节中详细讨论这些内容。尽管这不可避免会产生一定的重复，但我们也因此有机会更深入地了解其整个结构中的某些显著因素。

性爱对这类人来说充满了诱惑，甚至被视为至高的满足。爱必须是，也确实是通往天堂的门票，在那里所有的悲伤都结束了：不再感到失落、内疚、不值得；不再为自己承担责任；不再在残酷的世界中毫无防备地挣扎。爱似乎成了一种保证：保护、支持、鼓励、同情、理解。它赋予他一种价值感，赋予他生命的意义，既是救赎也是补偿。因此，他将人分为拥有者和一无所有者两类，不是根据金钱和社会地位，而是根据是否结婚或拥有类似关系来分类。

到目前为止，爱的重要性主要在于患者期待从被爱中得到一切。一些描述依赖型人之爱的神经症学专家片面地强调了这一方面，他们将这种爱称为寄生的、海绵式的或"口欲的"。这一方面确实值得研究，但对一个典型的自谦型神经症患者（即长期具有自谦倾向的人）来说，爱与被爱的吸引力是相等的。对他而言，爱意味着牺牲，将自己沉浸于某种狂喜之中，与另一个人结合，与对方身心合一，并在这种结合中找到他无法独立找到的自我。因此，他对爱的渴望有了深刻而有力的来源：对屈服和结合的渴望。如果不考虑到这些来源，我们就无法理解其情感涉及的深度。对结合的追求是人类最强大的动力之一，对神经症患者来说更是如此。在许多宗教中，臣服于某个比我们更强大的事物似乎是很重要的。尽管自谦型的屈服是对健康人渴望的可笑模仿，但它同样拥有强大的力量。这不仅表现在对爱的渴望中，还体现在许多其他方面。一个事实是，患者倾向于迷失在各种情绪中："眼泪的海洋"、对自然的迷恋、无法自拔的内疚、对在性高潮或睡眠中"消失"的渴望，以及常常渴望将死亡作为生命的终结。

再进一步来看：爱的吸引力对他来说不仅在于对满足、和平、统一的希望，还在于，对他人而言，爱是实现其理想自我的唯一途径。通过爱，他可以充分发展其理想自我的可爱品质；通过被爱，他得到了对理想自我的最高肯定。

由于爱对他而言具有独一无二的价值，所以在自我评价中，讨人喜欢的品质位居第一。我已经提到，讨人喜欢的品质的培养始于早期对情感需求的响应。他人对其心灵平静的重要性越大，讨人喜欢就越重要。扩展型行为越是受到压制，讨人喜欢的行动就越是包罗万象。讨人喜欢的品质是唯一被授予"受制的自负"称号的品质，这种受制的自负体现在他对任何针对自己的批评或质疑都高度敏感。如果他为满足别人的需求所做的努力没有得到感激，或者反而激怒了对方，他就会深感受伤。因为这些讨人喜欢的品质是他唯一珍视的东西，所以他将所有对这种讨好的拒绝都视为对他本人的拒绝。因此，他对被拒绝的恐惧极为深切，拒绝对他来说不仅意味着丧失对他人依赖的所有希望，还公开表明他是一个无用的人。

在治疗中，我们可以更深入地研究讨人喜欢的品质是如何通过一套严厉的"应该"系统而得到强化的。他应该不仅要有同情心，还需获得绝对的理解。他应该不能感到受伤，因为所有这种情绪都通过理解被消除了。除了感到痛苦，感到受到伤害也会引起自责，会谴责自己狭隘和自私。他尤其不应该受到嫉妒这种痛苦的伤害——对于一个很容易对拒绝和背叛产生恐惧的人来说，这种指令完全不可能实现。他所能做的就是坚持假装"心胸宽广"。任何摩擦的产生都是他的错。他应该更真诚，考虑得更周到，更宽容。他对"应该"的感知程度会发生变化，通常一部分会投射给伴侣，于是他急切地去满足伴侣的期待。在这一点上，两种最相关的"应该"在于他应该将任何恋爱关系发展成绝对和谐的状态，以及他应该能让伴侣爱他。在陷入一种难以维持的关系中时，虽然他完全知道自己最好的选择是结束这段关系，但他的自负会认为这种结果是可耻的失败，并要求他修复好这段关系。正因为这些讨人喜欢的品质——无论多虚伪——都带有一丝秘密的自负，它们也成为其许多隐藏需求的基础。它们使其有权得到唯一的关注，以及实现（我们在上一章提到过的）他的许多需求。他觉得自己应该被爱，不仅是因为他对别人的关心（这可能是真的），也因为他面对痛苦和自我牺牲时的脆弱和无助。

在这些"应该"和要求中，可能会产生相互冲突的"气流"，他可能会不可避免地深陷其中。有一天，当他无辜地感到受虐时，他下定决心去指责伴侣。但紧接着，他为自己提出需求并指责别人而感到恐惧。一想到失去自我，他也会害怕，这时内心的天平便摆向了另一个极端：他的要求和自责占了上风。他认为自己不应该憎恨任何人，应该保持从容，应该更有爱心、更善解人意——不管怎么样都是他的错。同样，他对伴侣的评价也摇摆不定，有时他觉得伴侣既强大又可爱，有时又觉得伴侣难以置信、毫无人性的残忍。

因此，他对所有事情都感到困惑，以致无法做出任何决定。

　　尽管他进入一段恋爱关系时内心状况常常是不确定的，但这并不一定会导致灾难。如果他的破坏性不太强，他的伴侣要么心态相当健康，要么因为神经症的原因而更倾向于喜欢软弱和依赖性强的伴侣，无论如何，他总能找到快乐的方式。尽管他的伴侣有时会被他紧紧跟随的态度所累，但也会因为自己成为一个保护者而感到强大和安全，并唤起个人的忠诚——或者他自己认为是这样的。在这种情况下，神经症的解决措施可以说是成功的。这种被珍视和被保护的感觉使自谦型人发展出了最好的品质。然而，这种处境不可避免地阻碍了他去克服神经症问题。

　　这种偶然状况发生的概率有多大，并不在分析师的考虑范围内，他们关注的是那些没那么幸运的关系，其中伴侣们互相折磨，依赖方处在缓慢而痛苦的自我毁灭的危险中。在这些例子中，我们讨论的是一种病态的依赖。它不局限于两性关系，其许多特点都体现在无性关系上：父母与孩子、老师与学生、医生与病人、领导者与追随者。但是，大多数病态依赖关系都在恋爱关系中体现。只要在恋爱关系中了解了这些特征，无论它是否被忠诚或责任等合理化的外表所掩盖，我们在其他关系中也能认出它。

　　病态依赖关系产生于对伴侣的错误选择上。更准确地说，我们不应该用"选择"这个词来表述。事实上，自谦型神经症患者并没有选择，而是被某些类型的人"迷住了"。当同性或异性给他留下强大、出众的印象时，他就自然地受到吸引。在此不考虑健康的伴侣，如果一个冷漠的人因财富、地位、声望或特殊才能而显得有魅力，他也会很容易爱上这个人；他会轻易爱上一个和他一样开朗外向的自恋型人；或者爱上一个敢于公开提出要求而不在乎自己是否过于傲慢或冒犯到他人的自负报复型人。有很多原因可以解释他们为什么容易迷恋这种特质。他倾向于高估他们，因为他们似乎拥有某些他认为自己没有的品质，这些品质还会让他鄙视自己。这可能是有关独立和自我满足的问题，可能是对无敌的优越地位的保证，也可能是对强烈傲慢和攻击性的大胆尝试。只有这些强大、出众的人——根据他所看见的——才能实现他的需求，指引他前进。以一位女病人的幻想为例：只有拥有强壮臂膀的男人才能救她于水火，或者保护她免受强盗的恐吓。正是他的扩张冲动的抑制性使他如此狂热、迷恋。正如我们看到的，他必须竭尽全力去否认这些扩张冲动。不管隐藏的是什么控制的自负和动力，对他而言都是陌生的。相反，他认为自己自负系统中压抑和无助的部分才是他的本质。在他的畏缩过程中，他感到痛苦，有攻击性地、傲慢地掌控生活的能力也是他所渴望的。在潜意识中，即使当他能够足够自由地表达时，他在意识层面也认为如果自己像征服者那样骄傲、无情，他就"自由"了，整个世界都会被他踩在脚下。但由于他自己做不到这些，别人身上有这些品质他就会极其狂热地追随，他将自己的扩张冲动投射出去，极力赞美别人身上的这种品质：正是他们的自负和高傲触动了他的内心。他不知道只有自己才能解决自己的冲突，却诉诸爱，去爱一个自负的人，去和他结合。通过对方，他可以间接地掌控生活，而不用自己拥有这种能力。如果在这一段关系中，他发现他的这个伴侣也是有缺陷的，他就会变得兴致缺缺，因为这样就不再能将他的自负转移到对方身上了。

一个具有自谦倾向的人不能像性伴侣一样吸引他。他会和这样的人做朋友，因为在对方身上他可以找到比别人更多的同情、理解、奉献。但是，如果关系再亲密一点，他就会排斥。他在对方身上就好像看到一面镜子，他看到自己的缺点，他所鄙视的那些，或者他会被这些所激怒。他还害怕伴侣具有这种完全依赖他人的态度，因为自己必须比对方强大的想法吓住了他。这些消极的反应情绪会导致其不可能珍惜伴侣身上的优点。在那些自负的人中，自负报复型人对依赖型人是最有吸引力的，尽管就依赖者自身的利益而言，他有足够的理由害怕他们。这种吸引力一部分源于自负报复型人极其明显的自负倾向，但更关键的是他们极有可能"打败"依赖型人身上的自负。这种关系确实会以傲慢那一方的无礼冒犯开始。毛姆在《人生的枷锁》一书中，在菲利普与米尔德利得的首次邂逅时对此进行了描写。斯蒂芬·茨威格在《马来狂人》一书中也描述了类似的例子。在这两个例子中，依赖者起初都以愤怒和试图回击的冲动来应答对方（两个例子中的自负者都是女性），但被吸引从而无可救药地"爱上"她，从那以后他就只有一个兴趣：赢得她的爱。因此他毁灭了或几乎毁灭了他自己。侮辱的行为经常会突然让两者之间产生一种依赖关系，这种关系不一定总是和《人生的枷锁》以及《马来狂人》那样具有戏剧性，它也许会是更微妙、更潜在的。这种关系里可能会包含这些行为：表现出没有兴趣或傲慢地忽略；不关注对方；不开玩笑或说笑话；无论对方留给别人的印象多么深刻，都没有给他留下印象。之所以说这些行为是"侮辱"，是因为它让人觉得是拒绝，并且就像我之前提到的，对任何一个将精力花费在让每个人都爱上自己的人来说，任何拒绝都是侮辱。这种事情发生的频率使我们了解到出众的人对他们的吸引力，他们的冷漠和不可接近构成了对侮辱的拒绝。

这类事情似乎加深了这一概念：自谦者只渴求痛苦，他们不顾一切地抓住每一次被侮辱的机会。实际上，就是这种想法阻挡了我们理解病态依赖。就因为它包含了一点可信的东西，所以才如此具有误导性。我们知道痛苦对他来说有很多神经症性的价值，而且侮辱行为也确实像磁石一般吸引着他。错误就在于，我们在这两种痛苦的因素之间建立了一种过于巧妙的因果联系。原因还有其他两点，我们分开来看：别人施加给他的傲慢和攻击性对他的吸引力，以及他自己对屈服的需要。现在我们看到了两者的关系比我们之前认识到的更为紧密。病人身心上都渴求投降，但是只有在他的自负受挫或被击垮的时候才能实现。换言之，开始的冒犯不那么有吸引力，因为它不仅产生了自我摆脱与自我投降的可能，而且也伤害了他。用一位病人的话来说："打破我心底骄傲的那个人把我从自负和骄傲中释放了出来。"或者有人会说："如果他能侮辱我，那我就还是一个普通的人。"还有人会说，"只有这样我才能去爱"。我们这时也会想起比才改编的歌剧《卡门》，只有当卡门不被爱时，她的激情才被燃起。

　　毫无疑问，放弃自负作为向爱投降的严格条件是病理性的，尤其是（我们不久就会看到）因为典型的自谦型人只在他能感受到时或真的受鄙视时才能去爱。但如果我们想到对健康人来说，爱和"真实的"侮辱也是并存的，那这种现象就不再是唯一而神秘的了。正如我们一开始认为的一样，这和扩张型也没有很大的区别。扩张型对爱的恐惧是由其潜意识地认识到为了爱他可能需要放弃其神经症的自负而决定的。简单地说：神经症性自负是爱的敌人。这里扩张型和自谦型的区别在于，扩张型在任何场合下都不需要爱，甚至像避开危险一样避开它；而对于自谦型，爱就是屈服，是所有问题的解决措施，因此爱在自谦型神经症患者心中有很重要的地位。扩张型也同样只有在其自负被击垮时才会屈服，但随后就会被狂热的情感所奴役。司汤达在《红与黑》一书中在骄傲的马蒂尔德对于连的热情中描述了这一过程。这说明对自负者而言其对爱的恐惧是有根据的。但大多数时候他都太警惕了，不允许自己坠入爱河。

尽管我们可以在任一关系中学习病态依赖的特征，但在自谦型和自负报复型的两性关系之间，这一特征最能清楚地被了解。这种关系中产生的冲突更加强烈，发展更为完善，因为原因在于双方，所以关系也就延续得更长。自恋的或优越的伴侣更易于对加在自己身上的隐藏要求感到厌烦，更有可能退出；而受虐的伴侣则更倾向于把自己束缚在自己想要为其牺牲的人上。反过来，对依赖者而言，与一个自负报复型人分手是更加困难的事情，他独特的软弱使其不具备在这种关系中生存的能力，就好像一艘为了在平静的水面上航行而造的船，我们非要让它穿过艰险、多风暴的海洋一样。他会感受到自己的不够顽强和他结构上的每一个弱点，这些会摧毁他。相似的，一个自谦型人的生活也许运作正常，但是当他投入这种冲突的关系中时，其身上的每一个隐藏神经症因素都会发作。这里我将主要从依赖者角度来描述这一过程。为了简化展示，我们假设依赖者是一位女性，而自负的一方是男性。自谦型神经症和自大型神经症都是异常的神经症，尽管自谦和女性、攻击性和男性都没有必然关系，但似乎在我们的文化中经常见到这样的结合。

震惊我们的首个特征是女性在这段关系中的全身心投入。伴侣成为她存在的唯一中心，她的生活完全围绕着对方展开；她的情绪取决于对方对她的态度是积极还是消极；她不敢制定任何计划，唯恐错过电话或与他共度良宵的机会；她的思绪全部集中在如何理解或帮助他，她的努力都是为了弄清楚他的期望；她唯一害怕的事情是成为他的敌人或失去他。相反，她对其他一切兴趣都漠不关心。除了与他相关的事情，她的工作都失去了意义，这不仅适用于她热爱的专业工作，也适用于她已经熟悉并掌握的其他生产性工作。自然，后者受到的损害最为严重。

其他的人际关系都遭到忽视，她可能会忽略甚至疏远孩子和家庭；朋友也渐渐成为伴侣不在时打发时间的工具。一旦她注意到伴侣出现，其他事情就会被搁置一旁。其他关系的损害通常是由伴侣造成的，因为他反过来也希望她越来越依赖自己。同时，她开始通过他的眼光看待自己的亲戚朋友，她对他人的信任被他嗤之以鼻，他将自己的怀疑心态强加于她，导致她失去了根基，内心也变得越来越贫瘠。此外，她几乎没有任何私利，她可能会负债累累，牺牲自己的名誉、健康、尊严。如果她正处于精神分析治疗中，或曾经进行过自我分析，她对自我认知的兴趣也会转向去理解"他"的动机和帮助"他"。

一开始，问题便会出现，但有时对整体而言可能是有益的。

从某种神经症的角度看，这两个人似乎非常般配：他需要扮演主导者，她需要扮演投降者；他公然提出要求，她则屈从。她只在自己的自负被打破时才会屈服，而他似乎不可能做不到这一点。然而，这两种性格的人——或者更准确地说，两种神经症结构之间（两者在细节上截然相反）——迟早会发生冲突。主要的冲突发生在"爱"的感受上。她坚持要爱、情感、亲密，他却绝望般害怕积极的情感体验。他觉得表达情感太过粗俗，而她对爱的深信对他而言似乎是纯粹的虚伪。实际上，正如我们所知，她的情感更多是出于失去自我而与对方融合的需要，而不是出于对他的爱。他忍不住去打击她的情感，因此违抗了她，这反过来会让她觉得被忽视或受虐待，从而引起焦虑，这又强化了她的依附态度。此时又产生了另一种冲突：尽管他想尽一切办法让她依赖自己，但对她的依附，他又感到恐惧和厌恶。他害怕、鄙视自己和她身上的所有弱点。这对她而言又意味着另一种拒绝，从而激发更多的焦虑和依附。他觉得她隐藏的要求是控制，他必须强烈反击才能保住自己的主导地位。她强迫性的帮助冒犯了他的自负，她坚持去"理解"他同样伤害了他的自负。事实上，即便是真诚地尝试去做，她也没有真正了解他——她几乎也不可能做到。另外，在她的"理解"中带有太多的原谅和宽恕的需要，因为她觉得自己的态度都是好的、自然的。于是他开始觉得她认为自己道德上比他优越，这种感觉激发他想要撕毁她的伪装。他们不太可能好好谈一次，因为实际上他们都认为自己是对的。因此，她开始觉得他麻木不仁，他则觉得她道貌岸然。如果他使用了建设性的方式，那么这种方式对打破她的伪装就很有帮助。但因为大多数时候他都是用一种讽刺的、贬低的方式来处理此事，这时打破她的伪装只会伤害她，使她更加没有安全感、更依赖别人。

如果我们产生这些冲突是否会对他们彼此有益的疑问，那么这完全是一种徒劳的猜测。他当然可以更柔和一些；她也可以更坚强一点。但大多数时候，他们都太深陷于自己的神经症需求和厌恶之中。给双方都带来最坏结果的恶性循环持续运作着，这只会导致双方的痛苦。

她体验到的挫折和限制会有所变化，但这种变化还不如文明的变化或强度的变化大。这总是一个折磨人的游戏：吸引又嫌弃；结合又抛弃；令人满足的两性关系可能随后就是粗鲁的冒犯；共度快乐的夜晚之后就会忘记下一个约会；诱发信任可能只是为了利用信任来攻击她。她也许会试图玩同一个游戏，却因受限太多而玩不好。她是被玩耍的好工具。他的攻击会让她沮丧。他看起来积极的情绪，将她置于一个从现在开始所有都会好起来的幻觉中。总有很多他觉得自己有权去做的事情。他的要求可能会是经济上的帮助，给他和他的亲戚朋友买礼物；替他完成工作，例如家务或打字；促进他的事业；绝对遵照他的需求。后面的这些要求，会涉及时间管理、对他的追求专一而不挑剔地感兴趣、陪伴、当他生气或者急躁的时候保持镇定等。

无论他需要什么，他都觉得是理所应当的。若他的愿望没有得到满足，他不会有任何宽容，只会挑剔、恼怒。他觉得而且用不确定的话宣称不是他要求高，而是她太小气、粗心、草率、毫无感激之心，是他需要忍受这些虐待。他能很敏锐地识别出对方的要求，他觉得那些都是神经症性的。她对感情、时间或陪伴的需要是占有性的，她对性、食物的渴求则是过度放纵。因此，如果他不满足她的需要（因为其自身原因必须做到），他也不觉得这对她来说是什么挫折。他认为忽视她的需要更好，因为她应该为有这些需要而感到羞耻。实际上他让别人失望的技巧已经炉火纯青，其中包括用不高兴来压制她的快乐，让她觉得自己不受欢迎且不被需要，或在身体或心理上与她分离。对她来说，最有害的且最不易察觉的部分是他经常的忽视和蔑视的态度。不管事实上他对她的才能和品质有多么尊重，他都不会表现出来。就像我说过的那样，他确实瞧不起她软弱、小心翼翼、不直接的性格。但是由于他需要积极地投射其自恨情绪，他还吹毛求疵，爱贬低。如果她反过来敢批评他，他会以专横的态度忽略她说的或者证明她这是在报复。

我们发现在性的问题上有很大的变化。性关系可能是他们唯一让人满意的联结。或者如果他无法享受性爱，他会让她感觉很失望，因为毕竟他不温柔，性爱也许对她而言是爱的唯一保证了。或者性爱是贬低、羞辱她的方式。他会明确表示对自己而言她只是一个性爱对象，并会向她炫耀自己经常与别的女性发生关系，顺带用贬低的话来羞辱她没有别的女人有魅力或回应不够主动。因为缺乏温柔并且使用虐待的技巧，他的性爱可能是有辱人格的。

她对这种粗暴的态度是十分矛盾的。我们不久后就可以看到，这不是一个静止不动的回应，而是会给她带来越来越多的冲突的被动过程。一开始，她仅仅是无助的，就如她对攻击性强的人的一贯反应一样。她从来不能说出对抗他们的话，也不能用任何有效的办法反击——服从对她总是更容易的。并且，因为倾向于有罪恶感，她相当同意他的许多指责，尤其是当它们往往带有一丝真实性的时候。

但是现在她的服从占了越来越大的比例，并且发生了质变。这时顺从是其取悦和缓和需要的一种表达，也由她对完全投降的渴求所决定。正如我们看到的，她只有在其自负被完全打垮时才会这样做。因此，她有时会偷偷地欢迎他的行为，大多数时候还积极配合他。他公然——尽管是潜意识的——击垮她的骄傲；而她私下也有一种不可抗拒的牺牲自尊的动力去迎合这些。在性爱中，这种冲动会完全有意识地表现出来：她会在狂欢般的性欲的驱力下臣服，将自己放在被羞辱的位置，被鞭打、啃咬、被侮辱。有时只有在这些特定情况下她才能完全满足。对于受虐狂，这种以自我贬低来完全投降的冲动可能比其他原因更能解释其行为。

这样坦率地表达贬低自己的性欲，也说明了这种驱力所能产生的巨大威力。这也可以在幻想中发生——往往和手淫联系起来，幻想贬低性的纵欲、当众暴露、被强奸、捆绑和鞭挞。最后，这种动力在梦中表现出来，如会梦见自己一贫如洗地躺在阴沟里被他抬起来，像妓女一样被他虐待或梦见自己匍匐在他的脚下。

这种对自我贬低的驱力也许因为太隐蔽而无法被看清。但是一位有经验的观察者发现这展现在其他很多方面，比如她急切地——或急迫地——想要粉饰他的过错，把他的不正当行为揽到自己身上；或者卑贱地去服侍他、尊重他。她不会意识到这一点，因为在她心里，这种顺从是谦逊或爱，或者是爱中的谦逊，因为一般来说这种臣服的冲动——除了在性方面——是受到深深地抑制的。但是这种冲动就是存在，还强化了顺从，并在其意识不到的时候让退化发生。这就解释了为什么尽管他的冒犯行为在他人看来已经很明显，她却长时间注意不到。或者即使她察觉到了，既不会在情感上排斥它，也不会真的去在意。有时候朋友会提醒她注意。即便她相信这是真的，相信朋友是为她好，也不会因此生气。事实上，她只能如此，因为这触及了她内在的冲突。有时，她试图让自己摆脱这种状况，事后反复回想他对自己的所有羞辱，希望这能帮助自己反抗他。只有在经历了多次徒劳的尝试之后，她才惊讶地意识到，这些羞辱根本不值得关注。

她对完全投降的需求驱使她必须理想化伴侣。只有在她依赖以建立自尊的人身上，她才能找到自我一致性。他应该是自负的，而她则是服从的。正如我之前提到的，他最初的自负吸引了她，尽管这种有意识的迷恋可能会减弱，但她对他的美化以许多微妙的方式持续存在。后来，她会更加清晰地认识到这一点，但只有当她真正发生变化时——即使在这时，美化也可能残留，她才能清醒地看清他的全貌。例如，她可能会同时认为，尽管他有很多问题，但他仍然是正确的，懂得也比别人多。她对伴侣的理想化需求和对服从的需求在此相互作用。她完全失去了自我，开始通过他的眼睛看待他、他人和自己，这也是她难以突破的另一个原因。

到目前为止，她与伴侣相处融洽。但当她的期望未能实现时，就产生了一个转折点，或者说是一个持续很长时间的变化过程。毕竟，她的自我贬低（尽管不是完全的）在很大程度上达到了目的：通过自我投降和与伴侣的融合来找到内心的统一。为了实现这一点，她的伴侣必须接受她爱的臣服，并回报以爱。就在这一关键点上，他让她失望了，因为我们知道，由于他的神经症，他注定会这样做。因此，尽管她不介意——或者说秘密地欢迎——他的傲慢，但她害怕并痛恨爱的挫折，无论是隐藏的还是公开的。这不仅包括了她对获救的深切渴望，还包括她对自己能够让他爱上自己并维持这段关系的自负。和大多数人一样，她不可能轻易放弃一个自己已经苦苦追求的目标，因此她以焦虑、沮丧或绝望来回应他的粗暴对待，但同时固执地相信——尽管证据相反——有一天他会爱上她。

就在这一点上，冲突产生了，一开始很短暂，很快就被克服了，但随后变得更加严重，变成了一种慢性病。她拼命地试图修复这段关系，认为这是培养感情的好方法。对他来说，则意味着更紧密的依赖。在一定程度上，他们都是对的，但都忽略了最根本的问题——她为自己看起来是至善至美而战。她比平时更加小心翼翼地取悦他，揣测他的期望，寻找自己的过错，忽视或不憎恨任何粗鲁行为，理解他，安慰他。但她没有意识到，所有这些努力的根本目的是错误的，她却认为这些努力是"进步"。同样，她也一直坚持通常错误的看法，认为他"进步"了。

她开始恨他。起初，这种恨被完全压抑，因为这会摧毁她的希望。随后，这种念头会偶尔浮现。她开始恨他粗鲁的对待，但一再犹豫不决，不敢承认。在这之后，报复的倾向显现出来，她真正的憎恨爆发了。但她仍然不知道这有多么真实。她变得更加批判，更加不愿意让自己被剥削。这种报复的大多数特征都是间接的，体现在抱怨、痛苦、牺牲和更多的依赖中。报复的成分也潜入她的目标中，它们以潜在的方式存在，却像癌细胞一样扩散。尽管她想让他爱自己的愿望仍然存在，但这变成了一种强烈的报复性胜利的问题。

　　这在各方面对她来说都是不幸的。尽管是潜意识中的，但在如此关键的问题上被尖锐地分裂，这造成了真正的不幸福。而且，正因为是潜意识的，真正的报复将她与他更紧密地联系在一起，因为这给了她另一种为了"幸福结局"而努力的动力。最终，即使她真的做到了，他真的爱上了她——毕竟，只要他不是那么僵化，她不是那么自我毁灭，这是可以做到的，她也并没有得到好处。她对胜利的需求得到了满足，但也减少了；她的自尊完成了使命，但她也不再感兴趣了。她会感激、感谢给予她的爱，但她觉得为时已晚。事实上，她不能带着满足的自负去爱。

　　如果尽管她加倍努力，也不能从根本上改变状况，那么她就会猛烈地攻击自己，从而进入一场混战。因为投降的念头逐渐失去价值，她意识到自己忍受了太多的虐待，她恨自己受到了剥削。她也开始认识到，最终自己的"爱"实际上是病态的依赖（无论她会如何表述）。这是一种健康的认知，但一开始她对此非常鄙视，还会谴责自己的报复倾向，她痛恨自己有这样的情绪。最后，她因为没能得到他的爱而残酷地诋毁自己。她对自己的自恨有所察觉，但自恨通常被投射出去了。这意味着她现在有一种被他侮辱的强烈而普遍的感觉。这使她对他的态度产生了新的分裂，从受虐待的感觉中衍生出的不断增长的憎恨将她拉远。但同时，这种自恨要么非常可怕，要么在纯粹自毁的基础上加强了她对虐待的忍受程度。伴侣于是成了她自我毁灭的执行者。因为她憎恨、鄙视自己，所以她被驱使去忍受折磨和羞辱。

有两位病人的自我观察可以作为例子，说明自恨在这一阶段所扮演的角色，他们都想从依赖的困境中摆脱出来。第一位是一位男性病人，他为了找到自己对所依赖的女性的真实情感，决定独自旅行。这种尝试，尽管可以理解，但大多是徒劳的——一部分是因为强迫性因素使事情变得模糊，另一部分是因为病人通常不会真正关心自己的问题及自己与现状的关系，而只是想脱离实际地"查明"自己是否真的爱那个人。

在这个案例中，尽管他肯定找不到问题的答案，但他决心去找出问题的根本，这还是有效的。情感确实会出现；实际上，他的内心掀起了风暴。首先，他沉浸在这个女人对他的残忍对待中，认为对她施加任何惩罚都不为过。但不久，他又觉得为了她友善的那部分，自己愿意付出一切。这种极端的情感会交替出现几次，每次的情感都是如此真实，以至于他忘记了另一种情感。在经历了这一过程三次之后，他才意识到自己的情感是矛盾的；也只有在这时，他才意识到这些极端情感都不是自己的真实情感，认识到这两种情感都是强迫性的。这一认识解放了他，他不再无助地从一种情感被扫荡到其对立面，他开始将这两者都视为需要解决的问题。下面的分

析让人惊讶地认识到，在与伴侣的关系中，这两种情感实际上并不
比他自己的内心过程更密切。

有两个问题有助于澄清这种情感突变：为什么他要将她的攻击
扩张到如此极端的地步？为什么他要花这么长时间才认识到自己情
感摆动的明显矛盾？第一个问题让我们看到了这样的顺序：逐渐增
加的自恨（由于几个原因）；逐渐增加的被这个女人侮辱的感觉；
将自恨投射，以回应她的报复性憎恨。在看到这一过程后，回答第
二个问题就变得简单了。只有当他表达出对这个女人的爱与恨的表
面价值时，它们才相互矛盾。实际上，他对任何严酷的惩罚对她来
说都不为过的想法感到害怕。他试图通过渴望这个女人来缓解这种
焦虑，从而让自己安心。

另一个例子是关于一位女病人的，她正处于一个内心激烈斗
争的阶段，想要独立，但无法控制地想要给她的伴侣打电话。一旦
她拨打电话——她清楚地知道重新联系会让事情变得更糟，她就会
想："真希望有人把我绑到尤利西斯那样的桅杆上……像尤利西
斯？但他也需要被绑起来以抵抗将人变成猪的塞壬的诱惑！所以这
就是驱动我的力量：一种贬低自己、受他羞辱的强烈冲动。"当她
有这种感觉时，这个冲动就被打破了。这时，她能够分析自己，问
自己一个相关问题：是什么使刚才的冲动如此强烈？接下来，她会
体验到以前从未有过的强烈的自恨和自我贬低。以前发生的事情浮

现出来，这些事情让她开始攻击自己。此后，她感到释然，也更加坚定，在这一阶段，她开始想要离开他，通过这种分析，她抓住了束缚自己的绳索之一。她开始了下一轮的分析，说："我们必须更详细地研究我的自恨。"

于是，以下因素增加了内心的动荡：对成功的希望减弱、加倍的努力、带有自我攻击的痛恨和报复的出现。内心的状况变得无法维持。实际上，她已经到了一个关键时刻，成败全靠自己。这会引发两种行为，主要取决于哪一种会占上风。第一种是屈服——正如我们之前讨论的，对这类人来说，它具有最终解决所有冲突的吸引力。她会考虑自杀，用这个来威胁、攻击，甚至真的自杀。她会生病，甚至可能病死，或者降低道德底线，陷入一些毫无意义的事物中。她会以报复的心理回击伴侣，通常是通过伤害自己而不是对方的方式。或者在潜意识中，她只是失去了活下去的动力，变得懒惰，忽视自己的外貌、工作，放任自己的体重增长。

另一种方式是朝着健康的方向努力，主要表现在努力摆脱这种处境。有时，意识到自己濒临崩溃的边缘，会激发她必要的勇气。这两种努力有时会交替出现，使得挣扎的过程尤为痛苦。她行动的动机和力量既来自健康的心理因素，也来自神经症的根源。一方面，她内心正觉醒着一种建设性的自我利益；另一方面，她对对方的憎恨也在逐渐增强，这种憎恨不仅源于实际遭受的所谓虐待，更因为她感到自己"被欺骗"。在一场看似无望的比赛中，她的自尊也受到了伤害。同时，她还面临着一个令人恐惧的现实：由于她与许多事务和人的割裂，她的这种孤立的状态使得她被遗弃的恐惧变得尤为强烈。此外，取得突破意味着她必须承认自己的失败，这激起了另一种自负——与她内心的抗争。这两种自负在她心中此消彼长：有时她觉得自己能够离开他，有时她宁愿忍受种种屈辱也不愿离去。这似乎是她内心两种自负之间的冲突，并使她感到极度不安。最终的结果将取决于多种因素，其中大多数与她个人有关，但也有一部分与她的生活状况相关。可以肯定的是，朋友或分析师的帮助将在这一过程中扮演重要角色。

假设她真的能够摆脱目前的困境，她的努力是否值得，将取决于以下问题：她是否能够成功摆脱一种依赖，而不陷入另一种依赖？她是否会因为过分警惕而扼杀所有的情感，最终变得麻木不仁？她可能会表现得"正常"，但实际上满是伤痕。或者，她是否能够通过彻底的变革，成为一个真正强大的人？这些可能性都存在。自然地，精神分析为她克服这些痛苦且危险的神经症问题提供了最佳的机会。如果她在挣扎中能够调动足够的建设性力量，并通过真正的痛苦实现成熟，她将更接近于自我完全诚实和自立，从而获得内心的自由。

病态依赖是我们所面临的最复杂问题之一。如果我们忽视了人类心理的复杂性，而试图用简单的公式来解释这些问题，我们将无法真正理解它们。我们不能将一切都归咎于受虐狂的多种表现形式。即使这些因素确实存在，它们也只是众多影响因素中的一部分，而非根源。一个人不会仅仅因为软弱无助就变成受虐狂。当我们关注其寄生或共生特性，或是丧失自我的神经症性冲动时，我们也没有抓住问题的核心。自我毁灭虽然有强加痛苦于自身的冲动，但仅用这一点仍不能完全解释它。最后，我们不能将整个过程都仅仅视为投射的自负和自恨。如果把事物的其中一面当作全部现象的根源，我们就难以避免地只能看到一部分真相，也就无法包括其所有的特殊性。另外，所有的这些解释都太单一。病态依赖不是一个静态的情况，而是一个过程，所有（或大部分）因素都参与其中——它们或崭露头角，或重要性减少，或决定（加强）另一因素，或与之冲突。

最后，所有被提及的因素虽然与病态依赖整体有关，但似乎都过于消极，无法充分解释这种特性的热烈程度——无论是突然爆发的还是缓慢增加的。如果没有对某种重要满足感的期望，激情便不会存在。至于这些期望是否会在神经症的前提下产生，这一点并不重要。这个因素就是想要完全屈服的驱力，以及希望通过与伴侣结合来寻求统一的渴望。这一因素无法被独立来看，只能在整个自谦型人格的框架下得到理解。

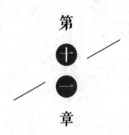

第十一章

放弃：渴求自由

第三种解决心理矛盾和冲突的方法，本质上是神经症患者退出内心的战场，对外宣称自己对任何事物都不再感兴趣。如果他能够保持一种漠不关心的态度，那么内心的冲突就很少会打扰到他，并且他将始终保持一种表面上的平静。因为他只能通过放弃积极的生活方式来实现这一点，所以"放弃"似乎是一种合适的解决方式。在某种程度上，正是这种最激进的解决方式，可能促进一种表面上正常运转的状态。此外，由于我们对健康状态的认识很迟钝，那些放弃者常常被误认为是"正常"的。

放弃可能具有建设性的意义。我们可以想象，许多老年人认为野心和成功本质上没有价值，他们通过减少期待和要求，变得更加成熟和睿智。在许多宗教和哲学的教义中，放弃无关紧要的事物被认为是精神成长和满足的条件：为了更接近神明，放弃个人的意愿、性欲和世俗利益的渴望；为了永生，放弃那些短暂易逝的事物；为了获得人类潜在的精神力量，放弃个人的奋斗和满足。

在我们讨论的神经症解决方案中，放弃意味着寻求一种远离冲突的平静。在宗教实践中，追求平静并不意味着放弃抗争和奋斗，而是指引着信徒朝着更高的目标前进。对于神经症患者来说，这意味着放弃抗争和奋斗，满足于更少的事物。因此，神经症患者的放弃过程也是一个退缩的过程，一个自我设限的过程，一个降低生活标准和减缓成长速度的过程。

正如接下来我们将看到的，健康个体和神经症患者对放弃的态度并不像我之前所描述的那样清晰。即使是神经症患者的放弃，也可能具有积极的价值。但我们从他们的放弃过程中看到的大多是消极的品质。如果我们回顾神经症患者的另外两种主要的解决方案，这一点就更加明显了。在他们身上，我们看到了一幅更加动荡不安的画面：一个人急切地寻求某物、追逐某物、热烈地追求某物，无论是出于征服欲还是爱情。在他们身上，我们看到了希望与愤怒和绝望共存。即使是那些自负且野心勃勃的人，即使他们的感情被扼杀，变得冷酷无情，他们也热切地期望着获得成功、权力和胜利，或被期望驱使去追逐这些目标。相比之下，如果持续地放弃，便是一种一直处于生活低谷的画面——一种既无兴趣也无痛苦和磨难的生活。

难怪神经症性的放弃的基本特征与被限制的、被规避的、不被需要的和不需完成的气氛区分开来。在每一个神经症患者身上都有一定程度的放弃。我接下来将要讨论的，是那些将放弃作为主要解决方法的典型例子。

神经症患者退出内心战场的最直接表现方式就是成为自己生

活和情感的旁观者。我已提到，这种态度是缓解内心紧张的最普遍方式。由于超然是他常用的、突出的态度，他也成了自己生活的旁观者。他的生活就像其本人正坐在管弦乐队中，欣赏着舞台上的戏剧，尽管从那个位置看戏剧并不总是令人兴奋。尽管他可能不是一个好的观众，但他可能是最敏锐的观察者。尽管在初次咨询中，借助相关问题的帮助，他能够用丰富而坦率的观察来描述自己，但他经常补充说，了解自己的这些并不能改变什么。当然，这并没有改变——因为他对自己的发现并没有转化为个人的体验。成为自己的旁观者仅仅意味着：没有积极地投入到生活中，并且在潜意识里也拒绝这样做。在分析过程中，他也尽力保持着同样的态度。也许他会表现出极大的兴趣，但这种兴趣只能持续一小会儿，就像吸引人的娱乐一样——这并不能改变什么。

他甚至在理智上也尽可能避免看到自身存在任何冲突的危险。如果他意外地陷入冲突之中，仿佛是偶然闯入了冲突一样，他可能会感到极度的恐慌。但在大多数情况下，他都保持高度警惕，不让任何事物影响到自己。一旦遭遇冲突，他对整个事物的兴趣就会逐渐减少。或者他会自我辩解，试图证明这种所谓的冲突并不是真正的冲突。当分析师意识到他的"逃避"策略，并告诉他："看这里，这是你自己的生活，这才是关键所在"，病人往往无法理解分析师的意图。对病人来说，这并不是他自己的生活，而是他所观察到的别人的生活，他并没有真正参与其中。

第二个特征与"不参与"相关，表现为缺乏争取成就的积极性和对努力的厌恶。我将这两种态度合并讨论，因为对于那些选择放弃的人来说，这种态度的合并是典型的。许多神经症患者渴望成就某事，当受限于条件而无法成功时，他们会感到愤怒。而那些选择放弃的人则不同。在潜意识中，他们会拒绝这些成就和努力。他们可能会最小化甚至直接否认自己的优点，只接受其中的一小部分。即使面对反证，他们的态度或意见也不会改变，有时他们甚至会感到愤怒：分析师是想让他们有野心吗？分析师是想让他们成为美国总统吗？最终，当他们不得不意识到自己确实拥有某些天赋时，可能会感到害怕。

在他们的想象中，自己可能会创作出优美的音乐、画作或文章。这是一种消除志向和努力的变通方式。他们可能对某些事物有一些不错且新颖的想法，但将这些想法付诸实践需要主动性和辛勤工作，因此他们往往没有真正去做。他们可能对写小说或戏剧有着模糊的愿望，期待灵感的降临，希望在情节清晰后能一气呵成地将它们创作出来。

他们在寻找不做某些事情的理由上表现得非常具有创造性。他们会质疑：费尽心思写出来的一本书，真的能有多好吗？市场上那些毫无价值的书籍难道还少吗？专注于一件事情而忽视其他方面的兴趣，难道不会让自己的视野变得更狭窄吗？投身政治或进入竞争激烈的领域，难道不会损害自己的品质吗？

这种对努力的厌恶感可以体现在所有活动中。随之而来的可能是全面的惰性，我们接下来也会讨论这一点。他们可能在做一些简单的事情时拖延，例如写信、阅读或购物。或者在进行这些活动时，内心感到烦躁，导致行动缓慢、无精打采、效率低下。仅仅预想那些不可避免的大型活动，如搬家或处理工作中积压的任务，就可能让他们在开始之前就感到疲惫。

与此相伴的，无论大小事件，他们都缺乏目标方向和计划性。他们从未认真考虑过自己想要过什么样的生活，而且很容易放弃这种思考，仿佛这件事与他们无关。在这一点上，他们与自负报复型的人形成了鲜明对比，后者更倾向于为长期任务制定精心的计划。

从分析中可以发现，他们的目标往往是局限且消极的。他们认为分析应该消除那些令人烦恼的症状，如与陌生人相处时的尴尬、害羞的心理以及对在公共场合晕倒的恐惧。或者他们认为分析可以消除懒惰行为或懒惰的某个方面，例如阅读困难。他们对目标可能有一个更广阔的视角，虽然难以用言语表达，他们可能称之为"宁静"，这代表着没有麻烦、恼怒和不安。他们自然期望能够轻松获得任何渴望的东西，而且无须经历任何痛苦和辛劳。分析师应该承担这些工作。毕竟，他们不是专家吗？分析过程应该像牙医拔牙或医生注射一样：他们愿意耐心等待分析师提供解决一切问题的方案，如果病人不需要讲述太多，那就更好了。分析师应该拥有像X光这样的工具，能够揭示病人的想法。或者，他们觉得催眠可以迅速产生效果，而自己无须付出任何努力。当新的问题出现时，他们的第一反应通常是恼怒，因为还有这么多事情需要处理。正如之前提到的，他们可能不介意观察自己的情况，但总是介意为改变所付出的努力。

　　进一步观察，我们便能看到放弃的本质在于限制愿望。我们已经讨论了对愿望抑制的其他方面，但这种限制通常只针对某些特定类型的愿望，比如渴望与他人亲近或渴望成功。我们可能对愿望的不确定性较为熟悉，这种不确定性主要是因为人们所希望的往往取决于他们认为自己应当期望的东西。在这种情况下，所有倾向都起作用，一个领域很容易受到其他领域的影响，导致自发的愿望可能因内心的指令而变得模糊不清。除此之外，放弃者在意识或潜意识中相信最好不要对某事有所希望或期待。有时，这种信念伴随着一种消极的人生观，即认为无论如何努力都是徒劳的，没有任何事值得付出努力。人们渴望的东西常以一种模糊、懒散的形式出现，未能形成具体且生动的愿望。如果某种愿望或兴趣能够穿透这种漠不关心的态度，它很快就会消退，而"没有什么事情是重要的"和"没有什么事情值得重视"的态度将再次形成。这种"无望"既涉及职业生活，也涉及个人生活，包括对升职、婚姻、住房、车辆或其他财产的渴望。这些愿望的实现像是一种负担，因为实际上它们会破坏他的另一种愿望——不被打扰。这些愿望的消退与前面提到的三种基本特征密切相关。只有当他没有强烈的欲望时，他才能成为生活的旁观者；如果他没有实现愿望的动力，就很难有志向或目标；最终，没有哪种愿望强烈到值得他为之付出努力。因此，两种典型的神经症性要求是生活应该是简单的、无痛苦的、容易的，而且他不应受到打扰。

他特别焦虑，不敢真正依恋某件事物到真正需要它的程度。没有什么是如此重要，以至于他离开它就无法生活。无论是一个地方、一个人，还是一款饮品，他认为人都不应依赖于这些东西。一旦他意识到某个地方、某个人或某群人对他来说意义重大，失去他们将是极其痛苦的，他就会撤退，不再对他们投入感情。没有人应该觉得自己对他来说很重要，或者他们之间的关系是理所当然的。如果他怀疑与某人的关系中存在这两种态度，他就会倾向于从这段关系中撤退。不参与的原则不仅在他作为生活的旁观者和对愿望的退缩中表现出来，而且也体现在他的人际关系上。这些关系的特点是疏离，即他与其他人的情感保持距离。他能享受远距离的或短暂的关系，但他不能在情感上全身心地投入。他认为不应过于依恋某人，不需要对方的陪伴、帮助或性关系。与其他类型的神经症相反，由于这种分离性很容易维持，他对来自他人的好评或批评都期待甚少。甚至在紧急情况下，他也不需要帮助。如果他情感上没有投入太多，他甚至愿意帮助他人，并且不期待他人感激。

性的作用因人而异。有时，性可能是通往他人的唯一桥梁。他可能有许多短暂的性关系，但他迟早会离开。这些关系不应演变为爱情。他可能充分意识到自己不需要与他人有任何深入的联系。或者，他可能以好奇心得到满足作为结束一段关系的理由。之后，他会指出，正是对新体验的好奇心驱使他接近女性，现在当他有了新体验后，她对他就不再有吸引力了。在所有这些情况中，他对一个女人的反应，就像他对一个新的风景或认识一群新的人一样。一旦他了解了她，她就再也激发不了他的兴趣，于是他转向其他事物。这不仅是对他疏离态度的合理化，更是他有意识地采取了一种作为生活旁观者的态度，这种态度比其他人更持久，有时甚至会给他一种渴望生活的假象。

在某些情况下，他可能会将性的事物完全排除在自己的生活之外，甚至扼杀所有与此相关的愿望。他甚至不会有对性欲的幻想，即使有，他全部的性生活也可能仅仅包括一些失败的幻想。因此，他与其他人的实际关系也只是停留在冷淡的友善层面上。即使他有长期的关系，他也会与他们保持一定的距离。在这方面，他与自谦型神经症患者完全相反，后者需要与对方融为一体。他与他人保持距离的方式有很多种。他可能会去除与亲密的人之间的性关系，以维持这种长期疏离关系，然后与陌生人发生性关系来满足自己的性需求。相反，他可能或多或少地将与对方的关系仅限于性关系，而不与对方分享个人经历。在婚姻关系中，他可能会关心伴侣，但不会与对方进行深入的交谈。他可能坚持自己需要很多个人时间或单独旅行。他可能会将某种关系限制在周末的偶尔见面或旅途中。

在这里，我想补充一些评论，稍后会讨论其重要性。害怕卷入与他人的情感并不等同于缺乏积极情感。相反，如果他对柔软的情感持随意态度，他也不会如此小心翼翼。他可能拥有深刻的情感，但这些情感仅存在于他内心的圣地。这是他的私事，与他人无关。在这方面，他与自负报复型神经症患者不同，后者也会保持疏离态度，但其在潜意识里已经训练自己不产生任何积极的情感。他的不同之处还在于，他不想卷入与他人的矛盾之中，或对他人生气，而自负报复型的人很容易生气，并在冲突中显露本性。

放弃者的另一个特征是对改变、压力、强迫或束缚的高度敏感。这也是他超然的一个原因。甚至在进入人际关系或参加群体活动之前，对持续约束的恐惧感就会被激发。关于他如何从一开始就计划从关系中解脱出来的问题，会在关系建立之初就产生。在结婚之前，这种恐惧可能会变成恐慌。

他所憎恨的带有强制性的事物有很多。它可以是任何合同关系，如签订租约或长期合同。它也可以是任何身体上的压迫，甚至是领带、皮带或鞋子。它也可能是受限的观点。他也可能憎恨别人对他的期望，或别人对从他那里得到东西（如圣诞礼物、书信或有时他来买单）的期待。这种憎恨甚至可能扩展到体系、交通规则、文化传统、政府干预等。他不会与这些东西斗争，因为他不是斗士，但他会从心理上反抗，或有意无意地通过不回应或忘记的方式让别人感到沮丧。

他对强迫的敏感主要与他的惰性和对愿望的退缩有关。因为他不愿采取行动，他可能会将自己的任何期望视为强迫，即便这些行动对他有利。愿望的退缩则更为复杂。他有理由害怕那些有强烈愿望的人会强迫他，并以坚定的决心促使他采取行动。这也有一种投射的作用，让他感觉没有自己的愿望和选择的经历。即使他实际上在追随自己的选择，他也可能很容易觉得自己在屈服于他人的愿望。用日常生活中的一个简单例子来说明：一个人受邀参加一个晚间聚会，而那天晚上他正好与女朋友有约。当然，他最终选择去见女朋友。他感到自己"顺从"了她的愿望，并对此感到憎恶。一个聪明的病人将这整个过程的特点概括为："人自然地憎恨真空，当自己的愿望'保持沉默'时，别人的愿望就会闯进来。"我们可以补充：这些愿望可能是他们现有的任何愿望，他们所宣称的愿望，或者所投射的愿望。

对于强迫的敏感性构成了治疗中的真正难题——治疗越是深入，患者可能表现出的消极态度和抗拒心理就越强。他可能会持续怀疑：治疗师试图影响他，或者想按照一个既定的模式塑造他。如果这种怀疑没有得到妥善诠释，即使患者被再三要求采取行动，他的惰性也可能会阻碍他尝试治疗师提出的建议。以治疗师的影响不恰当为由，他可能会拒绝针对自己的神经症性处境问题的任何含蓄或直白的挑战。在这一领域难以取得进展的一个原因是，患者长期以来不愿表达自己的怀疑，因为他不喜欢冲突。他可能会简单地认为这只是治疗师个人的偏见或偏好，因此他不需要为此烦恼，只需将其视为微不足道的事物并直接忽略即可。例如，当治疗师建议探讨患者与他人的关系时，他可能会立刻警觉起来，暗自思忖治疗师是否希望他变得更加合群。

最终，他厌恶改变。对于任何新鲜事物，他都秉持着放弃的态度，这在强度和形式上存在很大的差异。惰性越明显，他就越害怕冒险或害怕为变化付出努力。他宁愿忍受现状——无论是工作、住所、同事或配偶——也不愿意改变。他也不会想到自己有能力改善处境。例如，他本可以重新布置家具、享受更多的娱乐时间、帮助妻子摆脱困境等。然而，这样的建议通常只会得到他礼貌但冷漠的回应。除了惰性之外，还有两个因素导致了这种态度。首先，他对任何处境都没有太大的期望，因此改变它的动机也很小。其次，他更倾向于将事物看作一成不变的，其他人也是如此，这是他们的本质。生活也是如此，这就是命运。他不会抱怨大多数人无法忍受的处境，他对事物的忍受往往看起来像是自谦型人的牺牲。但这种相似性只是表面的：它们的根源不同。

到目前为止，我提到的对变化的厌恶都与外部因素有关。然而，这并不是我将其列为放弃的基本特征的原因。在一些案例中，对环境中某些事物改变的犹豫是显而易见的。在其他放弃者的案例中，这可能产生相反的影响——让他们坐立不安。但在所有案例中，都存在着对内心变化的明显厌恶。这在一定程度上适用于所有神经症患者，厌恶通常是一种处理和改变具体因素的方法，这种方法通常适用于具体的解决方案。放弃者也是如此，因为他的解决方案具有静态不变的特点，他对任何改变都感到厌恶。因此，他的解决办法的本质就是远离积极生活、积极愿望、积极奋斗，以及计划、努力和行动。不管他如何谈论进步，甚至从理智层面上，他可能还挺欣赏这种想法，他都无法接受别人的改变。这反映了他对自我的看法。他认为，治疗是一次性的启示，接受一次治疗就能永久解决所有问题。起初，他并不认为治疗是一个过程，在这一过程中我们会以一种新的角度去解决问题，看到新的联系，探索新的意义，直到我们找到问题的根源，一些事情也会随之发生变化。

放弃的整个想法可能是有意识的，在这种情况下，患者认为放弃是智慧的一部分。根据我的经验，通常情况下，患者可能并没有意识到放弃，但会意识到这里提到的几个方面——正如我们将要看到的，他可能会用其他的术语来描述它们，因为他们以不同的角度来看待它们。在通常情况下，他们只会意识到他的超然态度和对强迫的敏感。我们可以通过观察他对挫折的反应（何时变得无精打采、疲惫不堪、喜怒无常、惊慌失措或深恶痛绝），来分辨出放弃者需要的本质。对于治疗师来说，了解这些基本特征对于快速评估整个状况非常有帮助。如果它们中的任何一个引起了我们的注意，我们就必须找到其他的特征，并且我们相当确信能找到它们。我已经详细地指出：它们并不是一系列毫无关联的特征，而是一个紧密相连的结构。至少从它的基本构成来说，它是一幅和谐统一的画卷，它看起来仿佛是用同一种色调描绘的。

现在我们尝试去理解这幅图画的动力性：它的意义和历史。就像我们之前看到的那样，放弃是通过回避来解决心灵内部冲突的一种方法。放弃者给我们的第一印象是他们放弃了雄心壮志。这是他经常强调的一个方面，而且倾向于认为这是整体发展的一条线索。有时，他的经历也似乎证实了这一印象，到目前为止，也许在意识层面上其雄心壮志发生了改变。在青春期或青春期前后，他往往会做一些极显精力和天赋的事情。他可能足智多谋，克服了经济障碍，成就了他自己。他可能在班级或学校里表现得雄心勃勃，在辩论或一些激进的政治运动中表现得很突出。至少在一个阶段，他相对来说表现得很积极，并对很多事情都有兴趣，在这一期间，他反抗了自己赖以成长的传统，并希望在未来有所成就。

接下来是一段痛苦的时期：焦虑，抑郁，对于某些失败或对于尽全力反抗却还是被卷入不幸生活的绝望。自此之后，他坎坷的生活变得平坦了。人们说他已经适应并安心下来了。他们谈论说他年轻时有雄心壮志且不可一世，现在变得脚踏实地了。他们说这是"正常"的。其他更善于思考的人却为他担心。他看起来似乎已经失去了对生活的期待和对事物的兴趣，好像接受了比他的天赋和机遇所能给予的更少的东西。他怎么了？一个人的气焰当然会因为一系列的灾难和剥夺而被削弱。但在我们所能想到的所有例子中，环境并不是如此不利以至于需要负全部的责任。因此，一些心灵上的痛苦一定会是其决定因素。这种回答并不是令人满意的答案，因为我们记得其他人在经历了内心的混乱之后会用不同的方式摆脱它。事实上，这种变化并非源自冲突的存在或冲突的强度，而是由他与自己和解的方式所导致的。发生在他身上的事情是他体验到了内心冲突，并用退却的方式解决了它。为什么他尝试用这种方式解决问题？为什么他能这样做？这大约是既往史的问题，我们将在后续内容中更多地探讨。首先，我们需要对退却的本质有一个清晰的理解。

首先，让我们探讨扩张型神经症患者和自谦型神经症患者的主要内心冲突。在前面三章中讨论的两种类型的人中，一种人的驱力较为显著，而另一种则受到了压制。如果放弃成为主导，那么我们对冲突的典型印象就会有所不同。无论是扩张型还是自谦型，都不会对其表现出明显的抑制行为。如果我们熟悉它们的临床表现和含义，那么在一定程度上，识别它们或让它们被意识到并不困难。实际上，如果我们坚持将所有神经症患者简单地分类为扩张型或自谦型，我们就会发现很难将放弃者归入其中一种类型。我们只能说，一种或另一种倾向通常更为突出，要么是因为它在意义上更接近意识层面，要么是因为它更为强大。人群中存在个体差异的部分原因正取决于这种趋势。有时这种倾向看起来相当平衡。

扩张型倾向更能显现出他浮夸的想象，在他的想象中，他能够成就伟大的事情，或夸大自己的许多特质。他常常有意识地觉得自己优于他人，并通过扩张的方式表现出来。在他的自我感觉中，他可能倾向于自负。尽管如此，他引以为傲的特质——与扩张型相反——也屈服于放弃。他自豪于自己的超然态度、"恬淡寡欲"、自给自足、独立自主、对威胁的厌恶以及对竞争的不屑。他也可能完全意识到了自己的要求，并有效地表达了它们。这些要求的内容是不同的，因为它们源于保护自己的小天地的需要。他认为自己有权让别人不侵犯自己的隐私，或不对他有所期待或打扰，他也有权不去谋生或负任何责任。最后，扩张型倾向可能在放弃导致的一些次级发展中被表现出来，如他对声誉的珍视和公开反抗。

这种扩张型倾向不能成为积极的动力，因为他已经放弃了自己的雄心壮志，放弃了对远大目标的积极追求，不再为之积极奋斗。他决定不再需要这些目标，也不再尝试去获得它们。尽管他能够从事一些有价值的工作，但他总是带着极端的蔑视去做，或是蔑视自己周围世界的需求或所欣赏的东西。这就是反抗群体的特征。他既不想积极行动，也不想为了报复或报复性的胜利而主动进攻，他已经放弃了实际控制的动力。事实上，与他的超然态度一致的是，成为一个领导者、影响或操控他人的想法让他感到相当不快。

如果自谦型倾向占据了优势地位，那么放弃者就会倾向于对自己有着很低的评价。他们可能会表现得很胆怯，或认为自己并不重要。他们可能会表现出对他人需求的高度敏感，实际上，他们会花费大量时间帮助他人或服务于某个事业。他们对强加在自己身上的事物或攻击毫无防备，宁愿责怪自己也不愿指责他人。他们极其急切地避免伤害他人的感情，也容易顺从。然而，这种顺从的倾向性，不像自谦型那样取决于对情感的需求，而是取决于避免冲突的需求。此外，还有潜在的恐惧，他们害怕自谦型倾向的潜在动力。例如，他们坚信如果自己不表现得冷漠，别人就会伤害他们。

与我们所看到的扩张型的倾向类似，自谦不仅仅是一种态度，还是一种积极且有力的动力。但这些动力是缺乏热情与爱的，因为放弃者下定决心不想也不期待从别人那里得到什么，并且不想与他人产生情感联结。

现在我们理解了扩张型驱力和自谦型驱力从内心冲突中撤退的意义。当这两者中的积极因素被消除之后，它们便不再是相互对抗的力量，因此它们不会再相互冲突。比较这三种主要的尝试后，个体尝试通过排除冲突因素的方式达到统一。在放弃者的解决方案中，他试图使冲突的部分静止不动。他之所以能够这样做，是因为他放弃了对荣耀的积极追求。他仍然是理想化的自我，这意味着伴随着他的自负系统一直在起作用，但他已经放弃了实现它的积极动力，即将它真正地体现于行动中。

从真正自我的层面上讲，一个相似的静止不动的倾向也在起作用。他仍然想做真正的自己，但他对主动、努力、希望以及奋斗的压制，使得他也压制了自我实现的天然驱力。从他的理想化自我和真实自我的角度看，他总是强调存在，而不是强调获得或发展。但他仍然想做自己，这使得他在感情生活中还保留着一些自发性，就这一点而言，他可能比其他神经症类型较少疏远自己。他对宗教、艺术和自然等非个人的事物，都有着强烈的个人情感。尽管他通常不允许自己与其他人建立情感联系，但他会在情感层面上去感受别人或他们的特殊要求。

当我们将其与自谦型进行对比时，这种保留下来的能力就相当清晰了。因为自谦型并没有扼杀他们的积极情感，恰恰相反，他们培养这种情感。但积极情感会被夸大或篡改，因为它们被用来服务于爱，也就是投降。他想将自我连同自己的感情一起丢掉，最终在与他人的融合中获得统一。放弃者想把自己的感情严格保留在自己的内心中。他对融合的这种想法深恶痛绝。他想成为"他自己"，尽管他并不太清楚成为自己意味着什么，事实上他可能没有意识到这一点或对此感到困惑。

正是"想要静止不动"这一过程赋予了放弃消极或静止的特性。但是在这里，我们必须提出一个重要的问题。在新的观察中，对放弃具有静止状态和消极特征的印象被不断地加强。但这是对放弃的全部现象的公正评价吗？毕竟，没有人仅靠否定活着。我们对放弃的理解是否遗漏了什么？放弃者不想要一些积极的东西吗？他们会不惜任何代价去追求平静吗？当然，但那仍然带有负面特征。在另外两种解决方法中，除了对统一的需求外，还有一种推动力——对赋予生命意义的积极事物的强大吸引力：一种是掌控的吸引力，另一种是爱的吸引力。难道在放弃的解决方法中就没有一些更为积极的目标也会有同样的吸引力吗？

在分析工作中，如果治疗师提出这样相似的问题，那么治疗师认真聆听患者的说法会很有帮助。通常，他告诉我们的一些事情并没有引起我们的重视。我们让自己做同样的事情，仔细观察患者是如何看待自己的。我们之前已经看到，就像其他人一样，他会合理化并修饰自己的需求，使它们看起来"更优越"。但就这一点而言，我们必须做出区分。有时，他很明显地想把一种需求变成一种美德，例如把缺乏努力说成是不屑于竞争，把自己的惰性解释为对辛劳工作的蔑视。随着分析的进展，这种自我赞颂会逐渐消失，不再被频繁提及。但有些人不愿轻易放弃它们，因为这些对他们来说具有真正的意义。所有这些都与他所说的独立和自由有关。事实上，被我们从放弃的角度看待的大部分基本特征，当被我们从自由的角度看待时就变得有意义了。任何强烈的依恋都会减少自由，需求也是如此。他将依赖于这种需求，这些需求也会让他轻易地依赖他人。如果他将精力都投入到某种追求中，他就没有自由去做自己感兴趣的其他事情。特别是，他对强迫的敏感性有了新的认识。他想要自由，因此无法忍受压力。

因此，在治疗中讨论这一问题时，患者会对此进行强烈的防御。难道追求自由不是人类的天性吗？难道任何人在压力之下做事不都会感到无精打采吗？难道不是因为他的阿姨或朋友总是做被期待做的事情，他们才变得乏味和无力吗？难道不是因为治疗师想要驯服他，迫使他符合某种模式，因此他才像一列房子中的一间那样难以辨认吗？而他厌恶系统化。他从不去动物园，因为他不能忍受动物被关在笼子里。他只想在自己愿意的时候做一些让自己开心的事情。

让我们审视他的一些论点，其他的问题稍后再讨论。我们从他身上看到，自由对他来说意味着做自己喜欢的事情。治疗师在此处的观察存在一个明显的问题。患者尽最大努力去压抑自己的愿望，他根本不知道自己想要什么。因此，他经常什么也不做，或者对他来说，不做任何事就等于什么都做了。

这并不困扰他，因为对他而言，自由最重要的是不被（个人或组织）打扰。无论什么让这种态度变得如此重要，他都坚持到底。即使他对自由的看法看起来是消极的（他要从自由中获得什么而不是为了自己去做什么），自由对他来说也很有吸引力，因为它是其他解决方案所缺乏的。自谦型的人非常害怕自由，因为他们有依恋和依赖的需求。扩张型的人渴望控制一切，因此倾向于对自由表示不屑。

我们如何解释这种对自由的渴望呢？它源自哪种内心需求？它的意义是什么？为了理解这些问题，我们必须回顾那些后来通过放弃解决问题的人的成长历程。如果一个孩子不能对他人的压迫进行公开的反抗，那么这可能会对他们造成一些压抑性的影响，这可能是因为对方太过强大或难以捉摸。也可能是因为家庭氛围过于紧张或家庭成员之间过于亲密，因此没有给他留下个人发展空间，这种环境可能会压垮他。他可能得到了关爱，但在某种程度上，这让他感受到更多的反抗而不是温暖。在一些案例中，有的家长在理解孩子需求方面过于以自我为中心，但还严格要求孩子去理解自己或给予情感上的支持。或者这个家长喜怒无常，一会儿热情洋溢，一会儿又因孩子不可能理解的原因随意打骂他。总而言之，环境直接或间接地要求他这样或那样做，却没有充分考虑他的个性，可能会让他失去自我，更不用说鼓励他的个人成长了。

因此，在尝试获得感情和兴趣却徒劳无功时，以及对周围束缚的厌恶中，这个孩子经历了长期或短期的折磨。他通过与他人保持距离来解决早期的冲突。通过拉开自己与他人的情感距离，他避免了与人的冲突。他不再需要他人的感情，也不想与他们争斗。因此，他不再受到矛盾情感的折磨，并尽力与他人和平相处。此外，通过退回到自己的世界中，他拯救了自己的个性，从而让其不再受到束缚和吞没。他过早的超然态度不仅有助于他的整合，而且还有一个重要的积极意义：保持内心生活的完整性。远离束缚的自由为他内在的独立带来了可能。但除了阻止自己对他人产生积极或消极的情感，他还必须撤回那些愿望和需求：对别人帮助自己实现愿望的要求，以及他对理解和分享经验、感情、同情、保护的天然需求。这有着深刻的含义。这意味着他必须独自感受自己的喜悦、痛苦、悲伤和恐惧。例如，他可能会可怜地努力克服自己的恐惧——

对黑暗或狗的恐惧，但他不会让其他人知道这一点。他训练自己（无意识地）不去展现自己的痛苦，也不去感受它。他不想要任何同情或帮助，不仅是因为他有理由怀疑对方的真诚，而且因为对方虽然暂时给予了帮助，却带来了潜在束缚的威胁。因此，他不仅抑制了这些需求，而且认为不让别人知道什么对自己来说是重要的，这样做才是安全的，以免他的愿望受挫或使自己变得依赖。因此，对愿望的普遍放弃成为放弃过程的一个显著特征。他仍然知道自己想要衣服、小猫或某些玩具，但他不会明说。就像他的恐惧一样，他逐渐认为没有愿望更安全。他的愿望越少，在撤退过程中就越安全，别人想要控制他就变得越困难。

到目前为止，个体尚未放弃，但已有放弃的倾向萌芽。即使现在的状况保持不变，它也包含了对未来成长的严重危胁。我们不能生活在与其他人没有任何亲密关系或冲突的真空中。条件也很难保持不变。除非有利的环境促使其好转，否则这一过程将按照自身的动力发展，从而产生恶性的循环，就像我们在其他神经症发展的例子中看到的一样。我们已经提到过这样的循环，为了保持超然的态度，一个人必须抑制自己的希望和努力。减少愿望会产生双重影响。这虽然没有使他依赖他人，但削弱了他。减少愿望消耗了他的活力，让他失去了方向感。他对他人的愿望和期待的反抗也减少了。他必须更加警惕任何影响和干涉。对此，哈里·斯塔克·沙利文有一个很好的表述，他必须"精心制作他的心理距离装置"。

对早期发展的主要增强作用来自内心过程。驱使他人追求荣耀的需求在这里也起作用。如果他能一直坚持这样做，他早期的超然态度将使他避免了与他人的冲突。但他解决方案的可靠性取决于愿望的减少，在早期阶段，这一过程是不稳定的，它还没有发展成为一种坚定的态度。除了那些有利于内心平静的东西，他还想要从生活中获得更多。例如，当他受到强烈的诱惑时，他就会进入一段亲密的关系。因此，他的内心很容易产生冲突的感觉，他需要更多的统一感。但早期的发展不仅使他内心分裂，还会让他自我疏离，缺乏自信，使他觉得自己对真实的生活无能为力。只有在保持安全的心理距离时，他才能与他人相处。如果卷入更亲密的关系中，除了畏惧冲突的障碍，他还会受到压抑。因此，在自我理想化的过程中，他非常迫切地想要找到所有这些需求的答案。他可能想要在现实中尝试实现自己的抱负，但因为许多原因，他可能在面临许多困难时放弃追求。他的理想化形象主要是对已经发展的需求的理想化。它是自信、独立、宁静、无欲无求的自由、清心寡欲以及公正的混合体。对他来说，公正是不做承诺和不侵犯他人权利的理想化，而不是对怀恨在心的赞颂。

与这一形象相对应的"应该"给他带来了一种新的危险。起初，他必须保护内在自我以对抗外部世界。现在他必须保护它以对抗内心更强大的专制力。其结果取决于他迄今为止所保护的内心活跃的程度。尽管存在我们在开始时讨论的增强限制的代价——以放弃积极生活，抑制自我实现的驱力为代价，但如果他的内在很强大，并且他有无论如何都会在无意识中保护它的决心，那么他仍然能保持内在的一部分。

没有临床证据表明内心指令在这里比在其他类型的神经症那里更严格。差异在于他对自由的追求的强烈程度。他通过投射的方式应对它们。因为他对攻击的禁忌，他只能以被动的方式对待它。这意味着别人的期待和他的感觉，都必须毫无疑问地遵守命令。此外，他坚信：如果他不遵从人们的期待，人们就会冷酷地反对他。本质上，他不仅投射了他的"应该"，还投射了他的自我厌恶。因为没有达到这种"应该"的要求，别人就会像他自己一样激烈地反抗自己。而且，因为他对敌意的预测被投射了，所以他无法通过体验到相反的感受来进行补救。例如，一个病人可能对治疗师的耐心和理解有了一定的了解，但在这一作用下，病人可能认为治疗师一旦感受到他公开的反对，就会立即抛弃他。

因此，他对外部压力的原始敏感性会被极大地增强。我们现在知道了为什么即便环境几乎没有压力，他仍会感受到来自外部的压迫。此外，他对"应该"的投射，尽管缓解了他内心的紧张，但也给他的生活带来了新的冲突。他应该顺从别人的期望，不是吗？

他不应该伤害他们的感情，他应该平息他们的敌意。但他仍然要保持自己的独立性。这种冲突还体现在他回应别人时的矛盾方式上。在各种变化中，它是顺从和反抗的奇特统一体。例如，他可能会礼貌地顺从别人的要求，但他会忘记或推迟去做。这种遗忘性会使他感到不安，因此，他只有依靠一个笔记本记录各种约会和要做的工作，才能维持有序的生活。尽管他完全没有意识到，但是他可能会像走过场一样表面上顺从别人的期望，在内心蓄意破坏。例如，在治疗中，他可能会遵守那些明显的规则，如准时、说出心中所想，却很少吸收所讨论的内容，从而使整个过程徒劳无功。

不可避免地，这些内在的冲突会使他与他人的联系变得充满压力。有时，他可能在潜意识中感受到这种压力。但是，无论他是否意识到，这种压力确实加强了他与他人关系中撤退的倾向。对于那些没有被投射出去的"应该"，他反抗他人期待的消极抵抗也会起作用。他总"应该"做点什么，这种感觉足以使他感到疲惫。如果这种消极抵抗仅限于那些他从心底里厌恶的活动，如参加社交集会、写信、付款等，这种潜意识中的静坐式罢工就没那么重要了。但是，他越是激进地消除个人的愿望，他所做的事情就越多——无论是好事、坏事，还是无关紧要的事。这些事情变成了他"应该"做的事情：刷牙、读报、聊天、工作、吃饭或与女性发生性关系。任何遭到无声抵抗的事情都会产生一种持续性的惰性。因此，尽管活动被限制到很少的数量，通常情况下，他仍会在压力下进行这些活动。因此，他没有任何成果，很容易感到疲惫，或遭受慢性疲劳的困扰。

在治疗中，随着这种内在的过程逐渐变得清晰，促使这一过程持续的两个因素就会出现。只要患者没有依靠他的自然活力，他就可能充分意识到他的生活方式是无效且令人不满的，但他不会看到任何改变的可能性，因为正如他所感觉到的，如果不是他自己鞭策自己，他根本不会做任何事情。另一个因素在于他的惰性具有重要的功能。他的精神上的无力感在他的心中变成了一种无法被改变的苦难，并且他利用这种无力感来避免自我谴责或自卑感。

不采取行动的代价也会被其他因素所加强。正如他解决冲突的方式是不去触碰它们，所以他也尽力让那些"应该"不起作用。他尝试通过回避那些扰乱他的环境来做到这一点。因此，这就有了另一个使他避免与他人接触、避免积极追求的原因。他遵循了潜意识里的座右铭：只要他不做任何事情，他就不会触犯那些"应该"和禁忌。有时，他会认为任何追求都会侵犯他人的权利，因此他将自己的逃避行为合理化。

在多种方法中，心理过程持续强化超然的原始解决方法，这种解决方法逐渐演变成一种复杂的状况，与放弃行为非常相似。然而，这种状况往往难以达到治疗的目的，因为推动改变的动机并不强烈，除非存在某种自由的吸引力作为积极因素。与其他患者相比，这些患者更容易认识到内心指令的潜在危害。如果环境条件有利，他们能迅速意识到这些指令的束缚性，并开始明确地反抗它们。当然，仅仅意识到这一点并不足以消除这些内心指令，但这种认识在帮助他们逐步克服这些束缚上起到了重要作用。

现在，让我们从保护完整性的角度来回顾放弃的整个结构，某些观察是一致的，并且很重要。首先，真正超然的人的完整性会引起观察者的警觉。我早已意识到这一点，但之前我没有意识到超然是放弃者结构中的核心部分。超然的放弃者可能是不切实际的、怠惰的、效率低下的、难以交往的，因为他们对关系和亲密接触抱有一种敌意的谨慎，但他们拥有内心和情感上的基本的真实和纯真，他们不会被权力、成功、奉承所收买或腐蚀。

此外，在一些维持内心完整性的需要中，我们还可以意识到另一个基本特征的决定因素。我们第一次看到逃避和设限被用来服务于完整性。然后我们看到它们被自由的需求所决定，但我们不知道它的意义。现在我们理解了，他们需要免于参与、影响、压力、雄心和竞争的束缚，以保护他们内在生命的纯净和光泽。

我们可能会对患者没有谈论他们最关键的事情感到困惑。事实上，他已经通过许多间接的方式表明他想做自己：他害怕在治疗中失去个性；害怕治疗会使他变得和其他人一样；害怕治疗师会无意中按照自己的模式改造他；等等。但治疗师经常没有完全理解这些话语背后的深层含义。这些话语产生的语境表明：患者要么是想保持实际的神经症自我，要么是想保持理想化的、夸大的自我。并且患者想为自己的现状辩护。即使到目前为止他还不能定义它，他也坚持做自己，表达对是否能保持真正自我的完整性的担忧。只有通过治疗工作，他才能领悟到那些古老的真理：要先失去自我，才能找到自我。对于神经症患者来说，这意味着要找到真正的自我，要先失去被其神经症美化了的自我。

这个基本过程产生了三种不同形式的生活方式。第一种：持续放弃。放弃和需求一直贯穿其中。第二种：自由的吸引力将消极的坚持转变为一种更为积极的反叛，即反叛群体。第三种：恶化作用"获胜"，带来了肤浅的生活。

生活方式的个体差异与扩张或自谦倾向的普及程度，和个体从活动中退出的程度有关。尽管培养了与他人的感情距离，一些人仍能为家人、朋友或工作中接触到的一些人做些事情。并且，由于其公正性，他们通常能提供有效的帮助。与那些扩张型和自谦型的人相反，他们不期待任何回报。与自谦型的人相反，如果其他人将他们的乐于助人误认为出于其个人情感，并期望获得超出帮助之外的东西，那么这会激怒他们。

除了活动的限制性，许多这样的人仍能做日常工作。他们经常感到压力，因为他们这样做违背了自己内心的惰性。一旦工作累积起来，需要创新精神、需要为某事奋斗或反抗某件事情时，这种惰性就会变得更加明显。进行日常事务的动力通常是复杂的。除了经济上的必要性和传统上的"应该"，他们还常常有一种帮助他人的需求，尽管他们已经放弃了做自己的权利。此外，当他们远离自己的成就时，日常工作也是他们摆脱无用感的一种方式。他们经常不知道在空闲时间应该做什么，与他人接触压力太大，他们没有什么兴趣。他们喜欢独自待着，但这些都是徒劳的。甚至阅读一本书也会遇到内心的抵抗。因此，他们倾向于选择不需要任何努力就能进行的活动，如做梦、思考、听音乐或欣赏大自然。但大多数情况下，他们没有意识到其中潜伏的无能恐惧，他们会不由自主地以某种方式安排他们的工作，使自己没有太多闲暇时间。

最后，对于日常工作的惰性和与之相伴的厌恶感获胜。如果他们没有经济来源，他们就会做一些临时工作或沦为别人的"寄生虫"。或者，如果有一种折中的办法，他们会为了做让自己高兴的事情而最大限度地限制自己的需求。他们所做的事情都带有自己兴趣爱好的特征。或者，他们也会或多或少地屈服于一种完全的惰性。这一结果在冈察洛夫笔下令人难忘的奥勃洛摩夫身上得到了体现，他甚至憎恨穿鞋。他的朋友邀请他去其他国家旅游，并为他做了细致而充足的准备。他也试图想象自己到了法国巴黎和瑞士的山上。但他是否会去？我们对此持有怀疑态度。当然，他临阵脱逃了。因为他承受不了那种对他来说动荡不安的景象给他带来全新印象的冲击。

即使情况没有如此极端，正如奥勃洛摩夫和他的仆人后来的命运所显现的那样，普遍的惰性中也潜藏着恶化的危险。这种危险不仅在于它可能超越对行动的抵抗，而且还可能抵抗思考和情感，使思考和情感变得反叛。一些想法可能被一次谈话或治疗师的评论激发，但若未立即采取行动，这些想法很快就会消失。一次拜访或一封信可能激起一些积极或消极的情感，但同样，这些情感就会很快消退。一封信可能激发回复的欲望，但如果不立即行动，这种欲望就会很快被遗忘。在治疗过程中，我们可以观察到思考的惰性，它还会阻碍治疗的进展。简单的精神操作变得越来越困难。患者很快就会忘记在一小时内讨论的内容。这并非由于任何明确的抵抗，而是因为患者将脑海中听到的内容视为异物。有时，在治疗中患者会感到无助和困惑，这同样发生在阅读或讨论一些困难问题时，因为与信息连接的压力实在太大了。一位患者在梦中表达了他的无目的混乱，梦见自己置身于世界各地，但他并没有打算去任何一个地方。他不知道自己是如何到达的，也不知道下一步要去哪里。

积累的惰性越多，一个人的情绪受到的影响就越大。为了有所反应，他需要更强烈的刺激。公园里一片美丽的树林可能再也无法激起他的任何情感，他需要一场绚烂的日落。类似地，情感上的惰性需要一种悲剧性的元素。正如我们所见，为了保持感情的真实与完整，放弃者在很大程度上限制了这种扩张性。如果这到达一定的极端，这一过程就会扼杀他想要保护的主动性。因此，当他的情感生活变得麻木时，他所遭受的关于情感死亡的痛苦将比其他患者更多，这也可能是他想要改变的事情。随着治疗的深入，他变得更活跃，他有时会体验到自己的情感也变得越来越活跃。即便如此，他也不愿认为自己的情感枯竭是普遍惰性的表现，因此只有当惰性减轻时，这种情况才会改变。

如果正常的活动得以维持，且生活状况较为合适，放弃者坚持放弃的状况可能保持不变。放弃型的许多特点结合起来形成了这样的效果：对奋斗和期望的抑制、对改变和内心抗争的厌恶、获得忍受事物的能力等。对这些事情的反抗激起了一个令人不安的因素——自由对他的吸引力。事实上，放弃者是被迫屈服的反叛者。到目前为止，我们在研究中已经看到那些反抗内心和外部压力的消极抵抗所展现出的特点。它随时都可能变成一种积极的反叛。是否如此，取决于扩张型和自谦型的相对力量，以及这个人努力挽救内心活力的程度。扩张型倾向越强烈，他就越积极，也就越容易对生活中的各种限制感到不满。如果他对外部情况的不满占上风，那么就是"对反叛的反叛了"；如果他对自己的不满占上风，那么这就是"对争取的反叛了"。

他可能对生活环境，如家庭环境或工作环境越来越不满意，然后决定不再忍受，并以某种公然的形式进行反叛。他可能会离家出走或放弃工作，对任何有关的人、传统或组织进行斗争性的攻击。他的态度是"我根本不在乎你对我有什么期待，或者你如何看待我"。

他可能会以礼貌或粗俗的方式表达这一点，这取决于社会的观点和逐步发展起来的获益性。如果这种反叛主要是向外的，那么它本身并不是建设性的一步，尽管它会不断释放能量，但也会让他不断远离自己。

这种反叛可能更多的是一种内化的过程，其主要目标是反对他内心的专横。在一定范围内，这可以起到解放的作用。在后一种情况下，这是一种逐渐发展的过程，不是混乱的反叛，是一种成长而非变革，一个人在束缚下遭受的痛苦越多，他就越能意识到自己所受到的束缚，以及他是多么不喜欢自己的生活方式，多么不愿意墨守成规。事实上，他不关注周围的人、他们的生活方式和道德准则。他下定决心要做自己，正如我们之前所说，这是反抗、自负和真实的一种奇特混合物。他的能量得到释放，他可以利用自己的天赋使之变得更有效。在《月亮与六便士》中，毛姆通过画家斯特里克兰这一人物描绘了这一过程。高更（斯特里克兰基本上以他为原型）和其他画家都经历了这一渐进的过程。当然，反叛创造的价值高低取决于一个人的天赋和技巧。更不用说，这不是富有成效的唯一途径。这是以前受到遏制的创造力得以自由发挥的一种表达方式。

这些例子中的解放也有其局限性。获得解放的人拥有许多放弃性的特征。他们必须小心翼翼地保护他们的超然态度。他们对整个世界的态度现在仍然是防御性的、斗争性的。除了那些令他们兴奋的富有成效的问题，他们对自己的生活仍然保持着一种漠不关心的态度。所有这些都表明：他们并没有解决自己的冲突，只是找到了一种可行的妥协解决办法。

这一过程也会在治疗中出现。因为，毕竟，这也产生了一种明显的解放。一些治疗师认为这是极为理想的结果。然而，我们不能忘记，这只是部分解决办法。研究放弃过程的整个结构，不仅能够帮助其释放创造力，而且从整体上还能使其与他人保持良好关系。

理论上，积极反叛的结果表现出自由的吸引力在放弃的结构中具有重要意义，也表现出它与保护内心事物自主性之间的关系。与之相反，我们可以看到，一个人越是远离自己，这种自由就越发变得毫无意义。当他从内心的冲突、积极的生活、对自己成长的兴趣中退出时，也会带来远离内心深处情感的危险。这种无用感，在永久性放弃的过程中已经成了一个重大问题，它催生了一种对空虚的恐惧感，并使其不停地分心。奋斗和以目标为导向的活动导致了方向性的丧失，其结果便是随波逐流。对于没有痛苦和磨难的简单生活的追求可能成为一种腐化性的因素，特别是当他屈服于金钱、成功和荣耀的诱惑时。永久的放弃意味着一种限制性的生活，但它并不是没有希望的，人们仍然有赖以生存的东西。但是当他们看不到生活的深度和自主性时，放弃的消极特征会得到保留，而积极价值则会逐渐消失。只有这个时候，他才会真正地失去对自己的希望，他不再积极地生活。这便是最后一类人的特征：肤浅地生活。

一个脱离自己内心的人失去了感情的深度和强度。他对别人的态度也变得毫无差别。每个人都可能成为他的朋友，他不会深思熟虑，便轻易地说出"这么好的人"或"这么漂亮的女孩"。而一旦别人对其稍加挑衅，他便失去兴趣，甚至懒得去审视到底发生了什么。这种超然态度恶化为一种与自己毫无关联的感觉。

类似地，他的乐趣也会变得越来越肤浅。性行为、饮食、饮酒、与人交谈、玩耍或政治成为他生活的主要内容。他失去了对生活必需品的感觉。兴趣也会变得越来越肤浅。他再也没有自己的判断或信仰，只是接受时下的观点。他常常被大家的想法所震慑。因为这些，他失去了对自己、他人和任何价值的信心。他变得愤世嫉俗。

我们可以将肤浅的生活分为三种形式，它们的不同仅在于对某些方面的强调。其中一种是强调乐趣，强调要过得开心。从表面上看，这似乎是一种对生活的热情，与放弃性的基本特征相反——没有要求。但这里的动机并不是追求享乐的需要，而是通过分散压力的方式来消除一种痛苦的无用感。在杂志《哈珀斯》上有一首题为《棕榈树之泉》的诗，它概括了闲暇阶层对这种乐趣的追求：

> 哦，给我一个家吧
>
> 百万富翁在那里悠闲地散步
>
> 可爱迷人的小姑娘在那里玩耍
>
> 在那里的人从没有听说过妙语珠玑
>
> 我们整天聚拢金钱

这种生活方式绝不仅存在于有闲阶级，也同样存在于那些收入较低的社会阶层。无论是在昂贵的夜总会、鸡尾酒会和剧院中寻找乐趣，还是在家中饮酒、打牌和聊天时寻找乐趣，区别仅仅是花费。如果这并非生活的全部和唯一的真实内容，那么进行集邮、成为美食家或去看电影等活动都无可厚非。这些活动不一定需要被社交化，也可以是阅读神秘小说、听收音机、看电视或做白日梦。如果这种兴趣被社会化，有两件事情必须被严格避免：任何形式的独处和严肃的交谈。后者被视为不礼貌的行为。愤世嫉俗逐渐被容忍或被宽容所掩盖。

另一种人更加强调荣耀或投机性的成功。对于放弃者而言，对奋斗和努力的抑制是放弃的特征，这一特征在这里并没有得到缓解。他们的动机是复杂的。一方面，他们希望通过拥有财富使生活变得更容易；另一方面，他们希望人为地提高自尊。然而，这一类人在肤浅生活中的自尊感几乎下降为零。由于他们丧失了内心的自主性，他们只有提高自己在别人眼中的形象才能提高自尊。一个人也许因书可能畅销而写作，也许因金钱而结婚，或因政党可能提供利益而加入。在社会生活中，他更加强调属于某一领域或地方的声誉，而较少强调生活的乐趣，他唯一的道德准则就是变得聪明一些，可以蒙混过关而不被捉到。在《罗慕拉》中，乔治·艾略特通过提托这一人物形象，生动地描绘了投机主义者。从他身上，我们可以看到他对冲突的逃避，对享乐生活的坚持，不承诺的行为和道德生活的逐渐堕落。随着道德品格的日渐败坏，他的行为产生的后果并非偶然，而是必然发生的。

还有一种是"适应良好的机器人"。他的真实想法和情感的消失导致了其个性的消退，这在马昆德描绘的许多人物中得到了充分的体现。这样的一个人能够很合群，并且能够遵守群体的准则和传统。他感受、思考、行动，并且相信他所期望的和认可的东西就在他生活的环境中。他们的情感消亡并不是很激烈，但比其他两种人更加明显。

埃里希·弗洛姆很好地描绘了这种过度适应性，并看到了它的社会意义。如果我们将其他两种形式归类为肤浅的生活，那么这种分类的意义就更为重要，因为这种生活方式出现的频率极高。弗洛姆清楚地看到他们与一般的神经症患者是不同的。很明显，这种人并不像神经症患者通常那样，他们并不会明显地受到冲突的打扰。他们没有什么比较特殊的症状，例如焦虑或沮丧。简而言之，他们没有什么不安，但他们有所缺憾。弗洛姆认为，这些情况只是缺陷而不是神经症的表现。他认为这些缺陷并不是与生俱来的，而是由早期生活中受到权威的压制所致。他所说的缺陷和我所讲的肤浅的生活看起来只是说法上有所不同。但是，通常情况下，说法上的不同往往源自某一现象意义上的不同。事实上，弗洛姆的争论提出了两个有趣的问题：肤浅的生活与神经症一点关系都没有吗？或者它是我之前所讲过的一种神经症过程的结果呢？另外，那些沉溺于肤浅生活的人真的没有深度、道德准则和自主性吗？

这些问题相互关联。让我们来看看分析观察的结果。因为这类人可以接受分析，所以对这类人的观察是可以进行的。如果肤浅生活的过程已经完成，他们当然没有什么治疗的动机。但是，如果这一过程没有得到充分的发展，他们可能还想进行治疗，因为他们会因身心失调、不断失败、工作限制和日益增长的无用感而感到不安。他们感觉到自己每况愈下，并对此感到担忧。在治疗中，我们从一般性的好奇心出发对其进行了初步描述。他们停留在表面，看起来似乎缺乏好奇心，总是油嘴滑舌地进行解释，只是对外部那些与金钱或名誉相关的事情感兴趣。对此我们认为，他们的经历远不止我们所看到的这些。正如以前我们从趋向放弃的一般过程的角度描述的一样，在早期的一段时间里（青春期或之后），他们曾积极地追求过并经历了一些情感上的痛苦。这不仅使得这种情况的产生要比弗罗姆假定的要晚，而且还指出了这是神经症的结果，这种结果在某段时间内可以得到显现。

随着治疗进程的不断深入，我们发现在他们清醒的生活和他们的梦境之间存在着令人困惑的差异。他们的梦境很明确地表现出情感深度及深处的混乱。这些梦境（通常只有它们）会揭示一种深藏的悲伤、自恨或对他人的憎恨、绝望和焦虑。也就是说，在他们平静的表面之下，存在着一个充满冲突和激情的世界。我们尝试着用他们的梦境唤醒他们的兴趣，但他们倾向于抛弃这种梦境。他们看起来活在两个极不相干的世界里。我们也越来越意识到他们并没有沉溺于肤浅当中，但他们极想逃离他们内心的深处。他们对内心的深处匆匆一瞥，便很快就紧紧地闭上了，好像从来没有什么事情发生一样。不久，那些从他们内心深处抛弃的各种情感就会在他们清醒的生活中突然显现。某些记忆也许会让他们大哭一场，也许会出现一些怀旧之情或宗教感情。这些观察会被后续的治疗工作不断地证实，这反驳了"仅仅是缺陷"这一说法，并指出他们对于逃离自己内心个人生活的坚定决心。

将肤浅的生活视为神经症过程的一个不幸的结果，使我们对其的预防和治疗不再那么悲观。现在高频的肤浅生活使得人们更容易将其视为一种不安，并阻止它的发展。对其预防与对一般神经症的预防措施相吻合。我关于这方面已经进行了很多工作，但还需要进行更多的工作，而且这些工作也很容易实施，尤其是在学校环境中。

对于放弃型病人的治疗，先决条件就是将其症状视为精神上的不安，而不是将其视为体质特征或文化特征并将其忽略。后一种观念认为它不能被改变或不属于神经症医师治疗的范畴。但是与其他神经症问题相比，它鲜为人知。它之所以没有引起人们的兴趣主要有两种原因。一个原因是，在这一过程中出现的许多不安感虽然会束缚一个人的生活，但它们的表现并不明显，因此患者并不急于寻求治疗。另一个原因是，从这一背景中产生的总体不安与基本过程并不相关。神经症医师唯一熟悉的因素就是超然态度。然而，放弃是一个更为广泛的过程，涉及特定的问题以及在治疗过程中可能遇到的特定困难。只有充分了解其动机及其意义，这些问题才能得到成功的解决。

第十二章

人际关系中的神经症障碍

尽管本书主要关注个人的内心过程，但我们在讨论中不可能将其与人际关系完全分离。实际上，这两者不断地相互作用，因此我们无法将它们割裂开来。在最初探讨对荣耀的追求时，我们看到了一些超越他人或战胜他人的因素，这些都与人际关系直接相关。神经症的需求虽然源自内在的心理需求，但它们主要指向他人。一旦讨论到神经症自尊问题，我们就不得不考虑其脆弱性对人际关系的影响。我们已经看到任何一种心理因素都可能被投射，且这一过程在很大程度上改变了我们对他人的态度。而后，我们讨论了在解决内心冲突的主要方法中，与人际关系有关的各种特定形式的方法。在本章中，我将从具体到一般，系统地讨论一下自负系统大体上是如何影响我们与他人的人际关系的。

首先，自负系统使人与他人保持距离，以自我为中心。为了避免误解：我所说的"以自我为中心"并不是指只考虑自己利益的自私或自负。神经症患者可能极其自私，也可能极其无私。在这个层面上，所有的神经症患者都没有特别之处。但是，从将自己紧密包裹起来的意义上讲，他们是极其以自我为中心的。这并不需要被明显地表现在外在行为上。他可能像一匹狼一样孤独，也可能为了他人或依赖他人而活。在任何情况下，他依靠自己的宗教信仰（理想化的形象）、遵从（"应该"遵从的）准则，将自己束缚在自尊的带刺铁丝网中，以保护自己免受来自内部和外部的危险。因此，他不仅在情感上变得越来越孤立，而且越来越难以从权利的角度将他人视为与自己不同的个体。

到目前为止，他人的形象可能变得模糊，但尚未扭曲。但在自负系统中还有一些其他因素在继续起作用，这些因素极力阻止他看清他人的本来面目，并且还积极地扭曲关于他人的印象。我们当然不能简单地说我们对他人的看法会像对自己的认识那样模糊不清，并以此来解决这个问题。尽管大致如此，但这具有误导性，因为它表明对他人的扭曲态度和对自己的扭曲态度是简单对应的。如果我们审视自负系统中的那些因素，我们就能更准确、全面地理解扭曲的概念。

扭曲现象的发生是因为神经症患者根据自负系统中产生的需求来看待他人。这些需求使其可能直接指向他人，或间接影响他对他人的态度。他对崇拜的需求将他人转化为羡慕的观众。他对充满魔力的需求使其赋予了他们奇妙的魔力。他对正确性的需求使他人显得错误或容易犯错。他对胜利的需求将他人分为追随者和狡猾的敌手。他对伤害他人却免于惩罚的需求使他人成为"受虐者"。他对贬低自己价值的需求使他人显得高高在上。

最终，他根据自己的投射来看待他人。他没有体验到自我理想化的过程，但可以将他人理想化；他没有体验到自己的残暴，但认为别人都是暴君。最相关的投射就是自恨。如果积极的投射占主导地位，他就会倾向于将他人视为可鄙的，应该受到谴责。他将错误归咎于他人，认为他们是不可信任的。因此，他需要改变、改造他们。他们是可怜的、不道德的，他必须承担起责任。如果消极的投射占上风，他人就会成为审判他的人，随时准备挑剔他的过错，谴责他。他们压制他，辱骂他，威胁他，恐吓他。他必须平息他们的怒火，以达到他们的期望。

在所有扭曲神经症患者对他人观点的因素中，投射在影响力上占据首位，也是最难以辨认的因素。这是因为，根据他自身的经验，他人的行为似乎正是他在投射时所看到的那样。他只是通过这种方式对他人做出反应，而没有意识到他是在对那些自己强加于他们身上的东西做出反应。由于他们经常基于自己的需求或对需求的失望将自己的投射与对他人反应混淆，因此投射更难以识别。例如，认为对他人的愤怒本质上是对自身愤怒的投射，这是一种站不住脚的概括。只有通过仔细分析情境，我们才能分辨出愤怒是指向自身还是他人，以及愤怒的程度。最后，当然，他的易怒性可能同时源自这两者。在分析自己和他人时，我们必须毫无偏见地注意这两种可能性。只有这样，我们才能逐渐看到它影响我们与他人关系的方式和程度。

即使我们意识到我们将不属于自己的东西混入与他人的关系中，也不会阻止投射的作用。我们放弃它的程度与我们从他人那里收回它的程度相同，而且我们能自己体验这一特殊过程。

我们大致将投射作用扭曲他人的方式分为三种。扭曲可能来自赋予他人自己所不具备的，或者是微不足道的特征。神经症患者可能将自己视为完全理想化的人，具有强大的力量。也可能将他人视为可鄙或有罪的。他将他们视为巨人或侏儒。

投射可能使一个人对已存在的优点或缺点变得无动于衷。他可能将自己未识别的禁忌，如剥削和撒谎，投射到他人身上，因此他看不到他们身上的剥削和欺骗的恶意。或者，如果他扼杀了自己的积极态度，他可能无法识别出他人身上的友善和忠诚。这样，他更倾向于将他们视为伪君子，并警告自己不要被这些"诡计"所诱惑。

最终，他的投射使他清楚地看到别人所具有的某种倾向性。因此，一个自认为拥有所有美德，并且不能看到自己身上明显的侵略性的人，能够迅速识别出别人的伪善，尤其是那些虚假的善良和爱心。另一种情况是，不承认自己有不忠和背叛倾向的人，对他人身上的这种倾向非常警觉。这种现象看起来似乎与我所说的投射的扭曲力量相矛盾。投射作用既能使一个人视而不见，又能使其变得极其敏锐，这种说法是否更准确？我不这样认为。他在识别他人身上的某些属性时得到的洞察力可能会被个人的倾向性所破坏。这样就会使得他们在大范围内变得模糊，以至于个人身上所具有的特质几乎消失了，并且被转化成了某种投射的倾向象征。因此，他对个人的特质评价过于片面，最终必然会产生扭曲。当然，这些投射现象很难被识别，因为患者总是隐藏在这些事实中：毕竟，他们认为自己的观察总是正确的。

我们所提到的所有因素——神经症患者的需求、对他人的反应，以及他的投射——使得他人更难以与他相处，至少在亲密关系中是这样。神经症患者自己并不这样看。因为在他眼中（如果有意识的话），他的需求是合理的，他对他人的反应是正当的，他的投射只不过是对他人身上某种特定态度的反应。通常，他并没有意识到这种困难。事实上，他觉得自己很容易相处。但（很容易理解）这只是一种错觉。

只要他人能够忍受这些，他们总会尽力与家中神经症症状最明显的患者和平相处。但是，他的投射成为他人努力的最大障碍。因为投射本质上与他人的实际行为关系不大，所以反抗基本上不会起作用。例如，他们可能会对一个好斗正直的人让步，不反驳他，不批评他，按照他所希望的照顾他的衣食起居等。但是，他们所做的这些努力会激发他的自我控制，为了回避他自己的罪恶感，他开始憎恨他人（就像电影《送冰的人来了》中的希克斯先生）。

由于这些扭曲，神经症患者对他人的不安全感在很大程度上得到了加强。尽管他自认为是一个敏锐的观察者，了解他人，但他对他人的判断和猜测通常只有部分是正确的。一个真正客观了解自己和他人的人，一个不会因各种强迫性需求而改变对他人评价的人，不会用观察和批评性的观察力来替代内心对他人的肯定感。即使对他人有强烈的不确定感，受过训练并能够敏锐观察他人的神经症患者也能够相当准确地描述对方的行为和他们的神经症结构机制。但如果他屈服于这些扭曲带来的不安全感，那些已有的不安全感肯定会在与他人的实际交往中显现出来。他根据观察和结论所得到的，以及在此基础上形成的关于他人的画像似乎没有什么持久性。因为有很多主观因素在起作用，并且能够迅速改变他的看法。他可能很容易就会反对自己曾经非常尊敬的某人，或者失去对某人的兴趣，也可能突然对某人产生好的评价。

在表现内心不确定性的所有方式中，有两种看起来很常见，而且与特殊的神经症结构没有直接关系。第一种方式是，他不知道他对别人的态度，也不知道别人对他的态度。他可能称别人为朋友，但这个词已经失去了它的深层含义。对于朋友所说的、所做的和所忽略的东西产生的争吵、谣言和误解，不仅会引起他暂时性的怀疑，还会动摇他们关系的基础。

　　第二种是对他人普遍的不确定性，是关于信心和信任的不确定。这不仅表现在对他人的过度信任和极度不信任中，还表现在他不知道他人是否值得信任，也不知道他人撒谎的底线在哪里。如果这种不确定性变得越来越强烈，他就会对于别人是在做正义的事情还是卑鄙的事情，或者根本就不会做事情而毫无察觉，即便他与这个人密切交往了很多年。

　　在对他人的根本不确定性中，他通常会期待最坏的结果——无论是有意的还是无意的，因为自负系统会增强他对他人的恐惧心理。他的不确定性与他的恐惧心理相关联。如果他对别人的印象没有被扭曲，那么即使别人确实对他构成了巨大威胁，他的恐惧感也不会急剧上升。一般来说，我们对他人的恐惧感主要是基于对他人伤害我们的能力感到无能为力。所有这些因素都会因自负系统而得到加强，不管表面上这种自我确定性有多强烈，本质上这种系统确实削弱了一个人。他这样做首先是通过自我疏离，也通过自卑和内心的冲突。这些使他产生分离感，原因在于他的脆弱性得到了增强。在许多方面，他变得越来越脆弱。他的自尊很容易受到伤害，也很容易产生罪恶感和自卑感。他的要求因为其本性必定会受挫。他自我平衡的能力很不稳定，容易受到干扰。最终，他的投射以及由投射作用和其他许多因素引起的对他人的敌意，使得别人显得比实际上可怕得多。不管他的表现比较激进还是比较缓和，所有这些恐惧都解释了他为何对他人采取防御态度。

在研究我们迄今为止所讨论的所有因素时，我们会发现它们与基本焦虑的组成因素有着惊人的相似性。再次强调，这种基本焦虑是对一个充满敌意的世界感到孤立和无助。基本上，这就是自负系统对人际关系的影响：增强了基本焦虑。在成年神经症患者中，我们所认为的基本焦虑并不以其原始形式存在，而是已被多年的内心过程产生的增加物所改变。它成了一种对他人的混合态度，由许多比之前更为复杂的因素构成。正如孩子因为基本焦虑必须找到与他人相处的方式一样，成年神经症患者也必须找到这种方式，并且他们已在我们所描述的那几种主要的解决办法中找到了方法。尽管这与之前所说的朝向、反对、远离人们有相似之处并且一部分源自它们，但实际上那些关于自谦、扩张和放弃的新的解决办法在结构上是与以往不同的。虽然他们决定了人际交往的形式，但他们主要是内心冲突的解决办法。

接下来讲述其全貌：尽管自负系统加强了基本焦虑，但它也因其产生的需要而导致了患者高估他人的重要性。对神经症患者来说，他人变得过分重要，实际上变得不可或缺，主要通过以下几种方式。

他需要别人对他虚假价值的直接肯定（敬仰、同意、爱慕）。他神经症的愧疚感和他的自卑感迫切需要自己的辩解，但是，产生这种需要的自恨使他不可能以自己的方式获得这种辩解，因此他只能通过别人来得到它，他必须向他们证明自己具有一些极为重要的价值，他必须向他们展示自己有多好、多幸运、多成功、多有能力、多有智慧、多强大，以及他能为他们做什么。

此外，他积极追求荣耀和辩解，从而从他人那里获得了推动自己行动的许多动力。这种动力在自谦型群体中尤为明显，他们往往难以独立行事或出于自身利益行事。那些更具攻击性的群体，如果没有获得能够给人留下反抗和战胜他人印象的动力，他们的主动性和积极性会如何呢？为了释放自己的能量，即使是反叛型群体，也需要他人作为反叛的对象。

最后，神经症患者需要别人来保护他们的自恨。事实上，他从别人那里得到的关于理想化形象的肯定和辩解自己的可能性，都加强了他对自恨的反抗。另外，无论是通过直接的还是间接的方式，他都需要别人去缓和那些因自恨感和自卑感的堆积而产生的焦虑心理。而且更为关键的是，如果没有他人，他就不能运用他最擅长的那种自我保护方式：他的投射。

因此，实际上自负系统给他的人际关系带来了一种基本的不协调：他需要远离他人，对他们极不确定，害怕他们，对他们心怀敌意，但在许多关键的方面又需要他们。

大体上，只要这种关系能够维持一段时间，所有那些干扰人际关系的因素也不可避免地在爱情中发挥作用。以我们的观点来看，这种观点是显而易见的，但还需要说明的一点是，因为许多人都会有这样一种错误的概念：只有双方都在性关系中得到满足，这种爱情关系才是好的。确实，性关系能够缓解暂时的紧张，如果其本质上是基于神经症基础的话，甚至还能维持一种较为长久的关系，但它并不能使这一关系健康化。因此，谈论婚姻中或相对应的关系中出现的神经症难题，并不能丰富我们到目前为止所提到的原则。但对于爱与性对神经症患者的意义和功能来说，心理过程起着一种特别的影响。在为本章做出总结之前，我想就这些影响的本质提出一些普遍性的观点。

爱情对于神经症患者的意义和重要性千差万别，就其解决办法而言很难进行概括。但通常存在一种干扰因素：根深蒂固地觉得自己不可爱。在这里我所提及的并不是他的那种不被某人所爱的感觉，而是指他的信仰，其相当于一种潜意识的坚信：没有人爱他，也没有人会爱上他。也许他会觉得别人爱上他是因为他的外表、他的声音、他能提供的帮助、他能够满足对方性欲的能力。他们并不是因为他本人而爱他，因为他根本就不可爱。如果各种事实与这种信念相矛盾，他就会找各种理由证明事实不对：也许那个人是孤独的，对方需要某个人去依赖，或者对方仅仅是出于怜悯之心等。

但他并不会具体明确地处理这个问题——如果他意识到的话。

他会用两种模糊的方式去处理，并且没有注意到两者之间的矛盾。一方面，即便他并不介意爱情，他也会抱有一种错觉，即在某处会遇到那个爱上他的人。另一方面，他保持着一种与自信相同的态度：他将可爱视为一种与已有的可爱品质不相关的属性。因为他并没有将其与个人的品质相关联，所以他看不到它会随着以后的发展而发生变化的可能性。因此，他持有一种宿命论的态度，认为自己的不可爱是一种神秘且不可改变的事实。

自谦型最容易意识到这种信念：自己是不可爱的，并且正如我们所看到的一样，这类人努力培养自己的可爱品质，至少在外表上是这样的。即便他对爱情有着强烈的兴趣，也不能自发地去找寻这个问题的根源：究竟是什么导致自己产生了这种自己不可爱的信念？

主要有三种来源。一种是神经症患者自己去爱的能力的削弱。因为我们这章中所讲到的种种因素，他的这种能力必定会受损：与他的自我封闭、他的极端脆弱、对他人的极端恐惧感等有关。即便我们能够在理智层面意识到可爱和自己去爱的能力之间的关联，但其只对少数人有重要意义。事实上，如果我们去爱的能力能够得到很好的发展，我们就不会受到我们是否可爱这类问题的干扰。至于我们是否真心被爱也不那么重要了。

神经症患者感觉自己不可爱的第二种来源是其自恨和投射。只要他不接受自己——自恨或自卑，他就不会相信有人会爱他。

在神经症患者中，这两种来源的作用既强大又普遍，而且解释了在治疗中那种不可爱的感受难以被消除的现象。在患者身上我们可以看到它的存在，并且能够预测其爱情生活的结果。只有当这些来源的作用减弱时，其作用才会被削弱。

第三种来源的作用更为间接，且相对于其他原因值得一提。它体现在神经症患者对爱的渴望，他们希望从爱情中得到更多（如完美的爱情），或者期待爱情能提供一些不同的东西（例如，消除他们的自恨感）。由于他们所得到的爱情未能满足这些期望，他们更倾向于认为自己并没有真正被爱。

对爱的特殊期待种类繁多。通常来讲，它是对神经症需求的满足（这些需求往往是自相矛盾的），又或是——在自谦的情况下——所有的神经症需求。爱被用来服务于神经症需求这一事实不仅具有吸引力，而且被迫切地需要。在一般的人际关系中，我们能够发现相同的不协调性：不断增强的需求和不断下降的能力。

把爱和性区分得过于清楚，就像把它们联系得过于紧密一样，都是不准确的。然而，在神经症患者中，性亢奋或性欲通常与爱的感觉是分离的。我想就性在其中扮演的角色做一些特殊的说明。在神经症中，性仍然扮演着它以往的角色，是一种满足肉欲、与异性进行亲密交流的方式。而且，性的作用通过多种方式来加强人的自信心。但是，在神经症中，所有的功能都会被放大而且呈现出一种不同的色彩。性活动不仅能够释放性紧张，而且能够改善与性无关的身体紧张感。它们成为一种排除自卑的方式（受虐狂），或者是一种通过别人的性贬低或性折磨来进行自我折磨的方式（施虐狂）。它们形成了一种最为普遍的缓解焦虑的方式。但个体并没有意识到这种联系性。他们甚至没有意识到自己处于紧张之中，只是体验到自己处于性亢奋或性欲望的上涨中。但是在分析中我们可以准确地看到这种联系。比如，一名患者也许正在接近于体验自恨的感觉，突然他就会计划或幻想与某个女孩睡觉；或者他会在谈论某个让他极度蔑视的弱点时，产生折磨某个比他更弱的对象的性虐待幻想。

再者，天然的性功能在建立亲密人际关系中扮演了重要角色。众所周知，对于某些超然的人来说，性可能是他们与他人建立联系的一种方式，但它不仅仅是亲近关系的简单替代品。这也意味着，他们急于发生性关系，并没有给自己机会去发现彼此的共同点，或者去培养彼此的喜欢和理解。当然，在性关系之后，也有可能发展成情感关系。但通常情况并非如此，因为这种原始的冲动表明他们过于受限，无法发展成一种和谐的人际关系。

最后，性与自信之间的关系就转变为一种性与自尊之间的关系。（吸引人的或是悦人的）性功能、性伴侣的选择、性体验的数量以及种类都变成了有关自尊的事情而不是关于愿望或是享受的事情。在爱情关系中，如果个人因素被削弱，那么与性有关的因素就会变得更加显著，这将更有可能使潜意识中对可爱事物的关注转变为有意识的关注。

与相对健康的人相比，神经症患者性功能的增强并不一定会导致性活动的增加。他们也许会这样做，但是他们也许会因受到更大的阻碍而富有责任心。不管怎么说，拿正常的健康的人与他们相比是有困难的，因为就算是在正常的范围内，他们在性亢奋、性欲的强度以及出现频率、性表达的方式等方面的差异性也很大。这里存在一个重要的不同点：与我们讨论过的想象一样，性服务于神经症需要。由于这个原因，从非性因素的重要性角度来看，性被赋予了特别的意义。另外，因为相同的原因，性功能也易于受到干扰。最终，由于神经症的需求或禁忌，性活动（包括手淫和意淫）及其特定形式——或至少部分地——由这些因素决定。这导致神经症患者在性行为中并不是出于真正的需要，而是出于他们认为应该去取悦性伴侣、必须表现出被需要和被爱的标志、必须缓解自己的焦虑、证明自己的控制力和权力等心理因素。也就是说，性关系更多地取决于满足那些强迫性需要的驱力，而不是他真实的愿望或感觉。他并不想去贬低性伴侣，但是对方已经不是一个个体，而成了一个性活动的"物体"。

　　神经症患者是怎样具体地来解决这些问题的呢？这些问题的解决方法差异性很大，以至于在如此广阔的范围内，我无法就这些可能性列出提纲。毕竟，性和爱的特殊难题只是他全部的神经症错乱的一种表现方式。此外，其差异性是如此之大，其种类不仅取决于神经症性格结构，而且取决于他以前或现在拥有的特别的性伴侣。

　　也许这看起来是一个多余的限制条件，因为我们已经通过分析知道，性伴侣的选择其实并不是像我们以前所认为的那样，而是一种潜意识的行为。事实上，这一观点的有效性可以得到无数次的证实。但是我们不要走向另一个极端，认为每一个性伴侣都是个体自己的选择；这种概括是错误的。它需要两个方面的条件。我们必须知道是谁在做选择。正确地说，"选择"这一词就假定了有选择的能力和知道谁被选择成为伴侣的能力。在神经症患者中，这两种能力得到了削弱。只有当他们对别人的印象没有被我们所讲的诸多因素扭曲时，他才能做出选择。严格意义上讲，他们没有名副其实地做选择，至少在某种程度上可以这么说。"选择对象"这一术语在这里的意思是，因其明显的神经症需要——自负、支配或剥削的需要、投降的需要，而感觉受到吸引。

　　即使是从受限的角度来看，神经症患者在选择性伴侣方面的机会也并不多。他可能会因为认为结婚是一种义务而选择结婚，或者由于感到与自己疏远或与社会隔离，而选择与一个相对熟悉或同样渴望结婚的人结婚。由于自卑，他对自己的评价很低，无法接触那些对他有吸引力的异性——这不仅是因为神经症。他本来就不太可能认识到合适的伴侣，再加上这些心理限制，我们就可以知道偶然事件的发生频率有多少了。

我不想去证实那些掺杂着各种因素的性爱关系有多千变万化，只想指出神经症患者对爱和性关系态度的一般倾向。他可能倾向于将爱排除在他的生活之外。他可能会减弱或否认爱的重要性和存在的价值。这样，爱对他毫无吸引力，他会躲避爱，或者将其贬低为一种自欺的弱点。

在放弃型和超然型的神经症患者中，这种倾向以一种平静而坚决的方式发生作用。同样，群体中个体的差异在很大程度上会影响他对性的态度。他在生活中不仅排除爱的可能性，还会排除性的可能性。他将其远远排除在生活之外，就好像它们根本就不存在，或对他毫无意义。对于别人的性经验，他既不羡慕，也不否认。当他们因此陷入麻烦时，他还会相当理解他们。

一些人在年轻时可能有过一些性关系，但这些经历并没有打破他们超然态度的防线，对他们来说并没有太多意义，并且随着时间的推移逐渐淡化，他们也并没有进一步探索的欲望。对于另外一些超然的人来说，性体验是重要的而且是享受的。他可能与不同的人发生性关系，但总是——有意或无意——"监视"自己不要产生任何依恋。这种暂时性接触的性质由诸多因素决定，其中包括与扩张型倾向或自谦型倾向的相关性。他对自己的评价越低，他性接触的对象就越可能局限于那些社会文化层次低于他的人。

同样，如果他的同伴也保持超然的态度，且他们刚好结婚了，那么他们就能够维持一种虽然疏远但体面的关系。如果他与一个缺乏共同点的人结婚，他可能会选择忍受这种状况，并努力履行作为丈夫和父亲的责任。只有在对方表现出极端的攻击性、暴戾或受虐倾向，导致这位超然者不断内化这些负面情绪时，他才会尝试摆脱这段关系或在其中崩溃。

自负报复型以一种更具破坏性的方式将爱排除在生活之外。他对待爱情的态度往往是贬低和揭露性的。他的性生活可能呈现两种极端：一种是性生活极其贫乏，偶尔的性接触仅仅是为了缓解身体或心理上的紧张。如果他能够自由地表达性虐待的冲动，那么性关系对他来说就变得非常重要。在这种情况下，他可能会表现出性虐待行为，这可能让他感到兴奋或获得某种满足感。另一种可能是他对自己的性活动进行限制或过度限制，但以一种普通虐待的方式对待伴侣。

关于爱与性的另一种普遍倾向是将爱视为现实生活之外的事物。但在想象中，爱被赋予了更为显著和重要的地位。在这种观念中，爱被看作一种高尚和神圣的感觉，与之相比，现实生活中的任何满足都显得相对肤浅和微不足道。霍夫曼在《霍夫曼故事集》中巧妙地捕捉并描述了这一现象，他将其称为"对无限的渴望，与神同在"。他指出，人类遗传中的狡猾使我们相信"通过爱，肉体的欢愉，我们心中那些神圣的承诺将在人间实现"，这是一种根植于我们灵魂深处的幻觉。因此，真正的爱似乎只能在幻想中实现。

按照霍夫曼的解释，唐璜对女性的态度是具有破坏性的，因为在他看来，每一次对被爱的新娘的背叛，每一次恋人之间因剧烈冲突而被破坏的欢愉……都象征着一种战胜敌意恶魔的崇高胜利，同时也将这种诱惑排除在我们的狭隘生活、自然和造物者之外。

这里要讨论的第三种，也是最后一种可能性，是过分强调现实生活中的爱与性。在这种观念中，爱与性被视为生活中的核心价值，并被赋予了美化的色彩。我们可以将其大致分为两种类型：征服性的爱和投降性的爱。投降性的爱通常源于自谦型的解决方式，我们已经在先前的讨论中描述了这种情境。而征服性的爱则出现在自恋类型中，尤其是当个体的控制驱力集中在爱情上时。在这种情况下，个体的自尊建立在某个不可抗拒的理想型爱人身上。容易得到的女性对他没有吸引力，只有征服那些因为各种原因难以得到的女性，才能证明他的控制地位。征服可能体现在实现完美的性行为上，或者在情感上的完全投降。一旦这些目标达成，他的兴趣就会逐渐减退。

我不确定这浓缩成几页的介绍是否表达了神经症患者心理过程对人际关系交往的影响和强度。当我们意识到它的全部影响之后，我们必须重新评估人们通常所具有的期望，即良好的人际关系能够对神经症产生很好的影响。或者，从广义上说，这对一个人的发展有着很好的作用。这种期望涉及对人类生活环境、婚姻和性关系的改善，以及参与集体活动（如社区组织、宗教或专业团体等），认为这些变化和参与有助于解决神经症问题。在分析治疗中，这种期望体现在一个信念上：治疗成功的关键因素在于患者能否与治疗师建立一种良好的关系，这种关系不受他们童年时期创伤的影响。这种信念基于一个前提：神经症主要是人际关系的障碍，因此，体验到健康的人际关系有助于恢复健康。而另一种期望并非基于如此明确的前提，而是基于对人际关系在我们生活中重要性的认识。这种认识促使人们意识到，改善人际关系本身就是解决神经症问题的一个关键因素。

这些期望对于儿童和成年人都是合理的。即使一个人表现出自大、对个人特权的要求或容易感到被侮辱的迹象，他也能够灵活地对有利的人际环境做出反应。这样做可以减少他的焦虑和敌意，增强信任，并可能打破导致他进一步陷入神经症的恶性循环。这些效果会因人而异，主要取决于个人的干扰程度、持续时间、性质以及良好人际关系的影响强度。

如果自负系统及其后果并不是根深蒂固，或者更为积极地说，如果自我实现这种想法（无论是否从个人的角度）仍然具有一些意义和效力的话，这种有利于内心成长的影响也会作用在成年人身上。我们通常所看到的，比如，在婚姻中，当一方接受分析治疗并且情况逐渐好转时，另一方也会大步发展。在这种情况下，诸多因素发生作用。通常，接受分析的患者会谈论他获得的一些认知，并且另一方也会从中为自己选取一些有价值的信息。当他亲眼看到变化实际上是可以发生的，他就会受到鼓励为自己去做一些事情。再者，看到一种良好关系的可能性，他就会有克服困难的动力。当神经症患者与一个相对正常的人建立了一种亲密且长久的关系时，即使他没有借助分析治疗的帮助，同样的变化也会发生。有多种因素将刺激其发展：包括个人价值体系的重新调整、增强的归属感和被接受感、由于投射减少而带来的直面自身困难的勇气，以及接受严肃而有建设性的批评并从中获益的可能性等。

实现这种可能性的范围远比我们通常认为的要狭窄。如果分析者只关注那些希望未能实现的案例，那么成功的概率就显得非常渺茫，我们不能不加思索地盲目信任。我们反复观察到，那些对内心冲突有自己独特处理方式的人，会带着坚定的要求和期望、特定的正义感和脆弱性、自我厌恶和心理投射、对需求的控制、屈服或追求自由的态度，进入一段关系。因此，这段关系不再是双方相互欣赏和成长的平台，而是变成了满足他们神经症需求的手段。这种关系对神经症的影响，无论是缓解还是加剧内心的紧张，主要取决于他们的需求是否得到满足或受挫。例如，扩张型的人在处于支配地位或被崇拜者围绕时，可能会感觉良好或表现得好。自谦型的人在感到不那么被孤立或认为别人需要他、想到他时，可能会茁壮成长。任何了解神经症痛苦的人都会认识到这种改善的主观价值。但这并不一定意味着个人内心有了真正的成长。通常，这仅仅表明他们的神经症没有根本改变，只是在某些适宜的环境中，他们可能会感到相对轻松。

这种观点同样适用于由制度变革、经济改善和政权组织形式转变等客观因素引发的变化。极权政治无疑能够成功地阻碍个人成长，其本质也必然限制个人发展。只有那些为个体提供尽可能多自由以追求自我实现的政治制度，才值得我们努力争取。即使外在条件得到最佳改善，也不一定能直接促进个人成长，它们只能创造一个更有利于成长的环境。

这些期望中的错误不在于高估人际关系的重要性，而在于低估了内在心理因素的力量。人际关系虽然重要，但它们无法根除一个人内心深处根深蒂固的自负体系，在关键问题上，自负体系成为我们成长的障碍。

自我实现的目标不仅仅是发展个人的特殊才能，更重要的是发展作为人的整体潜力，尤其是培养建立良好人际关系的能力。

第
十
三
章

工作中的神经症障碍

在我们的工作与日常生活中，障碍可能源自多方面。这些障碍可能源自外部环境，如经济或政治压力、缺乏宁静、孤独感、时间紧迫和各种困难。常见的一个具体例子是，作家可能面临学习用新语言表达自己的挑战。障碍也可能源自文化背景，例如，社会舆论可能迫使个人的赚钱能力远超其实际需求——城市商人便是这种现象的一个例证。然而，对于墨西哥的印第安人来说，这种追求可能毫无意义。

在本章中，我不打算探讨外部障碍，而是集中讨论工作中出现的神经症性障碍。进一步来说，我所关注的是那些与我们对他人、上级、下属和同事的态度相关的神经症障碍。尽管我们无法完全将神经症障碍与工作本身的困难分离开来，但我们应该尽可能地忽略后者，转而关注心理因素对工作过程和个人工作态度的影响。最终，在常规工作中，神经症障碍相对不那么重要。但是，当工作需要个人的主动性、想象力、责任心、独立性和创新性时，这些障碍的影响就会变得更加显著。因此，我的讨论将限定在那些需要我们挖掘个人资源的工作上，也就是广义上的创造性工作。从艺术作品到科学写作，这些讨论同样适用于教师、家庭主妇兼母亲、企业家、律师、医生和社会组织者的工作。

工作中神经症障碍的范围非常广泛。正如我们所见，我们并非总能意识到这些障碍；相反，许多障碍会通过工作质量或生产力的缺乏表现出来。其他障碍则表现为与工作相关的心理困扰，如过度紧张、疲劳、恐慌、易怒或在压抑状态下的意识痛苦。在这些神经症中，只有少数几个普遍但相当明显的共同因素。除了特定工作所固有的困难外，还存在一些虽不明显但确实存在的困难。

自信可能是创造性工作最重要的先决条件。无论一个人的态度看起来多么自信或现实，他的自信总是不稳定的。

我们很难对于特定工作的困难进行适当的评估，往往不是低估就是高估了其难度。同样，也没有一个统一的标准来衡量工作的价值。

完成工作的条件可能过于苛刻。这些条件在种类上比人们通常培养的工作习惯更为特殊，在程度上更为严格。

由于神经症个体以自我为中心，他们对工作本身的内在联系并不关心。与工作相比，他们更关注自己如何取得进展或应该如何表现等问题。

由于工作带来的强迫性，以及与之交织的冲突和恐惧，或者个人对工作的主观低估，工作中原本应有的快乐或满足感常常会受到损害。

如果我们忽略这些共性，详细考虑工作中的障碍是如何表现出来的，我们就会更多地受到不同类型神经症的差异而非相似之处的影响。我已经提到了意识到现有困难以及在这些困难下的痛苦的差异。但是，能够完成或不能完成工作的特殊条件也各不相同。对于坚持不懈的努力、冒险、规划、接受帮助、委托工作等能力的需要也是如此。这些差异主要取决于个人为其内心冲突找到的主要解决方法。我们将对每一个群体进行单独讨论。

扩张型个体，无论其特殊性质如何，往往会高估自己的能力或独特天赋。他们也倾向于认为自己所从事的特定工作具有独特意义，并高估其质量。对于不夸大他们活动的人，他们可能认为这些人要么无法理解自己（对牛弹琴），要么就是出于嫉妒而无法给予自己应有的评价。任何批评——无论多么认真或真心，都被视为对他们的攻击。因此，他们往往不会考虑批评的客观性，而是主要关注如何以各种方式防御它。出于同样的原因，他们对作品被认可的需求是无限的。他们认为自己有资格获得这种认可，如果没有获得，就会感到愤慨。

与此同时，他们认可他人的能力极其有限，至少在他们的领域和年龄段内是如此。他们可能会坦率地说自己欣赏柏拉图或贝多芬，但可能很难欣赏任何当代哲学家或作曲家；任何一个当代人的成就，都可能被他们视为对自己独特性的威胁。当有人在他们面前赞扬他人的成就时，他们可能会变得高度敏感。

最后，这个群体的特征——对掌控的渴望，赋予了他们一个隐含的信念：通过自己的意志力或超强能力，他们将无往不胜。我猜想，一定是一个扩张型的人首先设计了一些美国企业的座右铭："有困难立即解决，否则就太晚了"，并且会从字面上理解这句话。为了证明他的掌控力，这种需求经常使他变得足智多谋，促使他尝试解决别人谨慎处理的任务。然而，这里存在低估所涉及困难的风险。没有商业交易是他不能迅速完成的，没有疾病是他不能立即诊断的，没有论文和讲座是他不能在便签上完成的，没有汽车故障是他不能比其他任何技师解决得更好的。

所有这些因素——对自身能力和工作质量的高估、对他人和所遇困难的低估，以及对批评的漠不关心——都说明他经常忽视工作中存在的障碍。根据自恋、完美主义或自负报复这三种倾向中哪一种占据上风，这些障碍就会有所不同。

自恋型的个体最容易被自己的想象所驱动，他们通常会明显地展现出上述的所有特征。如果他们拥有相当的天赋，那么在扩张型个体中，他们往往是最具生产力的。但他们可能会遇到各种困难，其中之一就是将兴趣和精力分散在许多方面。例如，一位女性可能同时追求成为完美的女主人、家庭主妇、母亲，同时还要穿着讲究、积极参与委员会、涉足政治，并立志成为伟大的作家。或者，一位商人除了涉足多项商业活动外，还热衷于广泛的政治和社会活动。这样的人最终意识到自己无法同时做好所有事情，却往往将其归咎于自己众多的天赋。他们内心潜藏的隐晦自负，可能使他们对那些只有一种天赋的人感到嫉妒。虽然他们确实可能拥有多种能力，但这并非问题的核心。关键在于他们拒绝承认自己能够完成的事情是有限的。因此，他们尝试限制自己活动的努力通常不会持续太久。他们拒绝所有反证，很快又会坚信自己可以完成很多任务，并且能够做到完美。对他们而言，接受与他人一样的发展和局限是一种贬低，因而是不可容忍的。

其他自恋型个体可能通过相继开始和放弃追求，而不是通过同时进行多项活动来分散他们的精力。对于有天赋的年轻人来说，他们似乎只需要时间和实践来找出他们最感兴趣的地方。只有仔细审查他们的整体性格，我们才能判断这样简单的解释是否有效。例如，他们可能对舞台表演充满热情，尝试戏剧表演并展现出有希望的开始，但很快就放弃了。之后，他们可能在诗歌写作或农业方面也有相似的经历。接着，他们可能会转向护理或药物研究，从热情高涨迅速滑落到失去兴趣。

但是，同样的过程也可能发生在成年人身上。他们可能会制定一本大部头书的提纲，发起一个组织，规划一个庞大的商业项目，开始一项发明创造。但一次又一次，在什么事情都没完成之前，他们的兴趣就逐渐消失了。他们用想象力勾勒出快速而辉煌的成就的壮观图景。但在遇到第一个真正的困难时，他们就退缩了。然而，他们的自尊不允许他们承认自己正在逃避困难。因此，失去兴趣成了一种保持面子的策略。

一般来说，自恋型个体狂热的摇摆不定是由两个因素促成的：他们对关注工作细节的厌恶和对坚持不懈努力的厌恶。对工作细节的厌恶在有神经症的小学生身上可能就已经显而易见了。例如，他们可能对一篇作文有着相当富于想象力的想法，但潜意识中坚定不移地抗拒整洁书写或正确拼写。同样，这种懒散态度可能会损害成年人的工作质量。他们认为自己应该有出彩的想法或项目，但"细节工作"应该由普通人来完成。因此，他们可以毫不费力地将工作委托给他人。而且，只要他们有员工或同事能够将自己的想法付诸行动，结果可能是不错的。如果他们需要独立完成工作，例如撰写论文、设计服装、起草法律文件，那么在开始对想法进行深入思考、审核、修订和组织这些实际工作之前，他们可能会错误地感到工作已经完成，从而感到极度满意。在分析中，很多病人可能会发生同样的情况。在此，除了普遍的扩张之外，我们还看到了另一个决定因素：他们害怕具体、仔细地审视自己。

他们不懈的努力源于同一根源。他们独特的自尊根植于"不费吹灰之力的优越感"。正是这种戏剧性且非凡的荣耀，限制了他们的想象力，导致他们对日常生活中的琐事感到憎恶，认为这些琐事是对他们的侮辱。他们偶尔也会投入努力，在紧急情况下展现出充沛的精力和谨慎的态度，如举办大型派对，或突然间集中精力处理积压数月的信件等。这种偶尔的努力能够满足他们的自尊心，但持续的努力被视为对自尊的侵犯。众所周知，任何努力工作的人都将取得成就；而且，如果没有付出努力，总会有所保留。如果他们真正付出了切实的努力，他们将取得显著的成就。对不懈努力的深层厌恶在于它威胁到了对无限力量的幻想。

以园艺为例，无论园丁是否愿意，他很快就会意识到，花园不可能一夜之间变成繁花似锦的天堂。只有当他真正投入工作，事情才会有所进展。在持续撰写报告或论文、进行宣传工作或教学时，他将获得同样的清醒认识。事实上，人的时间和精力是有限的，同样，在这些限制条件下能够实现的成就也有一定的界限。只要自恋型个体坚持他拥有无限的精力和成就的幻想，他就必须谨慎地避免这种幻想破灭的体验。或者，当他真正经历了这种体验，他可能会感到自己像是被锁在了耻辱的枷锁中，这种憎恶反过来会让他感到疲惫不堪。

总之，尽管自恋型个体条件优越，但他的工作表现往往令人失望，因为他与其他神经症的人一样，根本不知道如何工作。在某些方面，完美主义者所面临的困难与此相反。他有条不紊地工作，对细节的关注也是一丝不苟。但他过于拘泥于应该做的事情以及如何去做，以至于无法实现原创性和自发性。因此，他的工作进展缓慢，成效有限。由于他对自己的严格要求，他很容易因过度劳累而筋疲力尽（正如众所周知的完美主义型家庭主妇一样），结果，也让别人感到痛苦。而且，由于他对别人和对自己一样苛刻，所以他对别人的影响往往是有限的，特别是如果他处于管理职位时。

自大报复型的人则有其优缺点。在所有神经症患者中，他是最优秀的工作者。说他对工作充满热情并不完全准确，但我们可以说他对工作投入极大的精力。由于他有无穷的野心以及他工作之外的生活相对空虚，不用于工作的时间都被他视为浪费。但这并不意味着他享受工作。他通常无法享受任何事情，虽然工作并没有让他感到厌倦。事实上，他似乎不知疲倦，就像一台运行良好的机器。尽管他机智、高效、思维敏捷，但他所做的工作很可能是无效的。在这里，我并不是指那些已经恶化的个体，无论他们是制作肥皂、绘画肖像还是撰写科学论文，他们都已成为机会主义者，只对工作的外在结果感兴趣——成功、威望、胜利。除了自己的荣耀之外，即使他对工作本身感兴趣，他也往往会停留在自己领域的边缘，而不是深入问题的核心。例如，作为一名教师或社会工作者，他的兴趣点可能在于教学或社会工作方法上，而不是在学生或客户身上。他可能更倾向于写批判性评论，而不是创作自己的作品。他可能急于预见所有可能出现的问题，以便在这些问题上拥有最终的发言权，却没有添加任何自己的见解。总之，他似乎只想控制某个特定主题的事务，而不是去丰富它。

由于自大，他很少赞扬他人，而且由于缺乏创造力，他可能会无意识地使用他人的想法。即便这些想法在他手中，他也会变得机械而缺乏生气。与大多数神经症患者相比，他有能力进行谨慎和细致的规划，并可能对未来的发展有一个相当清晰的视角（在他看来，他的预测总是正确的）。因此，他可能是一个好的组织者。然而，有几个因素会削弱这种能力。他在委派工作方面可能会遇到困难。由于他对人的傲慢和蔑视，他相信自己是唯一能够正确行事的人。而且，在管理他人时，他倾向于采用独裁的方法：恐吓和剥削而不是激励；扼杀动机和喜悦，而不是激发它们。

由于他的长远规划，他可以较好地忍受暂时的挫折。在严峻的考验下，他可能会感到恐慌。当一个人几乎完全生活在胜利或失败中时，任何可能的失败都是可怕的。但由于他认为自己不应该感到恐惧，他会对自己的恐惧感到极度愤怒。此外，在这种情况下（即考验的情况下），他也会对那些可能对他进行评判的人产生强烈的愤怒。但通常所有这些情绪都会被压抑，这种内心的混乱可能会导致身体症状，如头痛、肠痉挛、心悸等。

自谦型在工作方面遇到的困难几乎与扩张型完全相反。他倾向于设定较低的目标，低估自己的才能以及工作的重要性和价值。怀疑和自我批评让他感到痛苦。他不相信自己能够完成不可能的任务，且他经常被"我做不到"的感觉所困扰。他的工作质量可能不会受到影响，但他自己总是感到痛苦。

自谦型的人在工作中也可能会感到更加放松，事实上，只要他们为他人工作，他们就能做得很好：如作为家庭主妇、管家、秘书、社会工作者、教师、护士、学生（为一个他们敬佩的老师工作）。在这种情况下，我们可能会注意到两种常见的特征之一，这可能揭示了潜在的障碍。首先，个体在独立工作和与他人合作时可能会表现出显著的差异。例如，一个人类学的田野工作者可能在与当地人接触时游刃有余，但在陈述他的发现时就会完全不知所措；一位社会工作者作为顾问能够有效地处理客户的问题，但在撰写报告或评估时就会感到恐慌；一位艺术系学生在老师在场时可能画得很好，但当他一个人画画时就会忘记所学的一切。其次，这种类型的人的工作表现实际上低于他们的能力。他们永远不会想到自己可能有什么潜力。

由于各种原因，他们可能会开始独立工作。他们可能会晋升到需要写作或公开演讲的职位；他们自己的（被否定的）野心可能会推动他们走向更加独立的活动；最后但同样重要的是，他们现有的才能可能最终促使他们充分展现自己。正是在这一点上，当他们试图超越由"畏缩过程"所设定的狭隘限制时，真正的问题出现了。

一方面，他们对完美的要求与扩张型一样高。但后者容易对自己取得的杰出成就感到自满，而前者持续的自我批评倾向总是让他们在工作中注意到缺陷。即使在表现良好（可能在举办派对或发表演讲）之后，他们也会强调自己忘记了这点或那点，强调他们没有清晰地表达自己想要说的话，强调他们太顺从或太冒犯了等等。因此，他们陷入了几乎无望追求完美的斗争中，同时，他们又贬低了自己。另一个特殊的原因也加强了他们对卓越的追求。一旦他们追求个人成就，他们对野心和骄傲的禁忌就会让他们产生"罪恶感"，并且只有最终的完美才是对这种罪恶的救赎（"如果你不是一个完美的音乐家，你最好去擦洗地板"）。

另一方面，如果他们违反了这些禁忌，或者至少他们有意识地这样做，他们就会自我毁灭。这与我之前描述的竞技比赛的过程相同：只要这种类型的人想要赢，他就再也不能参与比赛了。因此，他不断地处于进退两难的境地，既要勇攀高峰，又要停止脚步。

当扩张驱力和自谦驱力之间的冲突趋向表面化时，这种困境最为显著。例如，一位画家被某个物体的美感所震撼，于是他构思了一种绝妙的构图。他开始绘画。画布上的初稿看起来非常棒，他感到高兴。无论这个开始是否太好（因为他无法承受），还是尚未达到他第一眼看到的完美程度，他都会反对自己。他试图改善初稿，但结果变得更糟。此时他变得疯狂起来。他一直在"改善"，但颜色变得更加暗淡和沉闷。很快，这幅画就被毁了。他绝望地放弃了。不久之后，他开始画另一幅画，结果还是重复同样的痛苦过程。

同样地，一位作家可能顺利地写作一段时间，直到他意识到事情实际上进展得非常好。这时——当然他不知道自己的满意其实是危险的信号——他变得挑剔起来。当他思考主要人物应该如何在特定情况下表现时，也许他确实遇到了困难，但由于他已经被一种破坏性的自我蔑视所困扰，这个困难会看起来更大。不管怎样，他变得无精打采，无法让自己在一段时间内工作，并且会愤怒地撕毁最后几页纸。他可能会做噩梦，在梦中，他和一个要杀他的疯子被关在一个房间里。这是对他自己极端愤怒的一种纯粹而简单的表达。

在这两个例子中（这类例子往往数不胜数），我们看到了两种截然不同的动力：向前的创造性心境和自我破坏性的心境。由于现在那些扩张驱力受到压制，而自谦驱力占优势的人，在他们身上清晰的前进动力变得极为罕见，而自我毁灭的动力则不那么激烈和戏剧化。冲突更加隐蔽，在工作中整个内心过程更为缓慢和复杂。这就更难去发现其中所涉及的相关因素了。在这些情况下，尽管工作中的障碍是人们明显的抱怨，但他们可能无法直接了解。只有在整个结构松动之后，障碍的本质才会逐渐变得更加清晰。

在进行创造性工作时，他发现自己难以集中注意力。他的思维容易游离，被日常琐事所分散，导致他感到烦躁不安。他可能会通过涂鸦、玩单人纸牌、打电话或等待电话、剪指甲、甚至捕捉苍蝇来分散自己的注意力。这种自我厌恶感促使他努力工作，但很快他就会因为极度疲惫而不得不放弃。

在无意识中，他面临两种长期障碍：自我贬低和解决主要问题的低效。众所周知，为了避免触犯任何禁忌，他不得不压抑自己的需求，这在很大程度上导致了他的自我贬低。这种自我贬低是隐性的，它通过贬低、怀疑来消耗他的精力，而他对此浑然不觉（例如，一个病人幻想有两个丑陋且恶毒的侏儒坐在他的肩膀上，不断地相互贬损）。他可能忘记了自己曾经阅读、观察、思考过的内容，甚至忘记了自己要写什么。尽管所有写作材料都在他的脑海中，但往往需要经过多次搜索才能回想起来。当他真正需要时，这些记忆可能难以浮现。同样地，当被邀请在讨论中发言时，他最初可能觉得无话可说，但随着时间的推移，他可能会发现自己有许多有价值的评论。

换句话说，他压抑自我需求的行为阻碍了他才能的发挥，导致他在工作时感到无力和压抑。对于扩张型的人来说，尽管他们所做的事情的客观重要性可能被忽视，他们却认为这些事具有普遍重要性。对于自谦型的人来说，尽管他们的工作具有更大的客观重要性，他们却常常对此感到遗憾。自谦型的人的特点是，他们总是说自己"必须"工作，这与放弃型的人对强制的过度敏感不同。如果他们承认自己希望取得成就，就会感到过于奢侈或野心勃勃。他们甚至不会承认自己想要出色地完成工作。这不仅是因为他们被追求完美的苛求所驱使，而且是因为拥有这样的意图在他们看来是对命运的一种狂妄自大和傲慢无礼的挑战。

他在处理问题时的低效主要是因为他对所有带有隐含声明、攻击或控制的禁忌感到忌讳。通常，当我们谈论他对攻击的禁忌时，我们会想到他不命令、不操纵、不控制他人的态度。但这种态度也普遍存在于对无生命物体或精神问题的处理上。就像他在遇到轮胎爆胎或拉链卡住时感到无助一样，他对自己的思想也感到无能为力。他的困难并非源于缺乏效率。他可能有出色的原创想法，但在解决、捕捉和与这些想法互动，以及在检查、塑造和组织它们时，他受到了抑制。我们通常不会意识到这些心理操作是独断的、攻击性的行为，尽管在语言上可能确实如此；只有当普遍的抑制、攻击行为限制了我们时，我们才会意识到这一事实。无论何时，当自谦型的人有意见时，他们最初并不缺乏表达的勇气。但抑制通常发生在更早的阶段——在他们不敢意识到自己已经得出结论或拥有自己的观点之前。

这些障碍本身会导致工作进展缓慢、浪费时间、效率低下，甚至可能导致一事无成。在这种情况下，我们可能会想起爱默生的话："我们毫无成就，因为我们贬低了自己。"折磨和成就的可能性始终存在，因为这个人同时受到他对终极完美的需求的驱使。他不仅要求工作质量满足他的苛求，而且要求工作方法也必须完美无缺。例如，当一个音乐系的学生被问及她是否能系统地学习音乐时，她会感到尴尬并回答"我不知道"。对她来说，系统地学习音乐意味着每天要固定坐在钢琴前八个小时，全神贯注，几乎废寝忘食。由于她没有这种持续集中的注意力，她就会自我反抗，称自己是一个不会有什么成就的半吊子。事实上，她努力学习一支曲子，学习读谱和左右手的连贯运动——她本应对自己学习的认真态度感到满意。如果心中有这些过分的"应该"，我们很容易想象自谦型的人会因为自认为的低效工作而感到自卑。最后，完整地描述他所遇到的困难：即使他工作做得很好，或者取得了一些成就，他也认为自己不应该意识到这一点，就像他的左手不知道右手在做什么一样。

当开始进行某种创造性工作时，例如，在开始写一篇论文时，他尤其感到无助。他对掌控主题的厌恶使他无法提前完整地规划。因此，他不会首先列出一个大纲，然后全面组织好脑中的素材，而是直接开始写作。事实上，对其他人来说，这可能是一个可行的方法。例如，扩张型的人可能毫不犹豫地这样做，他们认为自己的初稿已经很完美，因此不需要进行进一步的修改。但是，自谦型的人不允许自己草率地写下任何在思路、形式、风格和组织上不完美的初稿。他会敏锐地注意到任何不协调之处以及缺乏明晰性和连贯性的地方。他对内容上的批评往往是合理的，但这种批评所引起的自卑感使他不安，以至于他无法继续。他可能会告诉自己："现在，看在老天的份上，先写下来，你以后还是要修改的。"但这通常无济于事。他可能会重新开始写作，写下一两个句子和一些松散的想法。只有在浪费了许多时间和精力之后，他才可能最终问自己："现在，你到底想写什么？"只有在那时，他才会草拟一个粗略的提纲，然后逐渐添加细节，一次又一次地修改。每次因冲突而产生的焦虑都会逐渐减轻。但是，当论文最终完成，准备发表或印刷时，焦虑可能会再次增加，因为此时它应该是完美无缺的。

在这个痛苦的过程中，他可能会因为两个截然相反的原因感到焦虑：一方面，当工作变得困难时，他会感到不安；另一方面，当工作进展顺利时，他也会感到不安。面对棘手的问题，他可能会有休克、昏厥、呕吐的反应，或者感到四肢无力。而当他意识到工作进展顺利时，他可能会比平时更加激烈地破坏自己的成果。以一个抑制力开始减弱的病人为例，他解释了这种自我毁灭的行为。当论文接近完成时，他注意到一些段落有熟悉的标记，突然意识到自己之前必定已经写过这些内容。一番搜寻后，他确实找到了前一天写的草稿，写得非常好。他花了将近两个小时来组织这些他已经形成但未意识到的想法，他对这种"遗忘"感到震惊，并思考其原因。他记得自己流畅地写下了这些段落，并认为这是一个充满希望的迹象，这帮助他克服了抑制，短时间内完成了论文。尽管这些想法实际上是合理的，但他无法接受，于是开始自我贬低。

认识到这类人在工作时所面临的可怕问题后，我们对他们工作中的几个特点有了更清晰的理解。首先，他们在开始一项困难的工作之前会感到担忧甚至恐慌，因为涉及的冲突使他们觉得难以完成这项工作。例如，有人在发表演讲或参加会议前会生病；有人在首次舞台演出前会生病；还有人在准备圣诞节购物前就已经感到疲惫。我们还明白，他们通常只能分阶段工作。他们的工作压力会随着工作时间的增加而增加，以至于他们无法长时间忍受它。这不仅出现在脑力劳动中，也可能出现在他们所做的任何其他工作中。他们可能只整理一个抽屉，其他的则留待以后处理。他们可能在花园里除草或挖土，然后停下来。他们可能工作半小时或一小时，就必须休息。然而，同一个人，在为他人工作或与他人合作时，可能会坚持到底，完成工作。

最后，我们理解了为什么他们在工作中容易分心。他们经常责怪自己对工作没有真正的兴趣，这足以让人理解，因为他们经常像被迫学习的学生一样感到愤恨。事实上，他们的兴趣可能完全真实，但工作过程比他们意识到得更加扰人。我已经提到了一些导致分心的小事，比如打电话或写信。而且，由于他们想要取悦他人并赢得对方的喜爱，他们很容易满足家人或朋友可能提出的任何请求。有时，他们也可能将精力分散在太多方面，但原因与自恋型完全不同。特别是在年轻时，爱情和性对他们具有无法抗拒的吸引力。虽然恋爱通常不会让他们感到幸福，但它满足了他们所有的需求。因此，当工作中的困难变得无法忍受时，他们经常会陷入爱情。有时，他们会经历一个重复的循环：工作一段时间，甚至可能取得一些成就；然后陷入爱情，有时是依赖型的爱情；把工作放在一边，或者干脆不工作；最后摆脱爱情，重新开始工作。

总的来说，任何自谦型的人在独自进行创造性工作时，都会经常遇到难以克服的困难。他们不仅在永久性障碍下工作，而且还伴随着焦虑的压力。与这种创造性过程相关的痛苦程度当然各不相同。这种痛苦通常只在短时间内不存在。在最初设想一个项目并推敲其中涉及的想法时，他可能会感到快乐，因为他还没有陷入与内在指令对抗的推拉中。当一项工作即将完成时，他也可能会有短暂的满足感。后来他放弃了外部的成功或赞扬，他不仅失去了做这件事的满足感，甚至感觉他不是完成这件事的人。对他来说，想起或看到这项工作都是羞耻的，因为尽管他内心有很多困难，但他并没有因为完成了工作而认可自己。对他而言，记住这些困难的存在本身就是一种耻辱。

当然，由于这些烦人的困难，一事无成的可能性很大。他可能一开始就不敢独自做事，或者在工作中放弃。工作本身的质量也可能受到所遇到障碍的影响。但是，如果他有足够的天赋和耐力，结果可能会非常好，因为尽管他经常效率低下，但他仍然进行了大量持续的工作。

影响放弃型个体工作的桎梏在本质上与影响扩张型和自谦型的截然不同。一直放弃的人可能会满足于低于他们能力的水平，这与自谦型类似。但自谦型的人这样做是为了遵守对自负和攻击的禁忌，同时寻求依靠他人，被他人喜欢和需要，在这种环境中感到更安全。放弃型这样做是因为他们放弃了积极生活的重要部分。他们能够高效工作的条件也与自谦型截然不同。由于他们的独立性，他们可能更适合独自工作。他们对强迫的敏感使他们很难为一位老板或一个有明确规则和条例的机构工作。他们可能会"调整"自己以适应这种情况。由于他们对愿望和期望的抑制，以及对改变的厌恶，他们可能会忍受不适合他们的条件。由于缺乏竞争力和急于避免摩擦，他们可能在表面上与大多数人相处融洽，但在情感上保持距离。这种状态导致他们既不快乐也缺乏效率。

如果他必须工作，那么成为自由职业者可能更适合他；尽管他也可能容易受到他人期望的驱使。例如，为某项设计或服装设定出版和交付的截止日期可能适合自谦型的人，因为这种外部压力可以帮助减轻他们的内部压力。如果没有截止日期，他们可能会无休止地改进他们的产品。截止日期的存在可能降低他们的标准，并且因为是为了满足他人的需求，这种期限也可以帮助他们实现成就或完成某件事情的愿望。对于放弃型的人来说，截止日期是强制性的，他们对此感到极度厌恶。这种强制性可能会激发他们许多无意识的反抗，导致他们变得无精打采和行动迟缓。

他对工作期限的反感只是他对强制性要求敏感性的一个例证。这种态度同样出现在任何对他的建议上，这些建议对他而言可能代表着期待、要求或请求，或是任何他认为必须面对的任务。例如，如果他想取得成就，就必须投身于工作。

惰性可能是最大的障碍，我们已经讨论过它的意义和表现。更常见的是，他倾向于在想象中而非现实中行动。惰性导致的低效率在决定因素和表现形式上与自谦型的人有显著差异。自谦型的人在矛盾的期望中摇摆不定，如同笼中之鸟般挣扎。而放弃型的人则显得缺乏活力和主动性，无论在身体上还是心理上都显得迟缓。他们可能会推迟行动，或者需要在笔记本上记录下所有待办事项以防忘记。与自谦型形成对比的是，当他们独立工作时，这种状况可能会完全逆转。

例如，有一位医生只有在笔记本的帮助下，才能在医院中履行职责。他必须记录每一位要检查的病人，每一次会议，每封要写的信或报告，以及每一种要开的药物。但在空闲时间里，他在阅读感兴趣的书籍、弹钢琴、进行哲学主题写作方面非常活跃。他对所做的这些事充满兴趣，并能够享受它们。在他的私人空间里，他觉得他可以做自己。而且他确实保留了他真正自我的完整性，但通常情况下，只有不与周围的世界保持联系，他才能做到这一点。他在空闲时间做了同样的事情。但他并不期望成为一名杰出的钢琴家，也不打算出版他的作品。

　　这种类型的人越是反对迎合别人的期望，他们就越倾向于减少任何需要与人共事或为人所做的工作，或需要固定作息的工作。为了做自己喜欢的事，他们宁愿将自己的生活水平限制在最低限度。如果他们真正的自我能在极大的自由环境中充分发展，这种发展可能会使他们从事建设性的工作。然后他们可能会找到创造性的表达方式。但这取决于他们所拥有的天赋。并不是每个人在断绝家族关系并远赴他乡之后，都能成为像高更那样的杰出人物。如果缺乏相应的有利内在条件，他们可能会沦为粗野的个人主义者，仅仅对做出人意料之外的事情或过着与常人不同的生活表现出兴趣。

　　对于那些追求肤浅生活的人来说，工作似乎不会构成问题。然而，普遍的趋势是工作表现会逐渐恶化。努力实现自我和追求理想化自我的过程不仅受到抑制，而且被完全抛弃。因此，工作变得毫无意义，因为他们缺乏动力去发展自己的潜能和追求崇高的目标。工作可能被视为一种必要的罪恶，因为它打断了"一个人享受美好时光"。他们可能为了他人的期望而工作，但个人对此并无太多投入。工作可能仅仅成为他们追求名利的手段。

弗洛伊德认识到工作中经常出现的神经症障碍，并把恢复工作能力作为治疗中的目标之一，从而承认了这些障碍的重要性。但他将这种能力与动机、目标、对待工作的态度以及完成工作的条件和工作质量区分开来。因此，他只识别了工作过程中存在的明显干扰。从当前讨论中得到的普遍结论之一是，这种看待工作中困难的方式过于简化。只有当我们考虑到所有提到的因素时，我们才能发现各种现有的障碍。换句话说，工作中的特点和障碍是整个人格的一种表现。

当我们详细考虑工作中涉及的所有因素时，另一个因素也变得明显。我们认识到，以一般方式来看待工作中的神经症障碍（即神经症本身的障碍）是无效的。如前所述，只有少量谨慎、有所保留、有质量的论述可以适用于所有神经症。只有通过辨别基于不同神经症结构的各种困难，我们才能准确了解特定的障碍。每个神经症结构在工作中产生其特有的优势和困难。这种关系非常明确，一旦我们知道了特定的结构，我们几乎可以预测可能的障碍性质。而且，由于在治疗中我们不处理"神经症"，而是针对特定的神经症患者，这种个体精确性不仅帮助我们更快地发现特定的困难，而且让我们更彻底地理解这些困难。

工作中许多神经症障碍所造成的痛苦是难以表达的。这些障碍并不总是产生有意识的痛苦，许多人甚至没有意识到他们的工作有任何困难。这些障碍总是会导致人力和精力的浪费：在工作过程中浪费精力；不敢承担与现有能力相称的工作而浪费精力；未能挖掘现有才能而浪费精力；对工作质量造成损害而浪费精力。对于个体而言，这意味着他无法在自己生活的一个重要领域实现自己。将成千上万人的这种个人损失加起来，工作中的障碍将造成人类的损失。

尽管人们普遍认同神经症会导致痛苦并在职业活动中造成障碍，但许多人对于艺术与神经症之间的联系，特别是艺术家的创造力与其神经症之间的关系，感到困惑。他们可能会问："确实，神经症通常会引起痛苦，尤其是在工作时制造困难，但它不是艺术创作不可或缺的一部分吗？大多数艺术家不都有神经症吗？那么，对艺术家进行精神分析会不会削弱甚至破坏他们的创造力？"通过分别考虑这些问题并研究相关的因素，我们至少可以获得一些清晰的认识。

首先，一个人的天赋本身与神经症无关，这是毫无疑问的。最近的教育事业表明，大多数人在适当的鼓励下可以画画。即使如此，也不是每个人都可以成为伦勃朗或雷诺阿。这并不意味着一个拥有良好天赋的人往往能够将其发挥出来。正如一些相同实验所展示的那样，毫无疑问，神经症在很大程度上抑制了他们的表达。一个人的自我意识越弱，受到的威胁越小，他就越不想迎合他人的期望，他对正确或完美的需求就越少，他就可以更好地发挥他所拥有的天赋。分析经验详细地显示了神经症因素会阻碍创造性工作。

到目前为止，对艺术创作的关注，要么造成思考上的不清晰，要么造成对一个人天赋的低估，即对特定环境中的艺术表达能力的低估。那么，第二个问题来了：如果天赋本身与神经症无关，那艺术家的创造能力难道不是与某些神经症条件紧密相联的吗？要得到答案，就要更清楚地辨别哪些神经症条件可能对艺术作品有利。自谦型倾向占上风显然是不利的。事实上，有这种趋势的人往往并不关注这方面。他们清楚地知道——在他们的身体里——神经症束缚了他们敢于表达自我的翅膀。只有拥有强大驱力的人和那些放弃型中的反抗者经过分析才会害怕失去创造力。

他们真正害怕的是什么？用我的专业术语来说，他们认为，尽管对控制的需求可能是神经症性的，但它是一种动力，给他们带来勇气和热情去从事创造性工作，并帮助他们克服所遇到的所有困难。或者他们认为，只有当他们与他人的关系完全切断，不受他人期望的干扰时，他们才能进行创造。他们（无意识地）害怕，即使是对他们全能控制感的微小动摇，也会让他们产生自我怀疑，并陷入自卑感中。或者在反抗的情况下，他们担心，除了自我怀疑之外，他们会变成顺从的机器，从而失去创造力。

这些恐惧在一定程度上是可以理解的，因为实际上他们所担心的极端情况也是可能发生的。尽管如此，这些担忧仍然基于错误的推理。我们见证了许多患者在极端情况下的挣扎，他们仍然深陷于神经症的冲突中，只能以极端对立的方式思考，并且未能找到真正解决这些冲突的方法。如果分析过程得当并带来积极效果，他们将能够认识到并体验到自卑或顺从的倾向，但这些态度不会是永久的。他们将会克服两个极端的强迫成分。

有人提出了一个更深入且关键的论点：假设精神分析能够解决神经症冲突并提升人的幸福感，这是否会消除他的内在压力，导致他只想满足于现状，从而失去创作的内在驱力？这个论点可能包含两个层面，且都非常重要。它提出了一个普遍的看法，即艺术家需要内在的压力甚至痛苦来激发他们的创造力。我不确定这是否普遍成立。即便如此，所有必要的痛苦也都必须来自神经症冲突吗？我认为，即使没有这些冲突，生活也充满了痛苦。特别是对于艺术家，他们对美与和谐的敏感度以及对不和谐与痛苦的感知力都超出常人，同时他们还具备强大的情感体验能力。

此外，这个论点还包含了神经症冲突可能是创造力的一个构成要素这一具体观点。认真对待这个论点的一个原因是我们对梦的体验。我们知道，在梦中，我们的无意识想象力能够为我们内心那些令人不安的冲突找到解决之道。梦境中的画面能够以一种如此凝练、贴切、简洁的方式表达这些冲突的本质，这与艺术创作非常相似。那么，为什么一个掌握了自己表达方式的天才艺术家，并且能够将其运用到必要工作中，就不能以相同的方式创作出一首诗、一幅画或一段音乐呢？就我个人而言，我倾向于相信这种可能性是存在的。

我们必须通过以下考量来限定这种假设：在梦中，一个人可以找到多种解决方案，这些解决方案可能是建设性的，也可能是神经症性的，两者之间的可能范围非常广泛。我们不能否认这一事实与艺术创作的价值息息相关。我们可以认为，即便艺术家找到了他特有的神经症性解决方案，他的作品仍然能够引起广泛的共鸣，因为还有许多人倾向于采用类似的解决方案。但是，这是否意味着，例如，达利的画作或萨特的小说的普遍意义和价值会因此而降低呢？尽管这些作品展现了作者卓越的艺术表现力和深刻的心理洞察力。为了避免误解，我并不是说戏剧或小说不应该描绘神经症问题。实际上，鉴于大多数人受到神经症问题的影响，艺术的表现可以帮助许多人意识到这些问题的存在和重要性，并在心理上对这些问题有更深的认识。当然，这并不意味着所有探讨心理问题的戏剧或小说都必须有一个快乐的结局。以《推销员之死》为例，它并没有一个幸福的结局，但它向我们清晰地展示了一个人如果忽视自己的问题，而只是沉浸在自己的幻想中，最终可能面临的结局（从自恋式解决方案的角度来看）。如果我们不清楚作者的立场，或者他是否认为他的神经症性解决方案是唯一正确的，那么我们可能会对他的艺术作品感到困惑。

在刚才的讨论中，我们可以进一步探讨一个相关问题的答案。虽然神经症冲突或其解决方法可能会抑制或损害艺术创造力，但我们不能断言它们一概促进了艺术创造力。目前看来，大多数这类冲突和解决方法对艺术家的作品可能产生负面影响。然而，我们需要区分那些仍然能够建设性地推动创造性工作的冲突，以及那些抑制或削弱艺术家能力，或降低其作品价值的冲突。这个界线应该划在哪里？是否仅由冲突的数量来决定？我们不能简单地认为艺术家内心冲突越多，对其创作就越有益。是否存在一种情况，即一定量的冲突对艺术家有益，而超过某个阈值则变得不利？但是，"一些"和"太多"之间的界限究竟在哪里？

显然，从定量因素的角度来看，我们仍然是丈二和尚摸不着头脑。关于建设性和神经症解决方法的考虑，以及它们所暗含的内容，都指向了另一个方向。不管艺术家冲突的性质如何，他都不能在这些冲突中迷失。因为他希望摆脱这些冲突并向它们表明立场，他身上必须有某种足够有建设性的东西来激励他。这就是说不管有什么冲突，他的真实自我必须充分活跃，才能起作用。从这些考虑来看，神经症对艺术创造力的价值的观点经常被证实是没有根据的。唯一切实的可能性是艺术家的神经症冲突可能有助于激励他进行创造性工作。此外，他的冲突和他寻找摆脱冲突的方式可能是他工作的主题。就像一个画家会表达他对山中景色的个人体验一样，他也会表达自己内心挣扎的个人体验。但是，只有在艺术家的真实自我活跃，能够赋予他深刻的个人洞察力、自发的渴望和表达自我的能力时，他才能创作出真正的艺术作品。在神经症的影响下，由于与真实自我的疏离，这些能力可能会受损。

让我们来审视一下，将神经症冲突视为艺术家必要推动力的观点存在的问题。神经症症状至多只能为艺术家提供短暂的激励，而创造的冲动和创造力则源自深层的自我实现愿望和投入其中的能量。如果艺术家的精力被错误地引导去证明他能够成为不可能成为的人，那么他的创造力可能会受到损害。相反，通过分析，如果艺术家的自我实现欲望得到释放，他的创造力可能会重新焕发。如果人们意识到这种内在驱力的重要性，那么关于神经症对艺术家有价值这一论点就可能从未出现。艺术家之所以创作，并不是因为他们有神经症，而是尽管存在神经症，他们还能够创作。"艺术的自发性……是个人创造力的展现，是自我表达的一种形式。"

第十四章

精神分析治疗的路径

神经症可能表现为严重的障碍，也可能保持相对平静，但它并非仅限于这两种状态。它是一个由内在动力驱动、按自身逻辑发展的过程，涉及越来越多的人格领域，引发冲突，并需要被解决。然而，个人所发现的解决方案往往是人为的，导致新的冲突和无效的解决方法的出现，从而影响其生活质量。但这一过程也使个体逐渐偏离本我，威胁到个人成长。

我们必须认识到这些后果的严重性，避免陷入错误的乐观主义，以期寻找快速简单的治疗方式。实际上，如果我们能够缓解一些症状，如恐惧症或失眠症，使用"治愈"一词是恰当的，这可以通过多种方式实现。但我们不能"治愈"一个人错误的发展路径。我们只能帮助他们逐步摆脱困境，走向更有意义的发展道路。在此，我们无法详细讨论精神分析治疗的具体目标。当然，对于任何分析师而言，治疗目标的设定基于对神经症本质因素的理解。只要我们认为人际关系的障碍是神经症的关键，我们的目标就是帮助患者建立良好的人际关系。理解心理过程的本质和重要性，我们倾向于更包容地设定治疗目标。我们希望帮助病人找到自我，并努力实现自我价值。良好的人际关系能力是自我实现能力的重要组成部分，但自我实现能力也包括创造性工作能力和自我责任感。分析师必须始终牢记自己的工作目标，因为目标决定了工作的内容和情绪状态。

为了评估治疗过程中的困难，我们必须考虑这个过程对患者的影响。简而言之，患者必须克服阻碍成长的内在需求、驱力或态度。只有当他们开始放弃对自己的幻想和虚假目标时，他们才有机会发现并发展自己的真正潜力。只有当他们放弃虚假的自负，他们才能减少对自己的敌意，形成坚定的自信。只有当他们的"应该"失去强制性时，他们才能发现自己真实的感受、愿望、信仰和理想。只有当他们直面现有的冲突时，他们才有可能实现真正的内在统一。

尽管这对分析师而言是显而易见的，但这并非患者的感受，患者对此也有所了解。但患者深信自己的生活方式——他们的解决方案——是正确的，并且是找到平静与满足的唯一途径。他们认为自负赋予了他们内心的坚韧和价值，没有那些"应该"，他们的生活将变得混乱。旁观者可能很容易指出所有这些价值都是虚假的，但只要患者认为它们是唯一的，他们就必须坚持这些价值。

此外，患者还必须坚持自己的主观价值，因为放弃这些价值会威胁到他们整个精神世界的存在。他们为自己内心的冲突找到的解决方案，以"控制""爱"或"自由"为特征，这些在他们看来不仅是正确的、明智的和理想的，而且是唯一安全的。这些方法使他们感到完整；对他们而言，直面冲突可能导致分裂这一可怕后果。自负不仅让他们感到有价值、有意义，而且能保护他们免于自恨和自卑这两种同样可怕的危险。

在分析过程中，患者采取了避免认识冲突或自我憎恨的具体策略，这些策略都是建立在他们神经症的整体结构之上，并且对他们来说是有效的。例如，扩张型人格的人会避免意识到自己的恐惧、无助，以及对亲情、关心、帮助或同情的需求。而自卑型人格的人则急于避免看到自己的自负和私心。为了防止内在冲突的激发，放弃型人格的人可能会表现出一种漠不关心、不为所动的态度。在所有患者中，避免冲突的策略具有双重结构：他们既不会让自己的冲突表面化，也不会放弃对冲突的理解。有些人试图通过理智化或分离来逃避对冲突的理解，而其他人的防御机制则更加分散，他们会无意识地抵制认真思考任何问题，或者坚持一种无意识的犬儒主义（即从否认价值的角度出发）。在这些情况下，混乱的思绪和愤世嫉俗的态度都非常模糊，以至于实际上他们很难清晰地认识到自己的问题。

患者努力避免体验到自恨或自卑的核心问题在于他们不去想那些未实现的"应该"。因此，在分析中，他们必须避免认识到一些缺点，根据他们的内在命令，这些缺点是不可饶恕的罪过。因此，任何有关这些缺点的建议都会被他们视为不公正的指责，并被防御性地排斥在外。无论他们在防御中采取攻击态度还是安抚态度，效果都是一样的：他们不再清晰地审视真相。

患者对保护其主观价值、避免危险或感受到焦虑和恐惧的迫切需要，解释了尽管他们有良好的意识，但与分析师合作的能力仍然受损，这揭示了他们采取防御态度的必要性。

迄今为止，他们的防御态度旨在维持现状。在大部分分析工作的过程中，这是其突出特点。例如，在工作的初始阶段，放弃型对保持独立、自由以及"不奢求或不攻击"策略的需求，完全决定了他们对分析的态度。但在扩张型和自卑型中，尤其是在开始时，还有另一种力量阻碍分析的进展。正如在他们的生活中，他们努力实现绝对的控制、胜利或爱这些积极目标，他们也在分析过程中，或通过分析来达到这些目标。分析应该消除阻止他们彻底胜利或永不失败的神奇意志力、不可抗拒的吸引力、从容不迫的神圣感等一切障碍。因此，这不仅仅是患者采取防御态度的问题，而是患者和分析师朝相反方向努力的问题。尽管两者都可能谈论进化、成长、发展，但他们的含义完全不同。分析师已经考虑到真实自我的发展；而患者只能想到完善理想化的自我。

所有这些阻力在患者寻求分析性帮助的动机中早已起作用。由于存在诸如恐惧症、抑郁症、头痛、工作抑制、性困难、某些事情的重复性失败等障碍，人们寻求接受分析。他们来分析是因为他们无法应对一些令人痛苦的生活情况，如伴侣的不忠或离家出走。他们也可能因为模糊地感觉到自己在整体发展中似乎停滞不前而寻求分析。所有这些障碍似乎都构成了进行分析的充分理由，并且看似不需要进一步的审查。但由于随即要提到的理由，我们最好问一下：是谁有障碍？是这个人真的希望获得幸福和成长，还是他的自负在作怪？

当然，我们无法将问题划分得过于清晰，但我们必须意识到，自负在造成一些难以忍受的痛苦时起着决定性作用。例如，广场恐惧症对一个人来说可能是难以忍受的，因为它伤害了他对控制每一种情况的自豪感。如果一个神经症患者感到没有得到他认为应得的公平待遇，比如被丈夫抛弃，那将是一场灾难（"我是一个好妻子，因此有资格得到他的永久忠诚"）。对于一个认为自己应该正常的人来说，性困难是难以承受的。发展受阻可能令人痛苦，因为似乎没有实现那些本应毫不费力的成功。出于自负，一个人实际上可能因为一个有损于他自负的小障碍，比如脸红、害怕公开演讲、手颤而去寻求帮助，而更大的障碍被轻易地忽视了。事实上，在他决定进行分析时，他对自己身上的更大障碍可能并不是很清楚。

自负可能会阻碍那些需要帮助且可以得到帮助的人寻求分析师的协助。他们对"自主和独立"的自负可能使他们认为寻求任何帮助都是一种耻辱。在他们看来，这是一种绝不容许的"放纵"；他们应该能够自己解决自己的障碍。或者，他们对自我掌控的自负甚至禁止他们承认自己有任何神经症问题；他们最多可能来咨询一下，讨论一些朋友或亲戚的神经症。在这种情况下，分析师必须警惕这可能是他们间接谈论自己困难的唯一途径。因此，自负可能会阻碍对自身困难的真实评估，从而阻碍他们获得帮助。当然，阻止他们考虑去做分析的并不一定是特殊的自负。内部冲突解决方法的任何因素都可能阻止他们。例如，他们的放弃心态可能非常强烈，以至于他们宁愿选择与障碍共存（"我就这样做"）。或者他们的自谦可能不会让他们"自私地"为自己做点事情。

阻力也在患者对分析的暗自期望中起作用——我在讨论分析工作的普遍困难时曾提到了这一点。这里再重复一遍，在某种程度上，他期望分析应该消除一些令人不安的因素，而不是改变他的神经症结构；同时，分析也应该调动他理想化自我的无穷力量。此外，这些预期不仅关乎分析的目标，而且关乎应该采取何种方式去分析。他很少有对分析工作清醒的认识。这里涉及几个因素。当然，对于那些仅通过阅读或偶尔尝试分析他人或自己来了解分析的人来说，他们很难评估自己所做的工作。但是，正如在其他新领域中一样，如果病人的自负不干扰自己，他将能够及时了解将要发生的事情。扩张型的人低估了他面临的困难并高估了他克服困难的能力。他认为凭借自己控制一切的精神，或者他的无所不能的意志力，他应该能够马上解决这些困难。对于放弃型的人来说，由于缺乏主动性以及自身的懒惰，他们反而像感兴趣的旁观者一样，耐心等待，期望分析师提供神奇的线索。病人身上的自谦因素越多，他们就越希望分析师能够因为他们的痛苦和求助而施展魔法。当然，所有这些信念和希望都隐藏在理性期待的层面之下。

这些期待的阻碍作用相当明显。无论病人希望分析师的还是他自己的魔力能带来预期效果，他自己集中精力进行分析的动力都会受损，因此分析过程变得相当神秘。毫无疑问，理性化的解释是无效的，因为它们甚至没有触及隐藏在背后的那些决定性的需求和期望。只要这些倾向在起作用，病人就会对短期治疗产生极大的吸引力。然而他们忽视了一个事实，即关于这些治疗方法的描述仅指症状性的改变。他们沉迷于那些他们错误认为是通往健康和完美的捷径。

这些阻力在分析过程中表现出的形式多种多样。尽管对分析师来说，了解这些阻力对于快速识别它们至关重要，但我只会提及其中的一部分。我不会持续讨论这些阻力，因为我们关注的焦点是治疗过程的基本要素，而不是分析技巧本身。

在分析过程中，病人可能会议论、讽刺、攻击分析师；他可能只是维持表面的礼貌；他可能会回避、转移和忘记正在讨论的话题；他可能会随意糊弄，表现得分析好像不关他的事一样；他也可能会表现得很自恨或自卑，因此警告分析师不要继续进行下去了等等。所有这些困难都可能出现在分析师对病人问题的直接分析中或分析师与病人的关系中。与其他人际关系相比，分析师和病人的关系在某种层面上对病人来说更轻松。因为分析师要专注于理解病人的问题，所以他对病人的回应相对较少。但在病人的其他关系中，一旦冲突和焦虑被激起，关系就变得困难了。尽管如此，分析师与病人的关系也是一种人际关系，病人和其他人的关系中的所有困难在这里也同样存在。我只提几个比较突出的问题：他对控制、爱或自由的强迫性需求在很大程度上决定了关系的长久，并使他对指导、拒绝或胁迫过度敏感；因为在分析过程中，他的自尊必然会受到伤害，所以他容易感到耻辱；由于他的期望和要求，他经常感到沮丧和受辱；他的自责和自卑使他产生受责和受鄙的感觉；或者，当他受到自我毁灭性愤怒的冲击时，他马上就会肆意辱骂分析师。

最后，病人经常高估分析师的作用。分析师对他们来说不仅仅是一个通过其所受的训练和拥有的知识来帮助他们的人。无论病人表现得多么成熟和世故，他们内心深处仍可能认为分析师是一个拥有超凡善恶能力的大夫。他们的恐惧和期望相结合促成了这种态度。分析师有能力伤害他们，粉碎他们的自负，引发他们的自卑，但这也是一种神奇的治疗方法！总之，分析师是魔法师，他有能力让他们跌入地狱或升入天堂。

我们可以从多个角度来评估这些防御机制的意义。在对病人进行分析的过程中，他们对分析过程的防御反应给我们留下了深刻的印象。这些防御机制使得病人难以——有时甚至不可能——审视、理解并改变自己。正如弗洛伊德在讨论"阻抗"时所指出的，这些防御机制也是引导我们探索的指标。当我们逐渐了解到病人需要保护或加强的主观价值以及他所面临的危险时，我们就能认识到在他身上起作用的重要力量。

此外，尽管防御机制可能导致治疗过程中出现各种混乱，但简单地说，分析师有时也希望这些防御机制能少一些，因为它们使得分析过程比没有防御机制时要不稳定得多。分析师并非全能的神，即便他努力避免过早地做出解释，他也无法阻止这样一个事实，即有时候更多令人不安的因素会被激发出来而他无法处理。分析师可能会做出他认为无害的评论，但病人可能会以敏感的方式从另一个角度理解它。即使没有这样的评论，病人也可能通过自己的联想或梦境，预见到一些令人恐惧但毫无指导意义的前景。因此，不管防御机制实际上构成了怎样的阻力，只要它们是直观的自我保护过程的表达，它们就有积极的作用。因为自负系统创造了不稳定的内在条件，所以防御机制是必要的。

在分析治疗过程中出现的任何焦虑通常都会使病人感到恐慌，

因为他倾向于将其视为一种损害的标志，但情况往往并非如此。只有在具体情境下出现焦虑时，我们才能评估其意义。当焦虑出现，可能意味着患者即将直面自己的内心冲突或自恨，这些是他们在一定时间内难以忍受的。面对这种情况，患者常用的缓解焦虑的方法通常会起到帮助作用。但似乎刚刚打开的道路又将关闭，患者未能从经验中获得益处。突发性焦虑也可能具有非常积极的意义，因为它可能表明患者现在感到足够强大，能够更直接地面对和处理自己的问题。

分析疗法的道路是古老的，在整个人类历史上被一次又一次地提倡。用苏格拉底和印度教哲学的话来说，这是通过认识自我而进行重新定位的道路。这种方法的新意和特别之处在于获得自我认知的方法，这要归功于弗洛伊德这位天才。分析师帮助患者意识到在他自己身上运行的所有力量，包括阻碍性的和建设性的；分析师帮助他克服阻碍性的力量并激发建设性的力量。虽然阻碍性力量减弱的同时会引发建设性力量，但我们仍将这两者分开讨论。

当我就本书中介绍的主题进行一系列讲座时，有人问我究竟要到什么时候才谈治疗。我的回答是我所说的一切都与治疗有关。所有可能涉及心理的信息都让每个人有机会了解他自己的问题。同样，我们在此会问道，为了消除病人的自负系统及其他引起的后果，他必须意识到什么。我们可以简单地说，他必须意识到我们在本书中讨论过的每一个方面：他对荣耀的追求，他的要求、他的"应该"、他的自负、他的自恨、他与自我的疏离、他的冲突、他的特殊解决方法，以及所有这些因素对他的人际关系和他创造性工作能力的影响。

此外，病人不能仅仅意识到这些个人因素，还应该意识到它们之间的联系和相互作用力。在这方面最为相关的是他要认识到自恨和自负是不可分割的伴侣，他不能只要其一。即使是一个简单的因素也必须放在整个神经症结构的环境中看待。例如，他必须意识到，他的"应该"是由他的自负类型所决定的，成就感的缺乏会引发他的自责，并且，这些又反过来说明了他有保护自己免受它们冲击的需要。

意识到所有这些因素并不意味着只是知道它们，而是要了解它们。正如麦克默里所说：

"专注于事物本身而忽略相关人物，这是所谓的'客观性'或'知道'态度的特征。这种态度实际上只是与个人无关的表面现象……'知道'通常意味着知道某个事实，而不是真正理解它。科学可以告诉你关于狗的一般知识，但它无法教你如何了解你的狗。只有当你在犬瘟热时照顾你的狗，教它如何在家里表现，和它一起玩耍时，你才能真正了解它。当然，你可以利用科学提供的关于狗的信息来更好地了解你的狗，但那是另一回事。科学关注的是一般性问题，即事物通常具有的普遍特征，而不是具体的事物。而任何真实存在的事物都是具体的。以独特的方式了解事物取决于我们个人对它们的兴趣和投入。"

但是，对自我的这种认识意味着两件事。对于病人来说，仅仅大致了解他那些虚假的自负、对批评和失败的过度敏感、自责倾向以及他的内在冲突，这些都是不够的。重要的是他要意识到这些因素在他内在运作的具体方式，以及这些在他过去和现在的特定生活中是如何具体表现出来的。大致了解他的"应该"，甚至了解它们在内心中运作的这些一般事实，这并不能帮助任何人了解自我。他必须认识到使他非得如此的具体状况、具体因素以及其对他生活的特殊影响。强调具体和特定的细节是必要的，但由于多种原因（如他与自我的疏离感，以及潜意识中掩饰借口的需要），病人往往倾向于采取模棱两可的态度，或者避免涉及个人情感。

此外，病人对自己的认识不应仅仅停留在理智层面，尽管这种认识可能始于理智上的了解，它也必须伴随着情感体验。理智认识和情感体验是紧密交织在一起的。例如，人们无法体验到抽象的自负，一个人只能在特定的事物上感受到他特有的自负感。

病人不仅要认识自己的力量，而且要感受到力量，这是非常重要的。因为从严格意义上来说，纯粹的智力认识实际上并没有真正"实现"（根据韦伯斯特词典的定义，"实现"意味着让行为或过程变得真实）。对他来说，这种认识不会转化为现实；它不会成为他的个人财富，也不会在他身上生根。尤其是他通过智慧看到的可能是正确的。就像一面不吸收光线但只能反射光线的镜子，他可能会将这种"洞察力"应用于其他人，而不是他自己。或者他对智力的自负可能会以闪电般的速度出现在一些方面：他为自己在别人所逃避和推卸的方面有了自己的发现而自负；他开始操纵具体的问题，并去扭曲它，所以他的报复的感觉很快就开始出现了，并且已经成为一种完全理性的反应。或者最后，他似乎认为光靠智力就足以消除这个问题：看到就是解决问题。

此外，只有通过体验那些潜意识或半知觉的感受或驱力对他非理性方面的全部影响，病人才能逐渐认识到自身内部运作的无意识力量的强度和强迫性。对于病人来说，仅仅在理智上承认他对暗恋的绝望实际上是一种被羞辱的感觉是不够的。这涉及他对自己不可抗拒魅力的自负，或是在认为自己完全拥有伴侣的身体和灵魂方面的自负受到了伤害。他必须真正感到这种羞辱，并理解随后自负对他的控制。同样，模糊地认识到他的愤怒或自责可能有些过分也是不够的。他必须深刻体验到愤怒的全部冲击和他自我谴责的深度：只有这样，那些无意识过程及其非理性的力量才会显现出来，从而有机会被识别和解决。只有这样，他才有动力越来越多地了解自己。

在适当的环境下体验情感，并尝试感受那些已经意识到但尚未被真正体验到的情感或动力，是非常重要的。让我们回顾之前的例子：当一位女性无法攀登到山顶时，一条狗让她心生恐惧——这种恐惧本身已经被充分体验到了。帮助她克服这种特定的恐惧，意味着认识到恐惧的根源在于自卑。尽管她几乎从未直接体验过自卑，但她的发现表明，在适当的情境下，恐惧是可以被感知的。只要她没有真正感到自卑的深度，其他各种恐惧仍将持续存在。当她在面对那种认为自己应该能够克服一切困难的非理性要求时，才能真正体验到自卑，这种自卑的体验反过来会有所帮助。通过这样的体验，她可以开始理解并解决自卑感，从而克服恐惧。

一些迄今为止处于无意识状态的感觉或驱力的情感体验可能会突然涌现，然后像顿悟一样给我们留下深刻印象。它们往往在认真解决问题的过程中逐渐发生。例如，病人首先可能发现现有的烦躁不安包含报复性因素。他可能会意识到这种情况与他受伤的自尊之间的联系。但在某个时刻，他必须深刻体验到他所受伤害的全部强度以及由此产生的报复情感的影响。起初，他可能会发现自己感到异常愤怒和屈辱。他可能会认识到，这些感受是对某些未实现的期望的反应。分析师可能指出他的这些情绪是不合理的，但他自己认为它们完全合理。随着时间的推移，他可能会发现自己的一些连他本人也觉得不合理的期望。随后，他意识到这些期望并非无害的愿望，而是苛刻的要求。他会逐渐认识到这些期望的范围和它们的幻想本质。然后，当情感受挫时，他会体验到极度的压抑和愤怒。最终，这些情感的内在力量会促使他逐渐理解这些期望的不合理性。所有这些认识与他宁愿死也不愿放弃这些情感的强烈感受之间，仍然存在很大的距离。

最后再举一个例子：他可能知道"应付"是最可取的，或者知道有时他喜欢愚弄或欺骗别人。随着他对这些的认识越来越广泛，他可能会意识到他是多么羡慕那些比自己还会应付的人，或者当自己被愚弄或被欺骗的时候，他是多么愤怒。他将逐渐深入地认识到，他对自己欺骗或虚张声势的能力是多么自负。在某种程度上，他一定发自内心地认为这实际上是一种诱人的激情。

如果病人就是感觉不到某些情感、冲动、渴望或其他感觉会怎么样？我们毕竟不能人为地激发情感。如果患者和分析师都确信让情感出现是合适的，并让它们以一定的强度出现，这是有所帮助的。这将提醒他们纯粹脑力劳动和情感参与的区别。此外，这还会激发他们分析干扰情绪体验的因素。这些因素可能在程度、强度和种类上有所不同。对于分析师来说，确定这些因素是否阻碍了所有感受的体验或特定感受的体验是非常重要的。其中一个最显著的问题是悬而未决的判断，这使得病人缺乏体验事物的能力或感到无能为力。例如，一个自认为体贴的病人也许会突然意识到自己有时可能表现得飞扬跋扈。这时，他可能会立即做出价值判断，认为自己的这种行为是错误的，必须立即停止。

这种反应表面看起来像是立场鲜明地反对神经症趋势并希望改变它。实际上，在这种情况下，病人被他们的自负和他们对自我谴责的恐惧所束缚，因此在有时间去体会并评估这些倾向的强度之前，他们试图匆匆消除这些特别的倾向。另一位病人在寻求帮助或利用他人方面感到忌讳，而在他的过度谦虚背后，隐藏着追求个人利益的需求。实际上，如果他在某些情况下没有得到自己想要的东西，他会感到愤怒。每当有人在他认为重要的领域超越了他，他就会感到不适。然后，他迅速得出一个结论：自己非常令人讨厌。这扼杀了他对被压抑的攻击性倾向的体验和理解，阻止了它们在早期阶段的发展。这也关闭了强迫性无私和强迫性贪婪之间冲突的解决之门。

那些曾经思考过自己并发觉很多内在问题和矛盾的人往往会说："我对自己非常了解（甚至是完全了解），并且这帮助我更好地控制自己。但最终我仍然感到不安全或痛苦。"通常在这种情况下，我们会发现他们的见解过于片面和肤浅，缺乏深刻和全面的理解。假设一个人真正体验到了在他身上发生的重要力量，并且已经看到了这些力量对他生活的影响，那么这些洞察如何以及在多大程度上有助于他的解放呢？它们有时会让他感到不安，有时会减轻他的负担，但它们对其性格上会带来什么变化呢？这个问题看起来太宽泛，似乎没有满意的答案。但我怀疑我们都倾向于高估它们的治疗效果。既然我们想要了解确切的治疗作用，让我们来探讨这些意识所带来的变化——它们的可能性和局限性。

没有人能在不重新审视自己的情况下了解自己的自负系统和应对策略。他开始意识到，他对自己的看法中有一些是不切实际的幻想。他开始质疑自己对自己的期望是否合理，以及他对他人的期望是否可行（这些期望往往建立在不稳定的基础之上）。

他开始意识到，自己对于某些并不具备（或者至少没有达到自己所相信程度）的特质持有极大的自负。例如，让他感到自负的独立其实是强迫性的敏感而不是真实的内心自由；他自认为完全诚实，但实际上他意识到自己潜意识中存在着虚伪；他自负于自己的控制力，但实际上他并不是家中真正的主宰；他对人的热爱（这让他显得很出色）实际上源自一种强迫性的需求，那就是需要被别人接受或喜爱。

最后他开始质疑他那套价值观和目标的有效性。也许他的自责不仅仅是他道德敏感的标志？也许他的愤世嫉俗并不表明他有偏见，而仅仅是他为了摆脱信仰的一种权宜之计？也许将其他人视为骗子并不完全是一种精于世故的表现？也许由于他的遗世独立，他失去了很多宝贵的东西？也许掌控或爱情并不是所有问题的唯一或最终答案?

所有这些变化都可以被描述为现实检验和价值检验的渐进过程。通过这些步骤，自负体系开始逐渐解体。它们都是重新定位这一治疗目标的必要条件。但到目前为止，这些都是打破幻想的过程。如果建设性举措不同时进行的话，这些单独的步骤就不能也不会有彻底和持久的释放效果（如果有的话）。

在精神分析的早期历史阶段，精神病学家开始把分析视为一种可能的心理治疗形式，但有人提出这样一种观点，即分析之后必须有某种形式的整合。他们认为，分析似乎必须要拆除某些东西。但是，在做完这些之后，治疗师必须给他的病人一些积极的东西，让他能够赖以生存，作为信仰或者能够为之工作的目标。尽管这些建议可能是出于对分析的误解，并且包含许多谬论，但它们是由良好的感性体验所引发的。实际上，这些建议对于我们这一学派的分析思维来说，比对弗洛伊德的分析思维更具有启发性，因为他没有像我们这样看待治疗过程：为了促进一些建设性因素的成长，一些阻碍性因素必须被消除。过去建议中的主要错误在于过分依赖治疗师的作用，而不是信任病人自身的建设性力量。他们认为治疗师应该人为地为病人提供一种更积极的生活方式。

我们回到了古老的医学智慧，即治愈力在身体和精神层面上都是固有的。在身体或精神出现紊乱时，医生的角色是帮助患者消除那些有害的力量，并支持他们内在的愈合力。打破幻灭过程的治疗价值在于，随着阻碍性力量的减少，患者真实自我的建设性力量有机会得到发展和增强。

在支持这一过程的发展中，分析师的任务与分析自负系统的过程有很大不同。除了需要对分析师的技能进行培训之外，后者的工作还需要他对可能的无意识复杂性有充分了解，以及在发现、理解和联系方面有个人独创性。为了帮助病人发现自我，分析师还需要根据自身经验——通过梦境和其他渠道——来了解真实的自我可能出现的方式。因为这些方式并不明显，所以这方面的知识是让人向往的。他还必须知道何时以及如何使病人在此过程中有意识地参与进来。但比这些因素更重要的是，分析师自己必须是一个建设性的人，对他的终极目标有清晰的认识，即帮助病人找到自己。

从一开始，病人身上愈合力就在起作用。但在分析开始时，它们通常缺乏活力，必须调动它们才能提供任何真正的帮助来打击自负系统。因此，一开始时，分析师必须带着好意或积极的兴趣来简单地分析。无论出于何种原因，病人都有兴趣摆脱某些障碍。通常（无论出于何种原因），他确实想在各方面有所改善：他的婚姻、与子女的关系、他的性功能、他的阅读能力、他的精神集中能力、他社交的自在性、他的赚钱能力等。他可能对分析甚至是对他自己非常好奇；他可能希望凭借思想的创新性或敏锐的洞察力给分析师留下深刻的印象；他可能想要取悦分析师，或成为完美的病人；此外，病人可能会主动愿意甚至渴望在分析工作中进行合作，因为他期望自己或分析师的能力产生神奇的治疗效果。例如，他可能会意识到这一事实，即他太过于顺从，或对于任何关注表现出过度感谢——他期望马上就"治好"这个毛病。这些激励措施不会让他熬过分析工作的困扰期，但在初始阶段，这些激励措施已经足够了，因为这个阶段大多不会太困难。同时，他学习了一些关于自己的事情，并在更坚实的基础上对自己产生了兴趣。分析师有必要利用这些动力，而且要明确他们的本质，并决定在适当的时间把这些不稳定的动力作为分析对象。

在分析工作中尽早开始调动病人的真实自我似乎是最可取的。但是，就像所有事情一样，这种尝试是否可行和有意义取决于病人的兴趣。只要他的精力都集中在巩固理想自我上，并且常常压制自己的真实自我，那么这些尝试就可能失效。我们在这方面的经验很少，而且我们现在可以设想更多的道路。从一开始，以及在整个治疗过程的后期，病人的梦境都提供了极大的帮助。我无法在这里阐述梦境理论。简单地提一下基本原则就足够了：梦中我们更接近真实的自己；梦试图以神经症或健康的方式解决我们的冲突；在梦中，即使有时建设性的力量几乎不可见，它们也一直在发挥作用。

在具有建设性元素的梦中，我们可以看到，即使在分析的初始阶段，病人也能够窥见他内在的一个世界。这个世界是他自己的，并且比他的幻想世界更加真实。在梦中，病人以象征的形式表达了对自己的同情，这是由于他自己的所作所为。在梦中，病人深沉的悲伤、怀旧和渴望被清晰地展现出来；在梦中，他渴望觉醒；他意识到自己被束缚，并希望逃脱；在梦中，他温柔地种植一棵正在生长的植物，或者在他的房子里发现一个他以前未曾知晓的房间。分析师自然会帮助病人理解这些象征性语言表达的含义。除此之外，分析师可能会强调病人在梦中所体验到的感受或渴望的意义，这些感受或渴望在现实生活中可能是病人不敢去体验的。分析师可能会提出问题，比如，病人对悲伤的感受是否和有意识地展现乐观一样，并不真实。通过这种方式，分析师引导病人探索和理解那些在意识层面可能被忽视或压抑的情感和需求。

有时，其他方法也是可行的。病人自己可能会开始怀疑他对自己的感受、愿望或信仰知之甚少。分析师会鼓励病人去体验并探索自己的困惑感。实际上，"顺其自然"这个被误用的说法在很多情况下是恰当的，因为人自然会去感受情感、了解愿望或信仰。当这种顺其自然的能力受到阻碍时，我们会感到惊讶。如果这种惊讶不是自发产生的，分析师可能会在合适的时机提出问题，以促进病人的自我探索和认识。

所有这些可能看起来都不重要。但是，它们实际上体现了一个普遍真理：惊奇是智慧的起点。具体来说，病人开始认识到自己的自我疏离，而不是选择忽视。这种认识的影响可以比作一个在独裁环境下长大的年轻人开始了解和接受民主生活方式的过程。尽管民主的理念可能迅速传播，或者他起初可能对这些理念持怀疑态度（因为在他之前的经验中，民主可能被误解或负面描绘），但他最终可能会逐渐认识到自己错失了一些宝贵的价值。

有一段时间，这种偶然的评论可能是必要的。只有当病人对"我是谁？"这个问题产生兴趣时，分析师才会更积极地尝试让他意识到他对自己的真实感受、愿望或信仰的了解或关心太少。举个例子：即使病人在自己身上发现了很小的冲突，他也会感到害怕。他害怕自己会分裂或发疯。这个问题已经从多个角度得到了处理，例如，只有在一切处于理性控制之下时，他才感到安全，或者担心任何微小的冲突都会削弱他与他认为充满敌意的外部世界之间的斗争能力。通过关注病人的真实自我，分析师可以指出，冲突之所以令人恐惧，可能是因为它本身较大，或者因为病人的真正自我非常脆弱，甚至不足以应对轻微的冲突。

或者，我们可以考虑这样一个例子：一个病人在两个女人之间无法做出决定。随着分析的深入，问题逐渐变得清晰，他不仅在涉及女性的选择上，而且在想法、工作或生活的各个方面都难以做出选择。分析师可以从多个角度来处理这个问题。起初，分析师需要找出与特定决定相关的特定问题，尤其是当这些困难不明显时。随着对病人优柔寡断的普遍性有了更深入的了解，分析师可能会发现，病人的自负让他认为拥有一切是可能的，即"得到蛋糕并且吃了它"。因此，病人可能觉得必须做出选择是一种可耻的堕落。另一方面，从真实自我的角度来看，分析师觉得病人之所以不能做出选择，是因为他太疏离自我，因而不知道自己的偏好和方向。

　　患者可能会再次表达他对于顺从的不满。日复一日，他可能会承诺或者做一些他并不真正关心的事情，仅仅是因为别人希望或期望他这么做。在一定时间内，根据具体情况，这个问题可以从多个积极的角度来解决：比如，他可能需要避免冲突，他可能不太在意自己的时间，或者他可能有一种错觉，认为自己有能力处理所有的事情。分析师可以简单地提出这样一个问题："你从来没有想过自己想要什么或认为什么是对的吗？"除了以这种直接的方式调动病人真实的自我，分析师可能会利用这个机会，直接鼓励病人展现出更多的自我表达，即在思考和感受上更加独立，对自己的行为负责，对自我认识和真实感受更加关注，理解自己的借口、期望和投射。此外，分析师也会鼓励病人在分析治疗之外的时间进行自我反思和自我分析，尝试自我探索。同时，分析师还会展示或强调这些努力对病人的人际关系的积极影响：病人可能会减少对他人的恐惧和依赖，因此能够更加友好和同情地与他人相处。

有时病人几乎不需要任何鼓励，因为不管怎样，他都感觉更自由和活泼了。有时他倾向于贬低采取措施的重要性。必须分析他们的这种倾向，因为这可能反映了病人对真实自我出现的恐惧。此外，分析师会提出这样一个问题，即什么能让病人为了自己的利益而更主动地去做出决定、变得活跃。这个问题的探讨可能会开启一扇大门，让我们更深入地理解病人勇于自我表达的相关因素。

当病人在内心建立了坚实的基础后，他将更有能力应对内在的冲突。这并不是说这些冲突现在才显现出来，实际上，分析师很久以前就已经注意到了它们，甚至病人自己也已经察觉到了一些迹象。对于任何神经症问题来说，了解这些问题的过程都是逐步进行的，而这种努力也贯穿于整个分析过程。如果病人不能减少自我疏离，他就不可能完全体验到这些冲突是属于自己的，并与之抗争。正如我们所看到的，有许多因素可能使冲突的意识变成一种破坏性的经历，而自我疏离是其中最为显著的一个。理解这种联系的最简单方式是从人际关系的角度来看待冲突。假设有一个人与另外两个人，比如父亲和母亲或者两个女性朋友关系密切，而这两个人试图从相反的方向拉扯他。这个人对自己的感受和信念了解得越少，他就越容易摇摆不定，在这个过程中可能会感到困惑或迷失。相反，如果他对自己的信念和感受有更坚定的理解，那么他在面对这种拉扯时就会遭受更少的损伤。

　　病人开始逐渐意识到自己内在冲突的过程是复杂且多变的。他们可能会在特定情境下体验到不同的感受，比如对父母或配偶的复杂情感，或是对性行为或思想流派的有争议的态度。例如，病人可能会意识到他既恨他的母亲又忠于她，这似乎表明他意识到了冲突，至少是与特定人物相关的冲突。但实际上，这是他对冲突的一种设想方式：一方面，他为母亲感到难过，因为她总是不快乐，是一个牺牲型的人；另一方面，由于母亲对他的忠诚要求过于苛刻，他对她感到愤怒。这两种反应对于他来说都是容易理解的。随着时间的推移，他所认为的爱或同情变得愈加清晰。他认为自己应该是一个理想的儿子，能够使母亲快乐和满足。但当这变得不可能时，他会感到"内疚"，并试图通过加倍关注母亲来弥补。这种"应该"（下面会提到）并不局限于这种情况，因为生活中没有绝对完美的地方。然后，冲突的另一个组成部分出现了：他也是一个相当独立的人，他不喜欢别人打扰他或期待他做某些事情，他对所有这样的要求感到憎恨。这个过程是：起初，他将自己的矛盾情绪归咎于外部情况（如母亲的性格），然后在特定的关系中意识到自己的冲突，最终认识到自己的主要冲突，因为这一冲突是内在的，在他生活的各个领域都有所体现。

　　其他病人可能最初只是意识到他们的主要人生哲学观点存在矛盾。例如，一个倾向于自我贬低的人可能会突然意识到，他内心实际上对别人抱有很大的蔑视，或者他反感不得不对他人表现出"很好"的一面。或者，他可能会短暂地认识到自己对特权的过分要求。尽管最初他们可能没有感受到这些矛盾带来的冲突，但随着时间的推移，他们逐渐意识到自己的过度谦虚与希望被每个人喜欢的愿望是相互矛盾的。然后，他们可能会经历短暂的冲突，比如当他们强迫性的助人行为没有得到期望中的"爱"作为回报时，他们会感到自己被欺骗，从而产生盲目的愤怒。这种体验可能会让他们感到震惊，但随着时间的推移，这种震惊会逐渐平息。他们对自负和特权的禁忌可能会开始缓解，因为这些禁忌是如此僵化和不合理，以至于他们对此感到惊讶。由于他们对善良和圣洁的自负感受到破坏，他们可能开始承认自己对他人的羡慕，看到自己对个人利益的贪婪和吝啬。病人身上发生的过程可以部分被描述为越来越熟悉自己内心矛盾趋势的存在。在一定程度上，仅仅是这一认识过程本身就解释了为什么对这些趋势的震惊感逐渐减轻。更重要的是，通过所有的分析工作，病人变得越来越强大，他们可以逐渐面对这些趋势而不会感到根本性的动摇，因此能够开始解决这些问题。

同样，其他病人可能会认识到自身内部的冲突，但还比较模糊，因此其意义不稳定，起初它仍然是不可理解的。他们可能谈论理智与情感之间或爱情与工作之间的冲突。以这种形式出现的冲突是无法被理解的，因为爱与工作，理智与情感并非不相容的。分析师无法以任何方式直接处理。他只是认识到有些冲突在这些领域一定会发生的事实。他始终铭记在心，并试图逐步了解特定病人到底发生了什么。同样，病人可能一开始并不认为这是个人冲突，而是将其与现有情况联系起来。例如，女性可能会在文化条件的基础上看待恋爱与工作之间的冲突。她们可能会指出，女性事实上很难将事业与做妻子和母亲结合起来。逐渐地，她们会开始彻底了解她们在这方面有个人内在的冲突，并且这比现有的外部困难更重要。简单来说可能是：在她们的爱情生活中，她们可能倾向于病态的依赖，而在她们的职业生涯中，她们可能会展现所有神经症的野心的迹象和对胜利的需要。后者的这些趋势通常会被抑制，但是依然充满活力，能够衡量效率，或者至少可以衡量成功。从理论上讲，她们试图将自谦的倾向移到他们的爱情生活和把扩张驱力移到工作上。事实上，如此明晰的分工是不可行的。在分析中这些现象则变得明显起来，事实上，控制的驱力也在她们的恋爱关系中发挥作用，就像自谦倾向在事业上也会发挥作用一般，结果她们变得越来越不幸福。

病人可能会在他们的生活方式或价值观中表现出一些显著的矛盾，这些矛盾有时是他们自己坦率展现出来的，而分析师则可能视其为重要的心理冲突。病人可能一开始会表现出非常甜美、顺从，甚至低声下气的一面，但随后他们对于权力和威望的追求可能会变得非常明显，如对社会地位的渴望或对征服异性的强烈欲望，同时伴随着虐待和冷酷的倾向。有时，病人可能会表达出他们无法保持怨恨，而对他人的愤怒则表现为狂躁，这时他们可能并不觉得自己被矛盾所困扰。或者他们可能一方面希望通过分析获得一种不受情绪干扰的报复能力，另一方面渴望达到一种超然脱俗的隐士状态。他们可能并没有意识到这些态度、行为或信仰本身就构成了冲突。他们可能会为自己的感受或信仰比那些遵循"美德的狭隘之路"的人更宽广而感到自豪。这种分离化可能走向了极端。分析师不能直接解决这些问题，因为要维持这种分离化，需要对真理和价值观的感知极度麻木，对现实证据的忽视，以及对自我责任的回避。在这里，病人追求权力和威望的驱力以及自我贬低的驱力的意义和力量将逐渐变得显著。但是，除非对他们的回避和无意识的欺骗做了很多工作，否则这些努力将是徒劳的。这通常需要分析他们广泛而固执的投射作用，分析他们只能在想象中实现的"应该"，以及分析他们如何发现和相信那些站不住脚的借口，这些借口是他们防御自责的保护伞（例如我尽力了，我生病了，我被很多麻烦所困扰，我不知道，我很无助，事情已经好多了等）。所有这些措施可能暂时让他们保持内心的平静，但随着时间的推移，这些往往会削弱他们的道德品质，使他们更加无法面对自己的自恨和冲突。解决这些问题需要长期的、持续的努力，但随着治疗的深入，病人可能会逐渐变得更强大，敢于直面和解决这些矛盾和冲突。

总而言之：冲突由于其分散性，在分析之初模糊不清。如果有人完全可以看到，它也只可能出现在特定的情况，或者他们只是看到冲突模糊的大致的形式。它们可能会短暂出现，因为太短而不能产生新的意义。它们可能是分化的。这方面的变化出现在这些方向上：他们逐渐认识到冲突，并且使他们自己加剧了冲突；他们就触及了本质：病人不仅仅看到些许表现，而且开始明确地看到他们身上的冲突。

虽然分析工作很难并令人不安，但它也是解放性的。现在分析工作可以看到很多冲突，而不是僵化的解决方法。特定的主要解决方法，其价值一直在削弱，最终崩塌。此外，个性中不熟悉或发展不足的方面已被揭露，并有机会去发展。可以肯定的是，首先出现更多的是神经症的驱力。但是这是有用的，因为自谦的人必须首先看到他以自我为中心的趋势，他才有机会健康地保持自信；他必须首先体验他的神经症的自负，然后才能接近真正的自尊。相反，扩张型的人必须首先体会到他的卑微和对别人的需要，然后才能培养真正的谦卑和温情。

随着所有这些工作的顺利进行，病人现在可以更直接地处理所有这些——他的自负系统和他的真实自我之间，想要完善他理想化的自我和想要发展他作为一个人所拥有的潜能之间的最广泛的冲突。各种逐渐形成的力量出现了，内在的核心冲突开始成为焦点，分析师在随后的时间里首要的任务就是确保冲突始终处于显著位置，因为病人自己很容易忽视它。通过这些力量的出现，一个最有利但也是最动荡的分析时期出现了，随着程度和持续时间而变化。动荡是内心激战的直接表现。其强度与所涉问题的基本重要性相称。本质上是这个问题：病人是否想要保留他的幻想，要求和虚假自负的光辉和魅力，或者他能否接受自己作为一个普通人，具有人身上的普遍缺点，有自己的特定困难，但也有他的发展潜能？我认为，在我们的生活中，这是最重要的交叉口了。

这个时期分析的特点是起起落落，而且进程往往快速而连续。有时病人在向前进，这可能以各种各样的方式显示。他的感觉更加活跃；他可以变得更自发，更直接；他可以想到要做有意义的事情；他感觉变得更友善或更同情他人。他对自己的疏离的许多方面变得更加警觉，并且独自去理解它们。例如，当他不在状态或当他自己面临某种事情时，他可能很快就会认识到自己在责怪他人。他可能会意识到自己实际上做得很少。他可能会怀着清醒的判断和遗憾而不是压垮人的罪恶感，回忆起过去撒过的谎或发生过的残忍的事情。他开始看到自己擅长的事情，认识到自己的优点。他会为自己坚持不懈的努力而给予自己应得的认可。

对自己的这种更现实的评价也可能出现在梦中。在其中一名病人的梦里，出现了夏日别墅这个象征，因为他们长期没有居住，这些房屋已经被毁坏了，但其实这些房屋的材料都很好。另一个梦境表明，他们试图摆脱自己应承担的责任，但最后直接承认了这一点：病人认为自己是一个青少年男孩，为了好玩，他把另一个男孩折叠在手提箱里。他没有打算伤害对方，也没有对其怀有任何敌意，但他只是把对方忘了，男孩就死了。做梦的人试图漫不经心地逃脱，但随后一位官员与他交谈，并非常人性化地告诉了他简单的事实和后果。

这些积极时期过后便进入反弹时期，这个时期的基本因素是对自恨和自卑的重新冲击。这些自我毁灭的感觉可能就这样被体验过，或者可能通过报复的心态——出现受辱、虐待或受虐的幻想而被投射。或者病人可能会模糊地意识到他的自恨，却对自我破坏性冲动的反应强烈地感到焦虑。但是，他对此习惯性的防御，例如酗酒、做爱、对公司的强迫性需求或自大狂妄，再次活跃起来。

所有这些烦恼都会产生真正有益的改变，但是为了准确评估它们，我们必须考虑这些改进的可靠性以及引起"复发"的因素。

病人有可能会高估他的进步。他忘记了罗马不是一天建成的。他走向我戏称的"健康的狂欢"。现在他可以做很多他不能做的事情了，他应该是完美、适宜和健康的榜样。尽管他更愿意成为自己，但是在完美健康状态的光辉中，他抓住了自己的进步并作为实现理想化自我的最后机会。而这个目标的吸引力仍然足够强大，让他暂时偏离正道。温和的欢乐使他暂时忘了仍然存在的困难，并使他更加确信现在所有的问题都已解决。但是随着他对自己普遍意识比以前更广泛，这种状况不可能持续下去。他一定会认识到，尽管他能更好地应对很多情况，但很多旧的困难仍然存在。而且，正因为他认为自己处于巅峰状态，所以他更加猛烈地反抗自己。

其他患者在向自己和分析师承认他们已经取得进展时似乎比较清醒和谨慎。他们往往以一种非常微妙的方式贬低他们的进步。尽管如此，当他们面临自身的问题或者他们无法应付的外部情况时，也会出现类似的"复发"。在这里，同样的过程如同前面一类人一样进行，但没有美化想象的工作。这两类人都还没有准备好接受自己是有困难和局限的或没有异常优点的人。他们的不情愿可能会被投射（我会准备好接受我自己，但如果我不完美，人们会厌恶我，只有当我非常慷慨，非常有效率时，他们才会喜欢我）。

目前导致急性损害的因素是病人无法应付的困难。在最后一种反应中，促成因素并不是尚未解决的难题，相反，是一个向积极方向前进的明确进展。这不一定是一个神奇的行为。病人可能会对自己感到同情，并首次体验自己既不特别美好也不卑鄙，而是一个努力奋斗和时常出现困扰的真实的自己。他意识到"这种自我厌恶是自负的人为产物"，或者他明白，他不一定要为了自尊做独一无二的英雄或天才，在其梦境中也可能出现类似的态度变化。一名病人梦见一匹索尔特种马，现在一瘸一拐，且看上去被泥弄脏了。但他认为："即使这样我也爱它。"但是有了这样的经历，病人可能会变得沮丧，无法工作，并且感到气馁。事实证明，他的自负已经反叛并占上风。他一直忍受着一种强烈的自卑，并且为了"把目标设立得如此之低"以及沉迷于"自怜"而愤愤不平。

通常情况下，这种反应会是患者做出充分考虑的决定，并以自己的名义做出有意义的事情后出现。例如，对于一个病人来说，他能够拒绝别人对他时间上的要求而不会感到烦躁或内疚，因为他认为自己手上的事更重要，这意味着他前进了一步。另一名病人可能会结束一段爱情关系，因为她完全认识到这种关系主要是基于她和她的爱人在神经症上的需求，这种关系对她来说已经没有意义并且她也看不到什么未来。她坚定地执行了这个决定，并尽可能地对她的伴侣造成很小的伤害。在这两种情况下，病人首先对他们处理特定情况的能力感觉良好，但不久后又变得恐慌；他们害怕自己的独立性，害怕自己变得不可爱和"咄咄逼人"，自贬为"自私的野蛮人"，而且在一段时间内，都在自卑的过度谦虚的安全范围内寻找庇护所。

最后这个例子需要更充分的治疗，因为它涉及比其他例子更积极的步骤。病人与一位年长的兄弟一起工作，经营从父亲那里传

承的事业，并且已经发展得很成功。这位兄弟有能力、正直、爱支
配，并且有许多典型的自大报复的趋势。我的病人一直活在兄长
的阴影中，被他吓倒了，盲目崇拜他，无意识地去讨好他。在分析
过程中，他冲突的对立面凸显出来。他开始挑他兄长的刺，公然与
之竞争，有时颇具挑衅意味。兄长也报以同样的反应，一种反应强
化了另一种反应，很快他们彼此之间几乎不说话。办公室的气氛开
始变得紧张起来；同事和员工都有自己偏向的一方。我的病人一开
始很高兴，他终于可以"坚定"地做自己去反对他的哥哥，但他逐
渐认识到，自己也是出于报复心理想把兄长赶出他的高位。在他对
自己的冲突中进行了几个月的富有成效的分析工作之后，他对整体
情况终于有了一个更广泛的视角，并且可以意识到比个人的争斗和
怨恨更大的问题。他不仅看到了自己在紧张局势下的责任，而且还
意识到了更多——他准备积极承担责任。他决定和哥哥谈一谈，并
且很清楚这件事并不容易。在随后和兄长的谈话中，他既没有被吓
倒，也没有报复，而是坚持自我。因此他开创了未来更稳健的合作
的可能性。

他知道自己做得很好，并为此感到高兴。但是那天下午他变
得恐慌并且感到恶心甚至要晕倒，他不得不回家躺下。他并没有自
杀，但各种想法从他脑子里闪过，让他明白为什么人们会自杀。他
试图理解这种状况，重新审视了他在谈话过程中的动机和行为，但

没有发现任何令人反感的内容。他完全不知所措。尽管如此，他仍然能够入睡，第二天早上感觉更平静。他醒来时记起了自己在他兄弟那里遭受的各种侮辱，憎恨之感再次袭来。当我们分析这个困扰时，我们看到他受到两方面的打击。

他要求与他哥哥谈话以及进行谈话的精神与他迄今为止所赖以生存的（无意识的）所有价值观截然相反。从扩张驱力的角度来看，他应该加以报复，并从中获胜。在这一点上，他大肆辱骂自己通过和稀泥平息一切。从他的自谦型趋势来看，他应该是温顺的，服从的。所以在这点上，他嘲笑自己："小兄弟竟想要超越大哥！"实际上，无论他表现出傲慢自负还是追求中庸之道，他都可能会在之后感到不安。这种不安可能不会很强烈，也不会令人困惑。因为，任何一个刚刚从内心的冲突中挣扎出来的人，在相当长的一段时间内，都会对自己内心的报复或自谦倾向保持高度敏感。换句话说，如果他们意识到这些倾向，他们往往会感到深深的自责。

这里要明确指出的一点是，这种自责在起作用，但他没有去报复，也没有姑息，而是采取了不同于这两种倾向的果断而积极的步骤；他的行为不仅现实、积极，而且对自己和自己生活的"背景"也有了真实的了解。也就是说，他已逐渐在这种困难的情况下看到并感受到他的责任，他不是视其为一种负担或压力，而是将其视为他个人生活模式的组成部分。他就是如此，情况就是如此——他真诚地处理了这种情况。他已经接受了他在世界上的位置及伴随而来的责任。

这时，他已经获得了足够的力量，能够对自我实现采取真正的步骤了，但是他甚至还没有开始直面真实自我与自负系统之间的冲突，而这种冲突是这一步不可避免会引起的。他之所以会产生前面这种剧烈反应，是因为他突然陷入的冲突十分严重。

当处于这种反应的控制之中时，病人自然不知道发生了什么。他只是觉得自己越来越糟了，他可能感到绝望。也许自己的改善是自己想象的？或许自己已无药可救了？他可能会有不想去分析的暂时冲动——一种他以前从未有过的想法。他感到迷惑、失望、气馁。

实际上，在所有的例子中，这些都是病人在自我理想化与自我实现间进行艰苦选择的积极表现。也许最能清晰显示这两种驱力不能相容的，就是在反应期间的内心斗争，以及促成这些积极举动的心理。它们的出现不是因为他更现实地看待自己了，而是因为他愿意接受自己是具有局限的人；不是因为他能下决定并为自己做什么事了，而是因为他愿意去关注自己的真正兴趣，愿意为自己承担责任；不是因为他能实事求是地表达自己的要求，而是因为他愿意接受自己在这个世界上的位置了。简而言之：这些反应是正在发展中的痛苦。

但只有当病人意识到他的积极举动的重要性时，这些反应的裨益才能全部显现。因此，更重要的是，分析师不要因表面的复发而困惑，而要看到这种摇摆不定的实际价值，并帮助病人也看到这一点。这些反应的出现具有一定的规律性，因此，在它们反复出现几次后，如果患者正在康复，分析师最好提前提醒患者。虽然这可能无法完全阻止即将发生的反应，但如果患者了解在某个时刻自己内心力量的可预测性，他们在面对这些反应时就不会感到那么无助。这有助于他们以更加客观的态度来对待这些反应。分析师必须成为患者在危险时刻的坚强盟友，这一点比以往任何时候都更为重要。如果分析师能清楚地看到情况，并且立场坚定，他就能在这些考验时期为患者提供其迫切需要的支持。这种支持不仅仅是简单的安慰，更重要的是向患者传达：他们正处于最后的决战阶段，并且要告诉他们成功与失败的可能性以及战斗的目标。

随着病人逐渐理解每一个反应的含义，他的内心变得更加坚韧。他逐渐适应了这些反应，以至于反应的时间开始缩短，其带来的影响也在逐渐减弱。与此同时，他在状态好时的生活变得更加充实和丰富。显而易见，他有能力并且确实在经历着积极的改变和发展。

当病人开始独立面对挑战，努力完成自己的任务时，无论前方还有多少工作需要完成，他都已接近目标。正如过去在恶性循环中不断深陷神经症的困境，现在他正经历着一系列积极的转变。例如，当他开始降低对完美的追求，自我批评的声音也随之减少，这使他能够更真实地看待自己。他开始能够客观审视自己，不再感到恐惧。随着这种自我认识的提升，他对治疗师的依赖性逐渐减少，转而对自己的能力充满信心。同时，他减少了将自己的不满投射到他人身上的需求，这让他感到别人对自己的威胁减少，他对他人的敌意也随之降低。他开始对周围的人产生更多的友善和理解。

　　病人的自信和勇气正逐渐增强，他们对自己的能力越来越有信心，相信自己能够独立应对个人成长和发展的挑战。在我们的讨论中，我们关注了那些源自内心冲突的恐惧，这些恐惧通常与病人对反应的理解和处理有关。随着病人逐渐清晰地认识到自己想要追求的生活方向，他们内心的恐惧感开始减轻。这种明确的方向感赋予了他们一种统一和力量感。在这一进步的过程中，也存在着另一种我们尚未完全理解的恐惧——对现实的恐惧。这种恐惧源于担心自己在没有神经症的支撑下无法应对生活。毕竟，神经症患者常常依赖于一种心理上的"魔力"，就像魔术师一样，依赖幻觉和错觉来应对现实。每一个朝着自我实现迈出的步子，都意味着要放弃这些幻觉，转而依靠自己的智慧和能力。当病人开始意识到，即使没有这些心理幻觉，他们也能继续生活，甚至可能生活得更好时，他们对自己的信心就会得到极大的增强。

病人在朝着自我探索和成长迈出的每一步，都带来了一种前所未有的成就感。这种成就感与他以往所体验到的任何感觉都截然不同。虽然最初这种体验可能非常短暂，但随着时间的推移，这些积极体验出现的频率会逐渐增加，持续的时间也会变得更长。即便在成长的初期阶段，这种成就感也比任何外界的思考或分析者的指导更加坚定地告诉他，他正在走一条正确的道路。这种内在的确认为他展示了与自己及生活和谐相处的可能性，这种体验可能是推动他深入研究自身发展、追求更高程度自我实现的最大动力。

治疗过程确实是充满挑战的，这些困难可能会阻碍病人达到自我认识和成长的阶段。但如果治疗进展顺利，它将为病人与自我、他人以及工作的关系带来显著的积极变化。这些改善并不应该被视为分析工作结束的标志，因为它们只是更深层次变化的外在表现。真正的转变在于病人的价值观、生活方向和目标的内在变化。随着治疗的深入，病人开始意识到自己之前所依赖的神经症式的自负、控制幻想、投降和对自由的追求等虚构价值正在逐渐失去吸引力。病人对于实现自己潜能的决心变得更加坚定。尽管病人面前仍有大量工作要做，仍需要解决各种潜在的自负、要求、借口和投射等问题，但由于对自己的信心增强，他能够识别出这些障碍的本质，并愿意去发现和克服它们。现在，病人的愿意不再是出于依靠神经症的"魔力"来消除不完美，而是一种更加成熟和耐心的态度。他开始接受自己的真实面貌，包括自己的局限性和挑战。他也开始将自我分析视为生活中不可或缺的一部分。

积极地看，治疗师所进行的分析工作是围绕促进个体自我实现的各个方面展开的。对于病人个人来说，这意味着他们需要努力去更清晰、更深刻地体验自己的情感、愿望和信念；他们需要发掘并运用自己的才能，将其导向积极的目标；他们需要对自己的生命方向有一个明确的认识，并为自己的选择和决定承担起责任。在与他人的关系方面，病人需要努力以真诚的态度与人交往，尊重他人的权利和个性，将他人视为具有独立价值和特性的个体；他们需要培养互助合作的精神，而不是将这种精神作为达成某个目的的手段。对于分析工作本身而言，这意味着与追求自负和虚荣的满足相比，病人更加重视分析工作，认识到它对于个人成长的重要性。病人的目标是实现并发展自己独特的才能和潜力，并以更高的效率去达成这些目标。

随着时间的推移，他将不可避免地超越个人利益的范畴。在克服了自我中心的神经症倾向之后，他开始更加深刻地认识到自己个人生活之外的，与整个世界息息相关的更广泛问题。曾经，他自视为一个独特且至关重要的存在，认为自己是个例外。但随着认识的转变，他逐渐感受到自己是更广阔社会整体的一部分。这种认识促使他愿意并且能够承担起自己在社会中的角色和责任，并尽其所能为社会做出积极的贡献。这可能体现在他对工作团队中普遍问题的关注，也可能体现在他在家庭、社会乃至政治环境中的积极参与。这一步的重要性不仅在于他的视野得到了扩展，更在于通过这种积极的参与，他发现了自己在世界中的位置，或者接受了自己的位置，从而在内心获得了一种肯定感。这种肯定感来源于他知道自己是社会大家庭中的一员，这种归属感是通过他的积极参与和贡献获得的。

第十五章

理论上的思考

本书中提出的神经症理论是从早期出版物中讨论的概念逐渐演变而来的。我们在前一章讨论了这种演变对治疗的影响。现在需要评估一下我关于神经症的思考在理论上的变化，无论是关于个别概念还是对神经症整体视角的变化。

像许多其他人一样（例如埃里希·弗罗姆、阿道夫·梅耶、詹姆斯·S. 普朗特、沙利文），我首先放弃了弗洛伊德的本能理论，看到了神经症的核心在于人际关系。一般来说，这些关系是由文化条件引起的。具体来说，是通过阻碍儿童自由心理成长的环境因素引起的。在这种情况下，儿童没有发展出对自我和他人的基本信任，而是发展出了基本焦虑，我将这一焦虑定义为一种对世界怀有潜在的敌意而产生的疏离感和无助感。为了将这种基本焦虑降到最低，其自发地趋向他人、对抗他人和远离他人的行动变得具有强迫性。虽然自发的行为彼此兼容，但强迫性的行为相互冲突。通过这种方式产生的冲突（我称之为基本冲突）是关于他人的需求和态度产生冲突的结果。最初对基本冲突的解决办法大多是努力实现融合，放任其中某些需要和态度，而压制其他方面的。

尽管我尝试总结，但内容仍然显得有些繁多，这是因为个体的内心过程与人际关系是紧密相连且相互交织的，我无法将它们割裂开来。这些联系在多个方面都有所体现。例如，在探讨神经症患者对情感的需求或其他类似需求时，我必须同时考虑他们需要培养的个人品质和态度，以满足这些需求。在我的《自我分析》一书中，我详细列举了多种"神经症倾向"及其对内心世界的影响，如通过意志力或理智来控制的强迫性需求，以及对完美的追求。在书中对克莱尔的病态依赖进行分析时，我简要提及了这些内在心理因素，但我的主要焦点是人际关系因素。我坚信，神经症障碍在本质上是与人际关系的障碍紧密相关的。

超越这一定义的第一步就是要明确通过自我理想化可以解决与他人的冲突。当我在《我们内心的冲突》中提出理想化形象的概念时，我还不知道它的全部意义。当时，我只是把它看作解决内心冲突的另一种尝试。它的整合功能解释了人们坚持它的原因。

在随后的几年里，理想化形象这一概念逐渐成了研究的焦点，并且我也因此形成了对其全新的理解。这个概念实际上是通向本书所描述的复杂内心世界的一条路径。随着弗洛伊德的理论在科学上的发展，我开始意识到这个领域的重要性。由于弗洛伊德的理论只是从某些特定的角度对它进行了解释，这个领域对我来说仍然是相对未知的。

我逐渐意识到，神经症患者的自我理想化形象不仅导致了他们对自己价值和意义的错误认知，而且这种形象本身就像一个由科学怪人所创造的怪物，最终会消耗掉他们最宝贵的精力。这种理想化形象最终会削弱人们发展自我和发掘自身潜力的动力。这导致人们不再愿意积极面对和克服困难，以实现自己的潜能，而是沉迷于追求那个理想化的自我形象。因此，人们可能会产生一种强迫性的冲动，通过成功、权力和胜利来获得世俗的荣耀。同时，人们也可能努力将自己塑造成一个内在的、残酷的神一般的存在。此外，这种理想化形象还会催生神经症的需求，并导致神经症自负的发展。

在深入探讨理想化形象的原始概念之后，我遇到了另一个问题：在观察人们对自己的态度时，我发现许多人同时表现出极端的自恨和自我理想化。起初，我认为这种强烈的自我否定和自我理想化是两个互不相关的心理现象。随着研究的深入，我发现它们不仅紧密相联，而且实际上是同一个心理过程所表现出来的两个方面。这种认识逐渐成为本书初稿的核心主题：理想化的自我必会痛恨真实自我。一旦我们理解了这一心理过程的统一性，治疗中处理这两种极端态度就变得更加可行了。此外，神经症的定义也随之发生了变化。现在，神经症被定义为一个人与自我以及他人关系中的障碍。

尽管这一主题在一定程度上仍是一个主要论点，但是近年来它已朝两个不同的方向发展。真实自我的问题（对此我像许多人一样一直迷惑不解）占据了我的思维，我开始把整个内在心灵过程视为正在脱离自我的过程，其开始便是自我理想化。更重要的是，我在最后一次分析中认识到，自恨是针对真实自我的。我把自负系统与真实自我之间的冲突称为主要内心冲突。这拓展了神经症冲突这一概念。我将它定义为一种冲突。这种冲突发生在两种不相容的强迫性驱力之间。虽然坚持这一观点，但我也开始看到这并非唯一的神经症冲突。真实自我的建设性力量与自负系统的破坏力量之间形成的冲突是核心内心冲突。除此之外，核心内心冲突发生在健康发展的驱力与证明自我理想化的完美驱力之间。这样，治疗有助于自我意识。通过我们工作人员的临床工作的验证，上述心灵过程的有效性越来越清晰地在我们的脑海中构建出来。

随着我们从一般问题到具体问题的研究，我们的知识也在逐步增长。我的兴趣转移到了"各种各样"的神经症或神经症个性上。起初，我觉得它们的不同点是内心过程某一方面的意识的差异或治疗差异。但后来我逐步认识到它们来自心灵内冲突的各种假装的解决法。这些解决法为建立神经症个性类型提供了全新的试验基础。

当一个人提出一个确切的理论构想时，他就会想将这个理论与同领域中其他人的理论做对比。其他人是怎么看待这些问题的？然而，由于时间和精力的限制，一个人很难在保持工作效率的同时，还能进行彻底地文献回顾。因此，我选择将我的理论与弗洛伊德的理论进行比较，只探讨其中的某些相似点和差异。尽管这样的比较范围有限，但它仍然是一项充满挑战的任务。在理论上，要公正地评价弗洛伊德理论中某些观点的细微差别几乎是不可能的。而且，从哲学的角度来看，将单一概念从其理论背景中抽离出来进行比较也是不恰当的。尽管在细节分析中可能会发现显著的差异，但进行深入的比较可能并不会提供额外的洞见。

在我回顾追求荣耀所涉及的各种因素时，正如我以前进入一个相对较新领域的经历一样：我对弗洛伊德的观察力钦佩不已。因为他不仅开拓了一个科学未曾探索的领域，而且还要冒着挑战已有理论的危险，所以更让我感到钦佩。在他的理论中，只有少数几点（尽管很重要）他没有完成，他要么是没注意到，要么认为那些不重要。其中有一点就是我所描述的神经症性的要求。弗洛伊德当然看到了许多神经症患者倾向于对其他人有大量无理的要求和期待。他还看到这些期望是强迫性的。但是，由于他视之为口欲期的表现，他没有意识到它们带有"要求"的具体特征，即一个人觉得有权得到满足的要求所呈现的特征。他并未认识到它们在神经症中的重要作用。尽管弗洛伊德把"自负"这个词运用到了某种背景中，但他并没有认识到神经症自负的具体特点及含义。他确实观察到了病人对魔力的信仰、对万能的幻想、对自身和别人"理想自我"的迷恋——自我夸大、荣耀的压抑等。除此之外，他还看到了强迫性竞争和野心，以及对权力、完美、崇拜以及赞扬的需要。

尽管弗洛伊德观察到了多方面因素，却将它们视为不同的和不相关的现象。他未能看到它们是一股暗流之下的不同表现。换言之，他没有看到这种千变万化之下的同样的核心。

弗洛伊德未能认识到对荣耀的追求产生的影响及其对神经症过程影响的意义，这主要有以下三种原因。第一，他没有认识到塑造人物性格的文化条件的力量——他与当时大多数的欧洲学者都没有认识到这一点。简单地说，我们感兴趣的是弗洛伊德把对声望和成功的渴求（这一点他在自己和周围的人身上都存在）误认为是人类的普遍倾向。因此，对优越、控制或胜利的强迫性驱力便无法也没有引起他的注意。他并不认为这种驱力是一个值得探讨的问题，除非这野心不符合人们所认为的"正常"固定模式。只有当这种驱力达到了明显令人烦恼的地步，或当它出现在女人身上却不符合"女性特征"时，弗洛伊德才认为它是一个问题。

还有另外一个原因是弗洛伊德倾向于把神经症驱力解释为性欲现象。因此，自我美化成了对自我性欲迷恋的一种表现（一个人会像高估"恋爱对象"一样高估自己；一个野心勃勃的女人"真的"会产生"阴茎嫉妒"；对崇拜的需要是对"自恋满足"的需要等等）。因此，弗洛伊德在理论与治疗上的方案便是针对过去与现在性爱生活中的细枝末节（针对自己或他人的欲望的关系），而不是针对自我美化、野心等的具体特点、功能以及影响。

第三个原因是弗洛伊德对于进化机械化的思维方式。"这意味现在的表现不仅是过去的产物，而且还只包括过去。在发展过程中并没有产生什么真正的新东西，我们今天看到的，不过是改变了形式的过去"。用威廉·詹姆斯的话说这"实际上只是对以前未改变的物质重新进行分配的结果"。基于这种哲学立场，将过度的竞争性视为未解决的俄狄浦斯情结或兄弟姐妹间竞争的结果，这种解释看似相当令人满意。全能幻想则被认为是对婴儿期的"原始自恋"状态的固着或退行。这种观点认为，只有那些与力比多（性力）类型的婴儿经历相联系的解释，才被认为是深刻且令人满意的。

但是依我看来，这些阐释的治疗效果极为有限，甚至会阻碍得到一些重要思考。举例来说，我们假设有个病人觉察自己非常容易感受到分析师对其的侮辱，他也意识到当自己接近女性时总是害怕受到侮辱。他感觉自己没有男子气概，也不如别的男子有魅力。他可能会记起受到父亲侮辱的一些场景，也许还会将其与性活动联系起来。基于这些从过去、现在以及梦中得到的详细信息，秉持上述哲学立场的人也许会产生以下解释：对于病人而言，分析师以及其他权威人士代表着他的父亲，在感到羞辱或害怕羞辱时，病人仍然按照未解决的俄狄浦斯情结的婴儿模式做出反应。

分析工作可能会使得病人觉得轻松些，受辱感也减轻了不少。一部分是因为他确实从这一段分析中受益，对自己有了点认识，并知道了自己的受辱感是不合理的。但治疗师倘若没有处理其自负，他其实不可能产生彻底的变化。与之相反，这种表面上的进步可能主要是源于这一事实：他的自负不能容忍他没有理性，特别是"幼稚"。他可能会产生一套新的"应该"：他不应该幼稚，而应该成熟；他不应该有受辱感，因为这是幼稚的表现，所以他便不再觉得受到了侮辱。这样，表面上的进步实际上可能阻碍了病人的发展。他的受辱感被压制下去了，但也大大减小了他直面自己的可能性。这样，治疗只是运用了病人的自负压制了他的受辱感，但并没有解决它。

因为之前所提及的这些理论的推理，弗洛伊德不可能看到追求荣耀的影响。他认为在扩张驱力中所观察到的那些因素并不是它们实际上所看到的那样，而"实际上"是来自幼儿期的性欲驱力。弗洛伊德的思维方式阻止了他将扩张驱力视为具有作用力并产生相应后果的力量。

当我们把弗洛伊德的理论与阿德勒理论相比时，这说法便会被阐述得更清晰。阿德勒最大贡献是认识到渴望权力和追求优越对神经症十分重要。但是，阿德勒过分专注于获取权力和维护优越地位的策略，却意识不到这会给病人带来深度的痛苦，因此停留在了问题的表面而无法深入。

当发现我的自恨的概念与弗洛伊德提出的自我毁灭的本性（死本能）之间存在极大的相似性时，我感到十分震惊。至少在这里我发现了我们都很重视自毁驱力的强度和意义。在其他一些细节上，比如内心的禁忌、自责以及随之而来的负罪感的自毁性，我们也有相似的看法。在这一领域中，我们同时存在显著的差别。弗洛伊德认为这些自毁驱力是一种本能，这赋予了他们决定性的标志。如果将之视为本能，它们便不是产生于确定的心理条件。即便改变这些条件，也无法克服这些自毁驱力。它们的存在与作用成了人性的一个特征。因此，人类本质上只能选择受苦或自我毁灭，或只能选择让别人痛苦或毁灭他们。这些驱力能得以缓解并加以控制，最终却无法被改变。此外，当我们与弗洛伊德一样假设有自灭、自毁或死亡的本能驱力时，我们必须认为自恨及其各种可能的行为后果只是这种驱力的一种表现。一个人因自己的实际情况而憎恨或鄙视自己的观点，这实际上与弗洛伊德的想法相反。

当然，弗洛伊德——与其他赞同毁灭本能的人——都观察到了自恨的出现。尽管他根本没有认识到它是各种各样隐藏的形式及影响的结果。根据他的解释，看上去是自恨的现象，"实际上"表现的是其他东西，这可能是对另外一个人潜意识的憎恨；可能是因为"自恋满足"需要没有得到实现；一个抑郁的病人会因自己潜意识中痛恨某个人所犯的错而指责自己。尽管这并不经常出现，却是弗洛伊德沮丧理论的主要临床基础。简单地说，沮丧者有意地痛恨并谴责自己，但事实上潜意识里痛恨并谴责一个内在的敌人（对遭挫事物的敌意成了对自我的敌意），或看上去是自恨的东西"实际"是超我的惩罚过程，后者是一种内化的权威。自恨又再次变成了人际现象：对别人的憎恨或对别人憎恨的畏惧。或在最后，由于退化至婴儿性欲的肛门-施虐阶段，自恨被视为超我的虐待。这样，自恨的解释方法不仅不同于我的方法，而且与这一现象的本质也截然不同。

许多分析者原来完全遵守弗洛伊德的思路，后因为我所认为的正确原因而反对死本能这一观点。一个人如果抛弃自我毁灭本能这一概念，他便很难在弗洛伊德的理论框架中解释这一现象。我不知道弗洛伊德是不是因为觉得在这一点上别的解释都不够充分，所以他才提出死本能。

超我的要求和禁忌与我所说的"应该"的暴政之间，也存在明显的相似性。一旦考虑其具体含义，我们在方法上便出现了分歧。首先，弗洛伊德认为超我是代表良知与道德的正常现象，只有当它特别残酷、有虐待性时才是神经症。我认为任何类型与程度的"应该"与禁忌都是神经症一种驱力，是伪造的道德和良知。根据弗洛伊德的观点，超我一部分来自俄狄浦斯情结，一部分来自本能驱力

（毁灭性、虐待性）。而在我看来，内心指令是潜意识驱力的表现，即个体想把自己改造成自己所不是的那种人（像神一样完美的人）或因未能做到这些而憎恨自己。在这些理论差异中，我想特别指出一点：将某些行为和禁忌视为极度自负心理的结果，可以帮助我们更准确地理解为何某些东西在一个性格结构中极具吸引力，而在另一个性格结构中令人回避。这种理解可以更精确地被应用于个体对超我要求（或内在指令）的多种态度，这些态度包括取悦、屈服、贿赂、反叛等，它们在弗洛伊德的工作中有所讨论。这些态度通常被看作与神经症相关的行为，或者与特定的情绪状态如抑郁或强迫性神经症有关。在我的理论中，是个体的性格结构决定了这些态度的具体表现形式。因此，治疗的目标也会有所不同。弗洛伊德的目标是减少超我的严厉性，而我的目标是帮助病人摆脱内心的指令，并根据自己的真实愿望和信仰找到生活的方向，这在弗洛伊德的理论中可能并未被考虑为一个可能的目标。

现在来总结一下观点：可以说我和弗洛伊德都观察到了某些个体现象，而且用类似方式进行了描述，但是对它们的动力及意义的阐释截然不同。如果不考虑个别方面，而只考虑本书所呈现出来的神经症症状之间相互联系的整体复杂性，我们便无法比较这两种理论。

对无限完美及权力的追求与自恨之间的关系是神经症中最重

要的关系。在很多古老的故事中都呈现了这二者的不可分割。魔鬼协定便是最好的代表，其故事的本质似乎总有相似之处：总会有正处于心理或精神痛苦中的人；总会有某种类似邪恶协议的诱惑物：如魔鬼、男巫、女巫、亚当与夏娃故事中的蛇、巴尔扎克的《驴皮记》①中的古董商、奥斯卡·王尔德的《道林·格雷的画像》②中愤世嫉俗的外交官等；协定不但承诺可以神奇地消除痛苦，而且还承诺要给予人们无限的权力。正如基督教徒受到诱惑的故事一样，若一个人抵制住了这种诱惑，便是真正伟人；最后，这个人总要付出昂贵的代价：丧失灵魂，例如亚当和夏娃失去了纯真，投降于邪恶力量。在魔鬼协定中，撒旦对基督徒说："如果你堕落并且臣服于我，我便给予你一切"。这种代价也可能是像《驴皮记》中描述的一样终生承受心灵上的折磨。在《魔鬼与丹尼尔·韦伯斯特》③中，我们看到了魔鬼所收集的那些干枯的灵魂成了美好的象征。

　　相同的主题有着许多不同的象征物，但对其意义的阐释始终一致。不管大家如何看待善恶二元论，这一主题都不断出现在传

---

　　① 《驴皮记》是巴尔扎克发表的第一部长篇哲理小说。小说别出心裁地用一张驴皮来象征人的欲望和生命的矛盾，并借此概括他的生活经验和哲理思考。

　　② 《道林·格雷的画像》是奥斯卡·王尔德在1890年出版的一部小说。这部作品通过一个年轻人道林·格雷的故事，探讨了美、道德、灵魂和艺术之间的关系。

　　③ 1941年威廉·迪亚特尔执导的奇幻电影。

说、神话以及神学故事中。因此，它长期存在于普通人的意识中。现在可能是一个在精神病学中认识到其中蕴含的心理学智慧的成熟时机了。确实如此，这和本书所述的心理过程极为一致：一个遭受神经症折磨的人声称自己有无限权力，却丢失了内在的灵魂，并因其自恨而感受到地狱般的折磨。

从关于这一问题的大量隐喻回到弗洛伊德的问题上：弗洛伊德没有看到这个，而且我们也可以清晰地看到他为何没有看到这些。我们记得他不认为追求荣耀是我所描写的那些驱力的产物，也没有看到这些驱力的复合物紧密联系且不可分割。因此，他也未能认识到其威力。虽然他清楚地看到了自我毁灭的痛苦，但是，由于他将"自毁"视为自发驱力的表现形式，他没有把自我毁灭放在情境中去讨论。

从另一角度来看，这本书所说的神经症过程其实是关于自我的问题。这是一个为追求理想化自我而抛弃真实自我的过程；是一个试图去实现虚假的理想自我而不去实现自身潜质的过程；是理想自我和真实自我之间毁灭性冲突的过程；也是以最好的或者是我们唯一能做得方式来平息战斗的过程；最后，通过由生活或治疗来松动这种毁灭性的驱力也是一个寻找真实自我的过程。从这个意义上说，这个问题对弗洛伊德基本上没有任何意义。他在"ego"的概念下描述一个神经症患者的"自我"：他远离了自己的自发能量，也远离自己真正的愿望；他自己不做任何决定，也不为这些决定负责；他只确保自己不与环境（"现实考验"）的摩擦太大。如果这种神经症自我被误认为健康活跃的自我，那么索伦·克尔凯郭尔①或威廉·詹姆斯所看到的真实自我的全部复杂问题便不会产生了。

最终，让我们从道德和精神价值的角度重新审视这一过程。从这个视角来看，这一观点涵盖了人类真正悲剧的所有要素。尽管一个伟人可能变得具有破坏性，但他的生活依然充满活力。他不懈地努力去更深入地理解自己和周围的世界，追求更深刻的宗教体验，培养更强大的精神力量和道德勇气，以在各个领域取得更大的成就，争取更好的生活方式。他的一生都在致力于这些追求。一个人可以通过智慧和想象力构想出不存在的事物。他超越了自我，并且能够随时采取行动。他有局限，但这些局限并非固定不变。通常，他未能达到自己希望在自身和外界实现的成就。这本身并不是悲剧。将这种内在的精神挣扎视为一个健康人的奋斗历程，却是悲剧性的。一个人在内心深处的痛苦驱使下，不断追求超越自己的极限，这种追求似乎永无止境。在这个过程中，他可能会走向自我毁灭，将原本用于自我实现的努力，错误地投入到追求一个理想

---

① 丹麦宗教哲学心理学家、诗人，现代存在主义哲学的创始人，后现代主义的先驱。

化自我形象的尝试中。结果，他本应发挥的潜力就这样被白白浪费掉了。

弗洛伊德对人性持有悲观的看法。基于这样的一个前提他注定如此。正如他看到的一样，一个人不管走向哪条路，他注定会对自己不满。如果一个人不能超越自己以及其文化，他就无法满足自己原始的本能驱力。无论是独处，还是与人在一起，他都不会快乐。他只能在让自己痛苦或令他人痛苦之间抉择。弗洛伊德洞察到了这些现象，但他并未提出一个折中或虚伪的解决方案，这一点是值得赞扬的。实际上，在弗洛伊德的理论体系中，很难避免极端的二元选择，他至多只能提供一些对内在驱力的稍微有益的分配、更有效的控制以及所谓的"升华"。

弗洛伊德虽然持有悲观态度，但他并未完全认识到神经症中所蕴含的人类悲剧。只有在人类做出了富有建设性和创造性的努力之后，又遭遇了阻碍性或毁灭性力量的破坏时，我们才能真正感受到其中的悲剧性浪费。弗洛伊德不仅没有清晰地看到人类身上的建设性力量，而且还否认这些力量的真实性，因为在他的思想体系中，其认为人身上只有破坏力和性欲以及它们的衍生物及结合物。他认为创造力与爱是性欲驱力升华后的形式。通常来说，弗洛伊德认为我们所认为的朝向自我实现的健康的努力只是力比多驱力（基于本能性欲的驱动力）的升华而已。

阿尔伯特·施韦泽用"乐观"与"悲观"这两个词来表达"对世界和生命的肯定"和"对世界和生命的否定"。从这个深意上来看，弗洛伊德的哲学是悲观的。但我们的哲学是乐观的，虽然它伴随着对神经症中一切悲剧因素的深刻认识。

参考读物

第一章

Kurt Goldstein, *Human Nature*. Harvard University Press, 1940.

S. Radhakrishnan, *Eastern Religions and Western Thought*. London, Oxford University Press, 1939.

Muriel Ivimey, "Basic Anxiety." *American Journal of Psychoanalysis*, 1946.

A. H. Maslow, "The Expressive Component of Behaviour." *Psychological Review*, 1949.

Harold Kelman, "The Process of Symbolization." A lecture reviewed in *American Journal of Psychoanalysis*, 1949.

第二章

A. Myerson, "Anhedonia." Monograph Series, *Neurotic and Mental Diseases*, Vol. 52, 1930.

Erich Fromm, *Man for Himself*. Rinehart, 1947.

Muriel Ivimey, "Neurotic Guilt and Healthy Moral Judgment."

American Journal of Psychoanalysis, 1949.

Elizabeth Kilpatrick, "A Psychoanalytic Understanding of Suicide." *American Journal of Psychoanalysis*, 1946.

第七章

Gertrud Lederer-Eckardt, "Gymnastic and Personality." *American Journal of Psychoanalysis*, 1947.

第八章

Harold Kelman, "The Traumatic Syndrome." *American Journal of Psychoanalysis*, 1946.

Muriel Ivimey, "Compulsive Assaultiveness." *American Journal of Psychoanalysis*, 1947.

第九章

Harold D. Lasswell, *Democracy Through Public Opinion*. Menasha, Wisconsin, George Banta Publishing Co.

第十章

Harry M. Tiebout, "The Act of Surrender in the Therapeutic Process." *Quarterly Journal of Studies on Alcohol*, 1949.

第十一章

Harold Kelman, *The Psychoanalytic Process: A Manual*. Marie Rasey, *Something to Go By*. Montrose Press, 1948.

第十三章

Alexander R. Martin, "On Making Real Efforts." Paper presented before the Association for the Advancement of Psychoanalysis, 1943.

第十四章

Krishnamurti, *Oak Grove Talks*. Ojai, California, Krishnamurti Writings, Inc., 1945.

Paul Bjerre, *Das Träumen als ein Heilungsweg der Seele*. Zurich, Rascher, 1926.

Harold Kelman, "A New Approach to the Interpretation of Dreams." *American Journal of Psychoanalysis*, 1947.

Frederick A. Weiss, "Constructive Forces in Dreams." *American Journal of Psychoanalysis*, 1949.

"世图心理"是世界图书出版公司于二十一世纪初创立的心理学图书品牌，至今已有二十多年的发展历程，目前主要有六大图书系列，分别是：萨提亚家庭治疗系列；海灵格家排系列；心理咨询与治疗系列；亲子依恋与儿童发展系列；心理学家经典与探新系列；心理学教材与教辅系列。

一、萨提亚家庭治疗系列

本系列主要是萨提亚本人及其合作者的作品，主要介绍了萨提亚创立的家庭治疗方法，内容涵盖治疗理论、治疗实录与冥想操作指南等，已有二十年的生命周期，惠及数十万读者。

代表作品有《新家庭如何塑造人》《萨提亚家庭治疗模式》《萨提亚治疗实录》等。

二、海灵格家排系列

本系列主要是伯特·海灵格和索菲·海灵格的作品，主要介绍了家族系统排列方法，内容涵盖家排的理论、案例分析与实操指南等，已有二十年的生命周期，惠及数十万读者。

代表作品有《谁在我家（升级版）：海灵格家庭系统排列》《爱的序位：家庭系统排列个案》等。

三、心理咨询与治疗系列

本系列包括国内外心理咨询与治疗流派的创始人及开拓者荣格、克莱茵、艾瑞克森、米纽庆、米杉、伯恩斯、高天、许维素、郑日昌、肖然、易春丽、李旭等人的作品，主题涉及心理咨询技术基础、精神分析/心理动力学心理治疗、客体关系理论、催眠治疗方法、NLP技术、人际沟通分析、本性治疗、音乐治疗、焦点解决短期心理治疗、中医心理治疗、家庭治疗方法等，还特别针对焦虑、抑郁、自闭症、厌学、躯体变形障碍等心理现象给出治疗方法推荐，是一套符合心理咨询师与治疗师职业发展规划的工具书。

代表作品有《心理治疗师的问答艺术》《艾瑞克森催眠治疗理论》《抑郁症的正念认知疗法》《伯恩斯焦虑自助疗法》《音乐治疗导论》《音乐治疗学基础理论》《重建依恋：自闭症的家庭治疗》等。

四、亲子依恋与儿童发展系列

本系列的主题涵盖母婴关系，依恋，儿童的人格发展、思维发展、社会化发展、情商教育、心理健康、学习习惯培养等方面，包括依恋理论之父鲍尔比、心智化理论之父福纳吉、日本国宝级心理学家河合隼雄、山中康裕、米杉等人的代表作。

代表作品有《依恋》《分离》《丧失》《情感依附：为何家会影响我的一生》等。

五、心理学家经典与探新系列

本系列主要包括心理学史上知名心理学家弗洛伊德、荣格、阿德勒、埃里克森、霍妮、弗洛姆、科胡特、罗杰斯、马斯洛、温尼科特、斯滕伯格等人的经典作品，以及新时代的心理学家埃利希·诺伊曼、米哈里·契克森米哈赖、鲁格·肇嘉、迈克尔·路特、罗伯特·莱恩、乔治·范伦特等人的作品。本系列的开发旨在让读者了解心理学史上最有影响力的心理学家和当代知名心理学家的思想，参与一场用心理学的话语体系探讨人性和人的全面发展的对话。

代表作品有《人性能达到的境界》《论人的成长》《童年与社会》等。

六、心理学教材与教辅系列

本系列是"世图心理"专为心理学教学市场开拓的书系，主要包括心理学教材和心理学考研辅导类图书。

代表作品有《人格心理学》《心理学考研重难点手册：基础备考》《心理学考研重难点1200题》等。

联系方式

邮箱：shituxinli@wpc.com.cn

电话：010-64038640